Dierk Schoen
Wolfgang Pfeiffer

Übungen zur
Elektrischen Messtechnik

Dipl.-Ing. Dierk Schoen
Prof. Dr.-Ing. Dr. h. c. Wolfgang Pfeiffer

Übungen zur Elektrischen Messtechnik

mit CD-ROM

VDE VERLAG • Berlin • Offenbach

Die Deutsche Bibliothek – CIP-Einheitsaufnahme

Ein Titeldatensatz für diese Publikation ist bei
Der Deutschen Bibliothek erhältlich

ISBN 3-8007-2340-9

© 2001 VDE VERLAG, Berlin und Offenbach
     Bismarckstraße 33, D-10625 Berlin

Druck: GAM Media GmbH, Berlin   0102

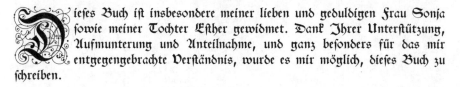iefes Buch ist insbesondere meiner lieben und geduldigen Frau Sonja sowie meiner Tochter Esther gewidmet. Dank Ihrer Unterstützung, Aufmunterung und Anteilnahme, und ganz besonders für das mir entgegengebrachte Verständnis, wurde es mir möglich, dieses Buch zu schreiben.

Besonderer Dank gilt auch meinen Kollegen, insbesondere Herrn Mark Paede möchte ich für seine wertvollen Hinweise bei der Formatierung des Manuskriptes danken.

Darmstadt, im Dezember 2000   Dierk Schoen

Messtechnik ist als interdisziplinäre Fachsparte aus der modernen Industrie und Forschung nicht mehr wegzudenken. Solide Kenntnisse auf dem Gebiet der Messtechnik sind heute auf fast allen, insbesondere den ingenieur- und naturwissenschaflichen Fachgebieten erforderlich. Das Übungsbuch richtet sich somit an einen breiten Leserkreis: Studenten, Wissenschaftler, Ingenieure und Techniker, die in Studium, Beruf oder Weiterbildung mit messtechnischen Aufgabenstellungen konfrontiert werden.

Der Übende sollte sich vor dem Durchgehen der in diesem Buch behandelten Aufgaben ausreichend mit dem Studium des themenbezogenen Lehrmaterials an Hand von Lehrbüchern beschäftigen. Der Lernstoff dieses Übungsbuchs ist insbesondere auf das ebenfalls im VDE VERLAG erschienene Lehrbuch „Elektrische Messtechnik" [20] abgestimmt und wird von den Autoren für eine Prüfungsvorbereitung empfohlen. Somit wird das Rechnen der in diesem Buch enthaltenen Aufgaben zu einer Selbstkontrolle des Lernenden. Die ausführlich dokumentierten Lösungswege sollen dem Lernenden das Verständnis der Problemstellung erleichtern.

Das Übungsbuch „Übungen zur Elektrischen Messtechnik" basiert auf der gleichnamigen Lehrveranstaltung an der Technischen Universität Darmstadt. Diese ist Bestandteil der Grundausbildung der Studenten der Elektrotechnik.

Als zeitgemäße Ergänzung enthält dieses Buch eine Kurzanleitung zum Gebrauch des weit verbreiteten Schaltungssimulationsprogramms *PSpice* einschließlich einiger auf das Fachgebiet bezogener Anwendungsbeispiele. Die dazu benötigten Dateien sind auf der beiliegenden CD-ROM enthalten.

Die Autoren hoffen, dem interessierten Studenten aber auch dem Leser aus der beruflichen Praxis einen guten Überblick über dieses interessante Gebiet von grundlegender Bedeutung gegeben zu haben.

Weiterhin sind sich die Autoren bewusst, dass insbesondere die Erstauflage Fehler enthalten kann. Deshalb sind wir für Hinweise, Verbesserungsvorschläge und andere Anregungen aus dem Leserkreis besonders dankbar. Wir möchten den Leserkreis bitten, uns über eventuell vorhandene Fehler in diesem Übungsbuch, im Rahmen einer konstruktiven und ausführlich dokumentierten Kritik, auf postalischem oder elektronischem Weg zu berichten:

Autorenadresse:
Prof. Dr.-Ing. Dr. h.c. W. Pfeiffer / wpfeiffer@hrz1.hrz.tu-darmstadt.de
Dipl.-Ing. D. Schoen / schoen@hrzpub.tu-darmstadt.de
Technische Universität Darmstadt
Fachgebiet Elektrische Messtechnik, Landgraf-Georg-Str. 4, 64283 Darmstadt

Bitte besuchen Sie uns auch im World Wide Web unter: http://www.tu-darmstadt.de/fb/et/emt/.

Stellvertretend für alle nicht Genannten wollen die Autoren allen danken, die Hilfestellung bei der Erstellung dieses Werkes geleistet haben, insbesondere Herrn Roland Werner vom VDE VERLAG, für die stets vertrauensvolle Zusammenarbeit.

Darmstadt, im Dezember 2000   Die Autoren

Inhaltsverzeichnis

1 Maßeinheiten

1.1 Maßeinheiten

1.1.1 Beispielaufgabe zu den Maßeinheiten

a) Geben Sie die sieben SI-Basiseinheiten an!

b) Erklären Sie den Unterschied zwischen einer Zahlenwertgleichung und einer Größengleichung und einer zugeschnittenen Größengleichung, und geben Sie jeweils ein Beispiel an.

c) Ergänzen Sie die leeren Kästchen der nachfolgende Tabelle. Orientieren Sie sich dabei an
den zwei vorgegebenen Beispielen in den ersten zwei Zeilen der **Tabelle 1.1**.

Größe/Formelzeichen	Einheiten-zeichen	Name der Einheit	ausgedrückt durch andere- und SI-Einheiten
Raum und Zeit			
Räumlicher Winkel/Ω	sr	Steradiant	$1\ \text{sr}$ $= 1\ \text{m} / \text{m}$
Frequenz/f	Hz	Hertz	$1\ \text{Hz}$ $= 1 / \text{s}$
Ebener Winkel/$\alpha,\ \varphi$	$\square$, $1°$	$\square$, Grad	$1\ \square$ $= 1\ \text{m} / \text{m}$, $1° = \pi / 180\ \text{rad}$
Mechanik			
Kraft/F	N	Newton	$1\ \text{N}$ $= 1\ \square$
Drehmoment/M	Nm	Newtonmeter	$1\ \text{Nm}$ $= 1\ \text{kg} \cdot \text{m}^2 / \text{s}^2$
Arbeit, Energie/$W,\ E$	J	Joule	$1\ \text{J}$ $= 1\ \square = 1\ \text{N} \cdot \square$ $= 1\ \text{kg} \cdot \text{m}^2 / \text{s}^2$
Leistung/P	W	Watt	$1\ \text{W}$ $= 1\ \text{J}/\square$ $= 1\ \text{kg} \cdot \text{m}^2 / \text{s}^3$
Druck/p	Pa	Pascal	$1\ \text{Pa}$ $= 1\ \square$ $= 1\ \square$
Elektrizität und Magnetismus			
Elektrische Stromdichte/J	A / m^2		$1\ \text{A} / \text{m}^2$
Ladung/Q	$\square$	$\square$	$1\ \square$ $= 1\ \text{As}$
Elektrische Spannung/U	V	Volt	$1\ \text{V}$ $= 1\ \square$ $= 1\ \square$
Elektrische Feldstärke/E	V / m	Volt/Meter	$1\ \text{V} / \text{m}$ $= 1\ \text{kg} \cdot \text{m} / (\text{s}^3 \cdot \text{A}^2)$
Elektrischer Widerstand/R	Ω	Ohm	$1\ \Omega$ $= 1\ \text{V} / \text{A}$ $= 1\ \square$
Spezifischer Widerstand/ρ	Ωm	Ohmmeter	$1\ \Omega\text{m}$ $= 1\ \square$ $= 1\ \text{kg} \cdot \text{m}^3 / (\text{s}^3 \cdot \text{A}^2)$
Elektrischer Leitwert/G	$\square$	Siemens	$1\ \square$ $= 1 / \Omega$
Permittivität/ϵ			$1\ \square = 1\ \text{F} / \text{m}$

Kapazität/C	F	Farad	$1\,\text{F} = 1\,\text{C} / \text{V}$ $= 1\,\text{s}^4 \cdot \text{A}^2 / (\,\text{kg} \cdot \text{m}^2\,)$
Induktivität/L	H	Henry	$1\,\text{H} = 1\,\text{Wb} / \text{A}$ $= 1\,\boxed{}$
Magnetische Feldstärke/H	A / m	Ampere/Meter	$1\,\text{A} / \text{m} = 1\,\text{N} / \text{Wb}$
Magnetischer Fluss/Φ	$\square$	$\boxed{}$	$1\,\square = 1\,\text{V} \cdot \text{s}$ $= 1\,\text{kg} \cdot \text{m}^2 / (\,\text{s}^2 \cdot \text{A}\,)$
Magnetische Flussdichte/B	$\square$	$\boxed{}$	$1\,\square = 1\,\square = \text{Wb} / \square$ $= 1\,\text{kg} / (\,\text{s}^2 \cdot \text{A}\,)$

Optische Strahlung

Lichtstrom/Φ	lm	Lumen	$1\,\text{lm} = 1\,\square$

Ionisierende Strahlung

Aktivität/A	Bq	Becquerel	$1\,\text{Bq} = 1\,\square$
Energiedosis/D	Gy	Gray	$1\,\text{Gy} = 1\,\text{J} / \text{kg} = \text{m}^2 / \text{s}^2$
Äquivalentdosis/$D_n = n \cdot D$	Sv	Sievert	$1\,\text{Sv} = 1\,\text{J} / \text{kg} = \text{m}^2 / \text{s}^2$

Tabelle 1.1: Internationale SI-Einheiten und davon abgeleitete Einheiten

d) Gegeben ist eine Kapazität mit $C = 1\,\text{nF}$ im SI-Einheiten-Maßsystem. Bestimmen Sie die Kapazität im cgs-Einheiten Maßsystem. Der Kondensator hat eine Plattenfläche von $A = 0,01\,\text{m}^2$.

1.1.2 Lösung der Beispielaufgabe

a) Die sieben SI-Basiseinheiten sind in **Tabelle 1.2** aufgelistet.

SI-Basiseinheit	Einheitenzeichen	Formelzeichen
Meter	m	l, s
Kilogramm	kg	m
Sekunde	s	t
Ampere	A	i
Kelvin	K	ϑ
Candela	cd	I_L
Stoffmenge Mol	mol	n

Tabelle 1.2 Die sieben SI-Einheiten

b) Größengleichung: Eine Gleichung wird dann Größengleichung genannt, wenn diese aus den mit eins multiplizierten physikalischen Größen besteht. Zahlenwerte und Einheiten werden in Größengleichungen als selbstständige Faktoren behandelt. Die physikalischen Größen

15

werden also immer in den SI-Einheiten, multipliziert mit Zahlenwerten (Maßzahlen) eingesetzt. Hier ein Beispiel:

$$W = UIt \qquad (1.1)$$

Die Größengleichung Gl. (1.1) liefert immer das selbe Ergebnis, unabhängig davon, mit welchen Maßeinheiten die Spannung U (V, kV, ...), der Strom I und die Zeit t eingesetzt werden, solange man die Einheit mit der entsprechenden Maßzahl (1, 1/1000, 1000, ...) multipliziert. Zugeschnittene Größengleichung: Zugeschnittene Größengleichungen sind Gleichungen, bei denen die Größe durch die zugehörige Einheit der Größe dividiert erscheint:

$$W/\mathrm{kWs} = 1000 \cdot U/\mathrm{V} \cdot I/\mathrm{A} \cdot t/\mathrm{s} \qquad (1.2)$$

Zahlenwertgleichung: Zahlenwertgleichungen genügen den physikalischen Gleichungen, unterscheiden sich aber von den Größengleichungen durch konstante Faktoren vor den Einheiten. In der Regel werden die physikalischen Größen nicht in den SI-Einheiten angegeben. Zahlenwertgleichungen finden in der Praxis Anwendung bei häufig verwendeten Gleichungen, in welche oft gebräuchliche Werte eingesetzt werden. Dies gilt insbesondere für Faustformeln und Näherungslösungen. Nachfolgend ein Beispiel dazu:

$$\lambda = \frac{c}{f} \quad \longrightarrow \quad \lambda \,/\, \mathrm{m} = \frac{300}{f \,/\, \mathrm{MHz}}$$

c) Die Lösung zum Aufgabenteil c) wurde in **Tabelle 1.3** ergänzt.

Größe/Formelzeichen	Einheiten-zeichen	Name der Einheit	ausgedrückt durch andere- und SI-Einheiten	
Raum und Zeit				
Räumlicher Winkel/Ω	sr	Steradiant	1 sr	$= 1\,\mathrm{m}^2/\,\mathrm{m}^2$
Frequenz/f	Hz	Hertz	1 Hz	$= 1\,/\,\mathrm{s}$
Ebener Winkel/α, φ	$\boxed{\mathrm{rad}}$, $1°$	$\boxed{\mathrm{Radiant}}$, Grad	$1\,\boxed{\mathrm{rad}}$	$= 1\,\mathrm{m}\,/\mathrm{m}$,
			$1°$	$= \pi\,/180\,\mathrm{rad}$
Mechanik				
Kraft/F	N	Newton	1 N	$= 1\,\boxed{\mathrm{kg} \cdot \mathrm{m}\,/\,\mathrm{s}^2}$
Drehmoment/M	Nm	Newtonmeter	1 Nm	$= 1\,\mathrm{kg} \cdot \mathrm{m}^2/\,\mathrm{s}^2$
Arbeit, Energie/W, E	J	Joule	1 J	$= 1\,\boxed{\mathrm{W} \cdot \mathrm{s}} = 1\,\mathrm{N} \cdot \boxed{\mathrm{m}}$
				$= 1\,\mathrm{kg} \cdot \mathrm{m}^2/\,\mathrm{s}^2$
Leistung/P	W	Watt	1 W	$= 1\,\mathrm{J}\,/\boxed{\mathrm{s}}$
				$= 1\,\mathrm{kg} \cdot \mathrm{m}^2/\,\mathrm{s}^3$
Druck/p	Pa	Pascal	1 Pa	$= 1\,\boxed{\mathrm{N}\,/\,\mathrm{m}^2}$
				$= 1\,\boxed{\mathrm{kg}\,/\,(\mathrm{s}^2 \cdot \mathrm{m})}$

Elektrizität und Magnetismus

Elektrische Stromdichte/J	A / m^2		1 A / m^2
Ladung/Q	C	Coulomb	1 C $= 1$ As
Elektrische Spannung/U	V	Volt	1 V $= 1$ W / A
			$= 1$ kg $\cdot$ m^2/ (s^3 $\cdot$ A)
Elektrische Feldstärke/E	V / m	Volt/Meter	1 V / m $= 1$ kg $\cdot$ m / (s^3 $\cdot$ A^2)
Elektrischer Widerstand/R	Ω	Ohm	1 Ω $= 1$ V / A
			$= 1$ kg $\cdot$ m^2/ (s^3 $\cdot$ A^2)
Spezifischer Widerstand/ρ	Ωm	Ohmmeter	1 Ωm $= 1$ V $\cdot$ m / A
			$= 1$ kg $\cdot$ m^3/ (s^3 $\cdot$ A^2)
Elektrischer Leitwert/G	S	Siemens	1 S $= 1 / \Omega$
Permittivität/ϵ			1 As / Vm $= 1$ F / m
Kapazität/C	F	Farad	1 F $= 1$ C / V
			$= 1$ s^4 $\cdot$ A^2/ (kg $\cdot$ m^2)
Induktivität/L	H	Henry	1 H $= 1$ Wb / A
			$= 1$ kg $\cdot$ m^2/ (s^2 $\cdot$ A^2)
Magnetische Feldstärke/H	A / m	Ampere/Meter	1 A / m $= 1$ N / Wb
Magnetischer Fluss/Φ	Wb	Weber	1 Wb $= 1$ V $\cdot$ s
			$= 1$ kg $\cdot$ m^2/ (s^2 $\cdot$ A)
Magnetische Flussdichte/B	T	Tesla	1 T $= 1$ Vs/ m^2 $=$ Wb / m^2
			$= 1$ kg / (s^2 $\cdot$ A)

Optische Strahlung

Lichtstrom/Φ	lm	Lumen	1 lm $= 1$ cd $\cdot$ sr

Ionisierende Strahlung

Aktivität/A	Bq	Becquerel	1 Bq $= 1 / $ s
Energiedosis/D	Gy	Gray	1 Gy $= 1$ J / kg $=$ m^2/ s^2
Äquivalentdosis/$D_n = n \cdot D$	Sv	Sievert	1 Sv $= 1$ J / kg $=$ m^2/ s^2

Tabelle 1.3: Abgeleitete SI-Einheiten und deren Ableitung im Maßsystem der SI-Einheiten

d) Bei der Berechnung der Kapazität im elektrostatischen cgs-Systems wird die dielektrische Konstante des Vakuums ϵ_0 willkürlich zu $\epsilon_0 = 1$ gesetzt. Zunächst wird der unbekannte Plattenabstand d im SI-System bestimmt und in cm umgerechnet:

$$d = \epsilon_0 \frac{A}{C} = 8,854 \cdot 10^{-12} \frac{\text{As}}{\text{V m}} \cdot \frac{0,01 \text{ m}^2}{1 \cdot 10^{-9} \text{ As/ V}} = \mathbf{8,854 \cdot 10^{-3} \text{ cm}} \tag{1.3}$$

Mit dem im cgs-System bestimmten Plattenabstand d aus Gl. (1.3) erfolgt dann die Berechnung der gesuchten Kapazität C im cgs-System:

$$C = \epsilon_0 \frac{A}{C} = 1 \cdot \frac{100 \text{ cm}^2}{8,854 \cdot 10^{-3} \text{ cm}} = \mathbf{11294,33 \text{ cm}}$$

Die Angabe der Kapazität erfolgt in der Einheit cm.

1.2 Übungsaufgaben zu den Maßeinheiten

1.2.1 Aufgabe zum mksA-System

Gegeben ist die folgende Gleichung:

$$l = \int\limits_0^t \frac{E(t)}{x(t)} \, dt \tag{1.4}$$

a) Ermitteln Sie aus der Gl. (1.4) (l: Weg, E: Elektrische Feldstärke) die Dimension von x in den Basiseinheiten des Meter-Kilogramm-Ampere-Sekunde-Systems (mksA-System)!

b) Wie lautet der Name der Einheit der Größe x im mksA-System?

c) Worin unterscheidet sich das mksA-System vom internationalen Einheiten System (SI-System)?

1.2.2 Weitere Aufgabe zum mksA-System

Die Beweglichkeit b_e von Elektronen ist definiert durch die Größengleichung:

$$b_e = \frac{\kappa}{n_e \cdot e}$$

mit den Größen:

κ = elektrische Leitfähigkeit
e = Ladung der Elektronen
n_e = Anzahl der Elektronen in der Volumeneinheit

a) Die Dimension von b_e ist in SI-Basiseinheit anzugeben.

b) Wie groß ist n_e, wenn folgende Größen gegeben sind:

$\kappa = 48 \cdot \text{m}\Omega^{-1} \cdot \text{mm}^{-1}$

$e = 1,60 \cdot 10^{-19} \text{ As}$

$b_\text{e} = 30 \text{ cm}^2 \cdot \text{V}^{-1} \cdot \text{s}^{-1}$

1.2.3 Aufgabe zum SI-System

Bei der Berechnung der Diffusionsstromdichte J (Strom pro Flächeneinheit) in einer Halbleiterdiode ergibt die theoretische Herleitung die Beziehung:

$$J = \frac{1}{\sqrt{\pi}} \, q_\text{V} \sqrt{\frac{2kT}{m_\text{e}}} \int\limits_{b=0}^{b=\infty} b \, \text{e}^{-b^2} \, db \tag{1.5}$$

k = dimensionsbehaftete Konstante
T = absolute Temperatur in Kelvin
m_e= Masse eines Elektrons
q_V = Raumladungsdichte (Ladung pro Volumeneinheit)

Für die Größe b ergibt die Herleitung die zwei Lösungen b_1 und b_2:

$$b_1 = \frac{v_\text{e}}{\sqrt{\dfrac{2kT}{m_\text{e}}}}; \qquad b_2 = \frac{\sqrt{\pi}v_\text{e}^{\,2}}{\sqrt{\dfrac{2kT}{m_\text{e}}}}$$

Hierbei ist v_e die mittlere Geschwindigkeit der Elektronen.

a) Bestimmen Sie die Dimension der Größe b.

b) Bestimmen Sie die Dimension von k in SI-Basiseinheiten.

c) Welche der beiden Lösungen für b ist falsch. Begründen Sie dies kurz?

1.2.4 Weitere Aufgabe zum SI-System

Im Zylinderkoordinatensystem wird jeder Punkt durch zwei Koordinaten (a,b) festgelegt, von denen eine Koordinate ein Radius, die andere ein Winkel ist. Für eine physikalische Größe x am Ort mit den Zylinderkoordinaten a und b wurde die folgende Beziehungen hergeleitet:

$$x_1 = \frac{I_0 l}{8\pi^2} \left(\sqrt{\frac{\mu_0}{\epsilon_0}} \frac{1}{a^2} - \frac{1}{(\omega\epsilon_0 a)^2} \right) \cos^2 b \, \sin(\omega t - ka) \tag{1.6}$$

Eine Rechnung auf anderem Weg ergab:

$$x_2 = \frac{I_0 l}{4\pi} \left(\sqrt{\frac{\mu_0}{\epsilon_0}} \frac{1}{a^2} - \frac{1}{\omega\epsilon_0 \cdot a^3} \right) \cos b \, \sin(\omega t - ka) \tag{1.7}$$

Hierbei ist:

I_0 = Strom
ω = Kreisfrequenz
l = Länge
t = Zeit
ϵ_0 = Permittivitätskonstante
μ_0 = Permeabilitätskonstante

a) Welches ist die Winkel- und welches die Radiuskoordinate?

b) Welche Dimension hat k in SI-Einheiten?

c) Welche der beiden Beziehungen ist sicherlich falsch?

d) Um welche physikalische Größe handelt es sich bei x?

2 Fehlerrechnung

2.1 Systematischer Fehler

2.1.1 Beispielaufgabe Systematischer Fehler

Zur Kontrolle der Fertigungsqualität von Widerständen werden Stichproben entnommen und deren Widerstandswerte R_x mit dem in **Bild 2.1** gegebenen Prüfaufbau ermittelt.

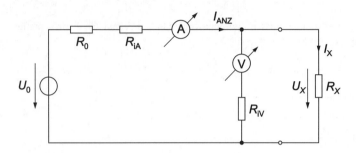

Bild 2.1 Prüfaufbau zur Fertigungskontrolle

a) Berechnen Sie die Spannung U_x und den Strom I_x für den Fall idealer Messgeräte ($R_{iA} = 0\,\Omega$, $R_{iV} \to \infty$).

b) Die Messgeräte seien nun nicht mehr ideal ($R_{iA} \neq 0\,\Omega$, $R_{iV} \neq \infty$). Bestimmen Sie die Anzeigen (U_{ANZ}, I_{ANZ}) der Messgeräte.

c) Der angezeigte Wert des jeweiligen Messgeräts soll der in Aufgabenteil a) berechneten wahren Spannung U_x und dem in a) berechneten wahren Strom I_x entsprechen. Berechnen Sie dazu die benötigten Korrekturfaktoren für die Strom- (k_I) bzw. die Spannungsmessung (k_U). Der Widerstand R_x soll nun direkt aus den korrigierten Messgeräteanzeigen ermittelt werden. Leiten Sie dazu die Gleichung zur Bestimmung des Widerstands R_x ab.

d) Bei einer Messung wurden $I_{ANZ} = 19,86$ mA und $U_{ANZ} = 9,40$ V abgelesen. Für die Messgeräte gilt: $R_{iA} = 20\,\Omega$, $R_{iV} = 10$ kΩ. Bestimmen Sie den Wert von R_x, und berechnen Sie den absoluten und relativen systematischen Fehler.

2.1.2 Lösung der Beispielaufgabe

Der systematische Messfehler wird durch erfassbare Eigenschaften eines Messgeräts sowie des Messaufbaus verursacht. Er besitzt einen festen Wert sowie ein definiertes Vorzeichen und ist reproduzierbar. Daher können Fehler dieser Art korrigiert werden.

a) Bei idealen Messgeräten ergibt sich eine einfache Reihenschaltung der Widerstände R_0 und R_x. Die Anordnung verhält sich so, als ob keine Messgeräte in der Schaltung vorhanden wären.

Für den gesuchten Strom gilt:
$$I_x = \frac{U_0}{R_0 + R_x} \tag{2.1}$$

Für die gesuchte Spannung gilt:
$$U_x = U_0 \frac{R_x}{R_0 + R_x} \tag{2.2}$$

b) Bei nicht idealen Messgeräten müssen die Innenwiderstände R_{iA} und R_{iV} berücksichtigt werden. Für den angezeigten Strom gilt jetzt:

$$I_{ANZ} = \frac{U_0}{R_0 + R_{iA} + R'_x} \quad \text{mit} \quad R'_x = \frac{R_x R_{iV}}{R_x + R_{iV}}$$

Für die angezeigte Spannung gilt jetzt:

$$U_{ANZ} = U_0 \frac{R'_x}{R_0 + R_{iA} + R'_x}$$

c) Durch die Parallelschaltung des Spannungsmessgeräts zu dem Prüfling fließt über dieses ein Teil des Prüflingsstroms I_x. Es muss eine Korrektur der Strommessung vorgenommen werden, damit die Anzeige des Amperemeters lediglich den Strom durch den Prüfling anzeigt:

$$\text{mit} \quad I_x \overset{!}{=} k_I\, I_{ANZ} \quad \text{und} \quad U_0 = (R_0 + R_{iA} + R'_x) I_{ANZ}$$

folgt aus Gl. (2.1):

$$I_x = \frac{1}{R_0 + R_x}(R_0 + R_{iA} + R'_x) I_{ANZ}$$

und somit ergibt sich der Korrekturfaktor für die Strommessung zu:

$$k_I = \frac{R_0 + R_{iA} + R'_x}{R_0 + R_x} \tag{2.3}$$

Der Innenwiderstand R_{iA} des Amperemeters verursacht einen Spannungsfall, wodurch die Spannung am Prüfling nun kleiner wird als in Aufgabenteil a) berechnet. Die Messgeräteanzeige des Voltmeters muss somit korrigiert werden:

$$\text{mit} \quad U_x \overset{!}{=} k_U\, U_{ANZ} \quad \text{und} \quad U_0 = \frac{R_0 + R_{iA} + R'_x}{R'_x} U_{ANZ}$$

folgt aus Gl. (2.2):

$$U_x = \frac{R_x}{R_0 + R_x} \frac{R_0 + R_{iA} + R'_x}{R'_x} U_{ANZ}$$

und somit ergibt sich der Korrekturfaktor für die Spannungsmessung zu:

$$k_U = \frac{R_x\,(R_0 + R_{iA} + R_x')}{R_x' \cdot (R_0 + R_x)} \tag{2.4}$$

Nachdem beide Messgeräteanzeigen korrigiert werden können, läßt sich R_x bestimmen:

$$R_x = \frac{U_x}{R_x} = \frac{k_U\,U_{ANZ}}{k_I\,I_{ANZ}} = k_R\,R_{ANZ}$$

Mit Hilfe von Gl. (2.3) und Gl. (2.4) läßt sich k_R berechnen:

$$k_R = \frac{k_U}{k_I} \stackrel{!}{=} \frac{R_x}{R_x'} = 1 + \frac{R_x}{R_{iV}}$$

$$R_x = \left(1 + \frac{R_x}{R_{iV}}\right) \frac{U_{ANZ}}{I_{ANZ}} \quad \text{mit} \quad R_{ANZ} = \frac{U_{ANZ}}{I_{ANZ}}$$

Damit läßt sich der wahre Wert des Widerstands R_x aus den Messgeräteanzeigen bestimmen:

$$R_x = \frac{1}{\dfrac{1}{R_{ANZ}} - \dfrac{1}{R_{iV}}} \tag{2.5}$$

d) Der absolute Fehler bestimmt sich aus der Differenz zwischen angezeigtem Wert A und dem wahren Wert W der Messgröße. Mit dem Widerstand

$$R_{ANZ} = \frac{U_{ANZ}}{I_{ANZ}} = 473,31\ \Omega$$

und Gl. (2.4) folgt:

$$R_x = \frac{1}{\dfrac{1}{R_{ANZ}} - \dfrac{1}{R_{iV}}} = \mathbf{496,83\ \Omega}$$

$$F = A - W = R_{ANZ} - R_x = \mathbf{-\,23,52\ \Omega}$$

Daraus kann nun der relative Fehler berechnet werden:

$$f = \frac{A - W}{W} \cdot 100\,\% = \frac{F}{W} \cdot 100\,\% = \mathbf{-\,4,7\,\%} \tag{2.6}$$

23

2.2 Zufällige Fehler

2.2.1 Beispielaufgabe zufälliger Fehler

Mit dem Messaufbau aus Bild 2.1 der Beispielaufgabe 2.1.1 wurde eine Stichprobe von 20 Widerständen vermessen. Es ergaben sich die in **Tabelle 2.1** angegebenen Werte:

n	R_N	n	R_N	n	R_N	n	R_N
1	500 Ω	6	502 Ω	11	499 Ω	16	500 Ω
2	499 Ω	7	501 Ω	12	501 Ω	17	501 Ω
3	503 Ω	8	497 Ω	13	500 Ω	18	498 Ω
4	501 Ω	9	500 Ω	14	499 Ω	19	502 Ω
5	498 Ω	10	504 Ω	15	502 Ω	20	500 Ω

Tabelle 2.1 Gemessene Widerstandswerte aus einer Widerstandsfertigung (Stichprobe)

a) Berechnen Sie den Mittelwert $\overline{x}$ und die Streuung s der Stichprobe.

b) Bilden Sie die relative Summenhäufigkeit der Stichprobe, und tragen Sie diese in ein Wahrscheinlichkeitsnetz ein. Verwenden Sie dazu das **Bild 11.1** im Anhang. Wie prüfen Sie, ob eine Normalverteilung vorliegt?

c) Bestimmen Sie den Vertrauensbereich bzw. das Vertrauensintervall des Widerstandsnennwerts R_N für eine Wahrscheinlichkeit von $P = 95\,\%$. Benutzen Sie dazu die im Anhang angegebene t-Verteilungstabelle (Student-Verteilung) (**Tabelle 11.1**).

d) Die gefertigten Widerstände dürfen eine maximale Abweichung von $\pm\,1\,\%$ vom Sollwert $R_N = 500\,\Omega$ aufweisen. Basierend auf der Stichprobenuntersuchung der Aufgabenteile a) bis c) soll der prozentuale Ausschußanteil der Gesamtproduktion für den ungünstigsten Fall, mit Hilfe der **Tabelle 11.2** im Anhang und durch lineare Interpolation der Zwischenwerte, abgeschätzt werden.

2.2.2 Lösung der Beispielaufgabe

a) Allgemein gilt für den Mittelwert einer Stichprobe:

$$\overline{x} = \frac{1}{n} \sum_{i=1}^{n} x_i \quad \rightarrow \quad \overline{x} = 500,35\ \Omega \tag{2.7}$$

Für die Streuung s einer Stichprobe gilt:

$$s = \sqrt{\frac{\sum\limits_{i=1}^{n} (x_i - \overline{x})^2}{n-1}} \quad \rightarrow \quad s = \pm\,1,755\ \Omega \tag{2.8}$$

b) Vor jeder Anwendung von statistischen Verfahren muss geprüft werden, ob eine Normalverteilung vorliegt! Bei der hier gemachten Stichprobe sind die Werte diskret verteilt. Diese Werteverteilung soll nun durch eine Normalverteilung approximiert werden (Annahme). Ist die Stichprobe näherungsweise normalverteilt, so ersetzen arithmethisches Mittel $\bar{x}$ und die Streuung s die Parameter μ und σ der „idealen" Normalverteilung. Um zu prüfen, ob die vorliegende Stichprobe sich durch eine Gaußverteilung approximieren läßt, muss man folgendermaßen vorgehen:

1) Messwerte der Größe nach sortieren und auszählen. Dabei werden die Messwerte abhängig von der Messgerätegenauigkeit in verschiedene Klassen z. B. 1 mV, 1 V, 1 Ω usw., eingeordnet. Die Klassenbreite sollte für eine diskrete Verteilung nicht zu groß gewählt werden (mindestens fünf Klassen), da ansonsten unzulängliche Ergebnisse erhalten werden.

2) Bildung der relativen Häufigkeit (bezogen auf den Gesamtprobenumfang) und der relativen Summenhäufigkeit. Die relative Summenhäufigkeit ist die Summe der prozentualen Häufigkeiten der auftretenden Werte bzw. der Werte innerhalb eines vorgegebenen Widerstands-Bereichs. **Tabelle 2.2** zeigt eine Auflistung der relativen Häufigkeiten und Summenhäufigkeiten für die gegebene Stichprobe.

Klasse	Messwerte/Ω	absolute Häufigkeit	relative Häufigkeit	relative Summenhäufigkeit/ %
1	496,5−497,5	1-mal	5 %	5 %
2	497,5−498,5	2-mal	10 %	15 %
3	498,5−499,5	3-mal	15 %	30 %
4	599,5−500,5	5-mal	25 %	55 %
5	500,5−501,5	4-mal	20 %	75 %
6	501,5−502,5	3-mal	15 %	90 %
7	502,5−503,5	1-mal	5 %	95 %
8	503,5−504,5	1-mal	5 %	100 %
9	504,5−505,5	0-mal	0 %	100 %

Tabelle 2.2 Zusammenstellung der relativen Häufigkeit und der relativen Summenhäufigkeit

3) Die relativen Summenhäufigkeiten werden jeweils an der oberen Klassengrenze in ein sogenanntes Wahrscheinlichkeitsnetz für die Gaußsche Normalverteilung eingetragen (**Bild 11.1**). Nur wenn sich im Gaußschen Wahrscheinlichkeitsnetz eine Gerade ergibt, liegt eine Normalverteilung der Grundgesamtheit (und damit der Stichprobe) vor. **Bild 2.2** zeigt das Ergebnis für die vorhandene Stichprobe. Nach Einzeichnen einer Ausgleichsgeraden kann man erkennen, dass die Stichprobe sich mit einer Gaußverteilung ausreichend beschreiben läßt. Mit Hilfe der Ausgleichsgeraden kann der Mittelwert $\bar{x}$ (Summenhäufigkeit gleich 50 %) leicht grafisch bestimmt werden.

Es sei angemerkt, dass es keinen Sinn macht, die Klasse acht in die Ausgleichsgerade einzubeziehen. Man bedenke, dass es sich nur um eine Annäherung der Gaußverteilung handelt. Man weiß gelegentlich, dass die Summenhäufigkeit der Klasse acht sehr nahe 100 % ist, welches fast der gesamten Fläche unter der Häufigkeitsverteilung $H(x)$ entspricht.

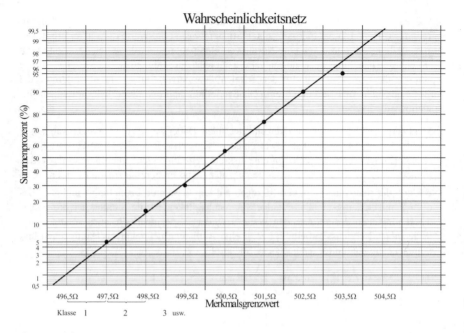

Bild 2.2 Summenhäufigkeit der Stichprobe, Ausgleichsgerade

c) Für den Vertrauensbereich v um $\bar{x}$, in welchem der Mittelwert der Stichprobe mit einer der Wahrscheinlichkeit P liegt, gilt:

$$v = \pm \frac{t}{\sqrt{n}} \cdot s \tag{2.9}$$

Dabei hängt der Parameter t vom Umfang der Stichprobe n und der geforderten Wahrscheinlichkeit P ab und kann aus der t-Verteilung (Student-Verteilung) bestimmt werden. Die t-Verteilung ist für Gaußsche Verteilungsfunktionen bei kleiner Stichprobengröße geeignet. Aus Tabelle 11.1 kann man t entnehmen.

Für eine Wahrscheinlichkeit von $P = 95\ \%$ und eine Stichprobengröße von $n = 20$ ergibt sich:

$$t\Big|_{n-1\,=\,19,\ P\,=\,0{,}95} = \mathbf{2,093} \tag{2.10}$$

Damit bestimmt sich der Vertrauensbereich, in dem der Mittelwert der Grundgesamtheit μ mit einer Wahrscheinlichkeit von $P = 95\ \%$ liegt und unter Verwendung von Gl. (2.9) zu:

$$v = \pm\, 0,82\ \Omega$$

und das Vertrauensintervall ergibt sich demnach zu:

$$\bar{x} - 0,82\,\Omega = 499,53\,\Omega \leq \mu \leq 501,17\,\Omega = \bar{x} + 0,82\,\Omega$$

d) Um den prozentualen Ausschußanteil an der Gesamtproduktion abzuschätzen, muss zunächst die Summenhäufigkeit berechnet werden, mit der die gefertigten Widerstände innerhalb der geforderten Akzeptanzwerte, d. h. innerhalb der Toleranz von R_{min}, R_{max}, liegen:

$$R_{min} = 495\,\Omega \qquad R_{max} = 505\,\Omega$$

Allgemein gilt für die Summenhäufigkeit zwischen zwei Punkten x_1 (entsprechend R_{min}) und x_2 (entsprechend R_{max}):

$$W\Big|_{x_1,\,x_2} = \frac{1}{2}\left[\mathrm{erf}\left(\frac{x_2 - \mu}{\sqrt{2}\sigma}\right) - \mathrm{erf}\left(\frac{x_1 - \mu}{\sqrt{2}\sigma}\right)\right] \tag{2.11}$$

Gesucht werden nun die Größen μ und σ der Grundgesamtheit! Diese müssen aus der Stichprobe abgeschätzt werden.

Aus Aufgabenteil c) wurde bereits ein Vertrauensintervall für μ aus der t-Verteilung abgeschätzt (mit 95 % statistischer Sicherheit).

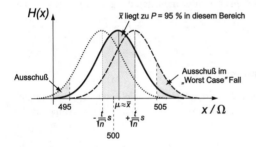

Bild 2.3 Annahme einer gauß-verteilten Grundgesamtheit der Stichprobe (Gaußsche Glockenkurve)

Der ungünstigste Fall tritt dann auf, wenn μ möglichst nah an einem der beiden Akzeptanzwerte liegt, da der größte Teil der Verteilung außerhalb des tolerierbaren Bereichs liegt, wie dies in **Bild 2.3** illustriert wird. Im betrachteten Fall gilt dies für:

$$\mu = 501,17$$

In Ermangelung einer Abschätzung für die Standardabweichung σ soll hier die Streuung s der Stichprobe benutzt werden, zumal diese in der Regel auf Grund der wenigen Stichprobenwerte größer als σ ist und daher ebenfalls den ungünstigsten Fall darstellt. Es gilt daher unter Verwendung der Gl. (2.11):

$$
W\Big|_{495,\,505} = \frac{1}{2}\left[\mathrm{erf}\left(\frac{x_2-\mu}{\sqrt{2}\sigma}\right) - \mathrm{erf}\left(\frac{x_1-\mu}{\sqrt{2}\sigma}\right)\right]
$$

$$
= \frac{1}{2}\left[\mathrm{erf}\left(\frac{505-501,17}{\sqrt{2}\,1,755}\right) - \mathrm{erf}\left(\frac{495-501,17}{\sqrt{2}\,1,755}\right)\right]
$$

$$
= \frac{1}{2}\left[\mathrm{erf}(1,54) - \mathrm{erf}(-2.49)\right]
$$

$$
W\Big|_{495,\,505} = \frac{1}{2}\left[\mathrm{erf}(1,54) + \mathrm{erf}(2,49)\right]
$$

Nun muss man die Summenhäufigkeit aus der Tabelle 11.2 im Anhang ablesen. Aus der Tabelle 11.2 folgt somit für die $\mathrm{erf}(t_i)$-Funktion:

$$
\mathrm{erf}(1,55) = 0,9716 \qquad \mathrm{erf}(2,5) = 0,9996
$$

Es kann notwendig sein, Zwischenwerte zu ermitteln. Dies kann durch lineare Interpolation der Funktionswerte erfolgen.

Es ergibt sich für die gesuchte Wahrscheinlichkeit:

$$
W\Big|_{495,\,505} = \frac{1}{2}\left[0,9856 + 0,9996\right] = \mathbf{0,9856} = \mathbf{98,56\,\%}
$$

98,56 % der gefertigten Widerstände liegen im Akzeptanzbereich. Somit beträgt im ungünstigsten Fall (bei 95 % statistischer Sicherheit) der Ausschußanteil der gefertigten Widerstände bei 1,44 % .

2.3 Fehlerfortplanzung

2.3.1 Beispielaufgabe Fehlerfortpflanzung

Zur Bestimmung der in einem ohmschen Widerstand R bei Gleichspannung umgesetzten Leistung soll die Schaltung **Bild 2.4** mit einem Voltmeter (V, R_{iV}) und einem Amperemeter (A, R_{iA}) benutzt werden:

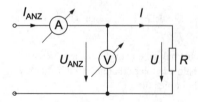

Bild 2.4 Schaltung zur Leistungsmessung am Widerstand R

Der Innenwiderstand des Voltmeters V ist durch vorherige Messung fehlerfrei bekannt.

Voltmeter V: 20 V Endausschlag, Klassengenauigkeit $f_e = 0,5$; $R_{iV} = 20 \text{ k}\Omega$
Amperemeter A: 5 A Endausschlag, Klassengenauigkeit $f_e = 0,2$; $R_{iA} \approx 0 \, \Omega$
Widerstand R : $10 \, \Omega \pm 10 \, \%$

a) Bestimmen Sie den Korrekturfaktor k_I für die Strommessung! ($I = k_I I_{ANZ}$)

b) Leiten Sie allgemein den gesamten relativen Fehler bei der Ermittlung der in R umgesetzten Leistung her!

c) Wie groß ist der relative prozentuale Gesamtfehler bei folgenden Anzeigewerten: $U_{ANZ} = 10$ V, $I_{ANZ} = 4$ A

2.3.2 Lösung der Beispielaufgabe

Um die in dem Widerstand umgesetzte Leistung zu bestimmen, müssen die wahre Spannung U und der wahre Strom I bekannt sein. Bei der Messschaltung handelt es sich um eine spannungsrichtige Messschaltung ($U_{ANZ} = U$) bezüglich des Widerstands, d. h. es gilt:

a)

$$I_{ANZ} = U \, \frac{R + R_{iV}}{R R_{iV}} = I \, \frac{R + R_{iV}}{R_{iV}}$$

Daraus folgt für den wahren Wert des Stroms I:

$$I = k_I \, I_{ANZ} = \frac{R_{iV}}{R + R_{iV}} \, I_{ANZ}$$

b) Für die im Widerstand umgesetzte Leistung gilt:

$$P = UI = U_{ANZ}I = U I_{ANZ} \, \frac{R_{iV}}{R + R_{iV}}$$

Allgemein setzt sich der gesamte (maximale) Fehler aus der Summe (betragsmäßig) der partiellen Ableitungen der einzelnen Fehlerquellen zum totalen Differential zusammen:

$$|\Delta P| \approx \left| \frac{\partial P}{\partial U} \right| \cdot |\Delta U| + \left| \frac{\partial P}{\partial I_{ANZ}} \right| \cdot |\Delta I_{ANZ}| + \dots$$

$$\dots \left| \frac{\partial P}{\partial R} \right| \cdot |\Delta R| + \left| \frac{\partial P}{\partial R_{iV}} \right| \cdot \underbrace{|\Delta R_{iV}|}_{=0} \quad (2.12)$$

$$|\Delta P| \approx \left| I_{ANZ} \frac{R_{iV}}{R + R_{iV}} \right| \cdot |\Delta U| + \left| U \frac{R_{iV}}{R + R_{iV}} \right| \cdot |\Delta I_{ANZ}| + \dots$$

$$\dots \left| U I_{ANZ} \frac{-R_{iV}}{(R + R_{iV})^2} \right| \cdot |\Delta R|$$

Der relative Fehler bei der Leistungsmessung ergibt sich allgemein:

$$f = \left| \frac{\Delta P}{P} \right| = \left| \frac{\Delta U}{U} \right| + \left| \frac{\Delta I_{\text{ANZ}}}{I_{\text{ANZ}}} \right| + \left| - \frac{R}{R + R_{\text{iV}}} \right| \cdot \left| \frac{\Delta R}{R} \right|$$

c) Die Angabe der Klassengenauigkeit von Messgeräten erfolgt immer in Prozent. Somit bedeutet eine Klassengenauigkeit von $f_e = 0,5$ eine Messgerätegenauigkeit von 0,5 % , bezogen auf den Messbereichsendwert. Um den relativen prozentualen Fehler zu erhalten, wird die Klassengenauigkeit mit dem Anzeigewert des entsprechenden Geräts multipliziert. Damit ergibt sich der gesamte relative Fehler in Zahlen zu:

$$f = \underbrace{\left| \frac{0,5 \ \% \cdot 20 \ \text{V}}{10 \ \text{V}} \right|}_{\text{V}, \, f_e = 0,5} + \underbrace{\left| \frac{0,2 \ \% \cdot 5 \ \text{A}}{4 \ \text{A}} \right|}_{\text{A}, \, f_e = 0,2} + \left| \frac{10 \ \Omega}{10 \ \Omega + 20 \ \text{k}\Omega} \right| \cdot \underbrace{\left| \pm 10 \ \% \right|}_{\text{Widerstandstoleranz}}$$

$$= 0,01 + 0,0025 + 0,0005 \cdot 0,1$$

$$= 0,01255 = \mathbf{1,255 \ \%}$$

2.4 Übungsaufgaben zur Fehlerrechnung und Gleichstromnetzwerken

2.4.1 Systematischer und relativer Fehler

An den Klemmen 1 und 2 der in **Bild 2.5** abbgebildeten Gleichspannungsquelle mit unbekannter Leerlaufspannung U_0 und dem unbekannten Innenwiderstand R_i wird mit einem Vielfachmessinstrument der Klasse $f_e = 0,5$ und dem fehlerfreien, aber spannungsabhängigen Innenwiderstand $R_{\text{iV}} = 10 \ \text{k}\Omega/\text{V}$ die Spannung der Quelle gemessen.

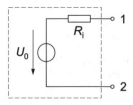

Bild 2.5 Gleichspannungsquelle mit Ersatzgrößen R_i und U_0

Bei zwei Messungen ergaben sich folgende Anzeigen:

$U_{\text{ANZ1}} = 8$ V im Bereich mit $U_{\text{E1}} = 10$ V Endausschlag
$U_{\text{ANZ2}} = 10$ V im Bereich mit $U_{\text{E2}} = 25$ V Endausschlag

a) Berechnen Sie die Leerlaufspannung U_0 und den Innenwiderstand R_i der Quelle.

b) Wie groß ist der maximale relative Fehler für U_0?

2.4.2 Direkt anzeigendes Widerstandsmessgerät

Die in **Bild 2.6** angegebene Schaltung [27] soll als direktanzeigender Widerstandsmesser für den Widerstand R_x verwendet werden. Eine Monozelle liefert die Versorgungsspannung U. Der Widerstand R_1 dient zur Messbereichsumschaltung, der Widerstand R_2 wird so eingestellt, da das verwendete Drehspulinstrument für $R_x = 0\ \Omega$ Vollausschlag zeigt. Um eine genauere Einstellung zu ermöglichen, wird der Widerstand R_2 durch die Serienschaltung eines konstanten ohmschen Anteils R_{2k} und eines variablen ohmschen Anteils R_{2v} dargestellt. Das Drehspulinstrument (V) habe den Innenwiderstand R_i und zeigt für $I = I_0$ Vollausschlag.

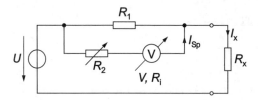

Bild 2.6   Monozelle und Drehspulgerät zur Widerstandsmessung R_x

a) Berechnen Sie allgemein den Strom I_{Sp} im Instrument als Funktion der Versorgungsspannung U und der Widerstände R_x, R_i, R_1 und R_2

b) Berechnen Sie die Bedingung für R_2, damit das Instrument für $R_x = 0$ Vollausschlag zeigt. Setzen Sie diese Bedingung anschließend in den unter a) berechneten Ausdruck ein.

c) Berechnen Sie unter Berücksichtigung des Ergebnisses aus b) den notwendigen Widerstand R_1, damit das Instrument für $R_x = R_H$ halben Vollausschlag zeigt.

d) Berechnen Sie $I_{Sp}/I_0 = f(R_x)$ und zeichnen Sie die in R_x/R_H kalibrierte Anzeigeskala des Messgeräts (Skalenlänge 10 Längeneinheiten). Tragen Sie die Werte für $R_x/R_H = 0$; 0,1; 0,2; 0,5; 1,0; 2,0; 5,0; 10,0 ein.

e) Lösen Sie die unter d) ermittelte Gleichung nach R_x/R_H auf, und bestimmen Sie den relativen Widerstandsfehler $\Delta(R_x/R_H)/(R_x/R_H)$ als Funktion des absoluten Stromfehlers $\Delta(I_{Sp}/I_0)$. Stellen Sie den relativen Widerstandsfehler als Funktion des Stroms I_{Sp}/I_0 ($0 \leq I_{Sp}/I_0 \leq 1$) grafisch dar, wenn der absolute Stromfehler $\Delta(I_{Sp}/I_0)$ − unabhängig vom Strom I_{Sp}/I_0 − maximal $\pm$ 1 % betragen kann. In welchem Bereich der Skala erhält man den geringsten relativen Widerstandsfehler? Welcher Skalenbereich eignet sich unter Berücksichtigung von Aufgabenteil d) zum Ablesen am besten?

2.4.3   Vielfachmessgerät

Mit einem vorhandenem Drehspulmessgerät, Vollausschlag bei $I_{Sp} = 0,2$ mA, welches eine Drehspule mit einem Widerstand von $R_{Sp} = 100\ \Omega$ hat und mit einen Vorwiderstand

31

von $R_V = 300\,\Omega$ zur Temperaturkompensation versehen ist, soll ein Strom von $I = 1\,\text{mA}$ gemessen werden.

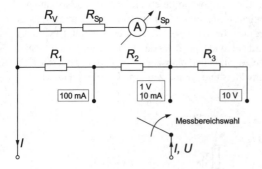

Bild 2.7 Schaltung eines einfachen analogen Vielfachmessgeräts mit zwei Spannungs- und zwei Strom-messbereichen

a) Geben Sie eine geeignete Messschaltung an und dimensionieren Sie diese. Es steht Ihnen außer dem Messwerk nur ein Widerstand zur Verfügung.

b) Warum ist die Parallelschaltung verschiedener Nebenwiderstände als Messbereichserweiterung ungeeignet? Geben Sie eine alternative Schaltung an und begründen Sie diese.

c) Das in **Bild 2.7** abgebildete Vielfachmessgerät soll die angegebenen Messbereiche aufweisen. Das zur Anzeige verwendete Drehspulinstrument hat einen Messwerkwiderstand von $R_{Sp} = 200\,\Omega$ und einen Strom bei Endausschlag von $I_{Sp} = I_0 = 1\,\text{mA}$. Berechnen Sie den benötigten Vorwiderstand R_V und die jeweiligen Strom- und Spannungsmessbereichs-widerstände R_1, R_2 und R_3. Kann man für die von Ihnen dimensionierten Widerstände handelsübliche 1/4-W-Widerstände verwenden?

d) Welchen Eingangswiderstand R_E hat das Messgerät im 10-mA- und im 100-mA-Strommessbereich? Wie groß ist der für das Messgerät spezifische und vom Spannungsmessbereich unabhängige gestrichene „Widerstand" $R' = 1/I_{Sp} = R_E/U_E$? Mit welchen Eingangswiderständen R_E hat der Benutzer des Vielfachmessgeräts an den Spannungsklemmen zu rechnen?

e) Welche genormte Klassengenauigkeit f_e (Klasse 1 und Klasse 2,5 oder Klasse 5) hat das analoge Vielfachmessgerät im ungünstigsten Fall im 100-mA-Strommessbereich, wenn die zuvor berechneten Widerstände eine Toleranz von $\Delta R = \pm\,1\,\%$ besitzen? Der Widerstand der Drehspule ist exakt bekannt.

3 Messgeräte

3.1 Gleichrichtung und Kurvenformfehler

3.1.1 Beispielaufgabe Gleichrichtung

Es soll ein Strom mit der in **Bild 3.1** gegebenen Kurvenform gemessen werden.

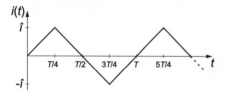

Bild 3.1 Dreieckförmiger Stromverlauf am Messgerät

a) Wie groß wird die Anzeige eines Drehspulgeräts? Bitte geben Sie eine Begründung an!

b) Berechnen Sie die Anzeige eines Drehspulgeräts mit Einweggleichrichtung, das für Sinusform in Effektivwerten kalibriert ist!

c) Berechnen Sie die Anzeige eines Drehspulgeräts mit Zweiweggleichrichtung, das für Sinusform in Effektivwerten kalibriert ist!

d) Wie groß wird der relative Kurvenformfehler, der durch die Verwendung der Messgeräte entsteht?

e) Wie groß sind die Formfaktoren, die zu einer direkten Anzeige des Effektivwerts des dreieckförmigen Stroms, für die Kalibrierung (bei Ein- und Zweiweggleichrichtung) verwendet werden müßten?

3.1.2 Lösung der Beispielaufgabe

a) Die Anzeige des Drehspulmessgeräts ist Null, da das Messgerät den Mittelwert des Messsignals bildet, sofern die Frequenz der zu messenden Wechselgröße deutlich über der Resonanzfrequenz des Messgeräts liegt. Typischerweise liegt die Resonanzfrequenz von Drehspulmessgeräten zwischen 0,5 Hz und 2 Hz , während die technischen Frequenzen erst bei 16 2/3 Hz bzw. 50 Hz beginnen.

b) Einweggleichrichtung: Die negativen Spannungszeitflächen fallen durch die Einweggleichrichtung weg. Zunächst muss der Kurvenverlauf mathematisch beschrieben werden. Auf Grund der Unstetigkeit des Stromverlaufs bei $(2n + 1) \cdot T/4$ mit $n = 0, 1, 2 \ldots$ ist prinzipiell eine Fallunterscheidung an den Unstetigkeitsgrenzen notwendig. Die Symmetrie des Signals erlaubt jedoch eine Beschränkung der Berechnungen auf den Zeitbereich zwischen $0 \leq t \leq T/4$:

$$i(t) = \frac{4\hat{i}}{T} \cdot t \qquad \text{für} \qquad 0 \leq t \leq \frac{T}{4}$$

Wegen der Kurvensymmetrie braucht man nur das Integral über $T/4$ zu errechnen und kann anschließend das Ergebnis mit zwei multiplizieren:

$$\left|\bar{i}\right|_1 = \frac{2}{T} \int\limits_0^{\frac{T}{4}} |i(t)| \; dt = \frac{2}{T} \int\limits_0^{\frac{T}{4}} \left|\frac{4\hat{i}}{T}\right| dt = \frac{8\hat{i}}{T^2} \left[\frac{t^2}{2}\right]_0^{\frac{T}{4}} = \frac{\hat{i}}{4}$$

Es muss nun noch beachtet werden, dass das Drehspulgerät in Effektivwerten für Sinusform kalibriert ist, d. h., das Gerät zeigt für rein sinusförmige Spannungen nicht den Mittelwert, sondern den Effektivwert an. Mißt man eine **nicht** sinusförmige einweggleichgerichtete Messgröße, so entsteht ein Fehler. Um den wahren Wert der Anzeige zu berechnen, muss zunächst der Formfaktor für Einweggleichrichtung bei Sinusform bestimmt werden:

$$F_1 = \frac{I_{\text{eff}}}{\left|\bar{i}\right|_1} \qquad \text{mit dem Effektivwert für Sinusströme:} \qquad I_{\text{eff}} = \frac{\hat{i}}{\sqrt{2}}$$

Für die Einweggleichrichtung eines sinusförmigen Stroms nach **Bild 3.2** gilt:

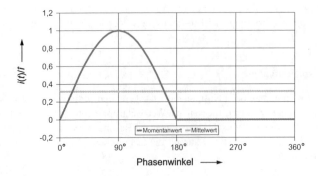

Bild 3.2 Stromverlauf einer sinusförmigen Größe bei Einweggleichrichtung

34

$$\left.|\bar{i}|\right._1 = \frac{1}{T}\left[\int\limits_0^{\frac{T}{2}} \hat{\imath}\sin\omega t\,dt \;+\; \int\limits_{\frac{T}{2}}^{T} 0\,dt\right] = \frac{\hat{\imath}}{\omega T}\Big[-\cos\omega t\Big]_0^{\frac{T}{2}} = \frac{\hat{\imath}}{\pi} \tag{3.1}$$

Daraus ergibt sich der Formfaktor bei Einweggleichrichtung für Sinusform:

$$F_1 = \frac{I_{\text{eff}}}{\left.|\bar{i}|\right._1} = \frac{\hat{\imath}\pi}{\sqrt{2}\,\hat{\imath}} = \frac{\pi}{\sqrt{2}} = 2,22$$

Das Drehspulgerät zeigt somit bei Einweggleichrichtung für den Dreieckspannungsverlauf an:

$$I_{\text{ANZ}} = F_1\left.|\bar{i}|\right._1 = 2,22\frac{\hat{\imath}}{4} = 0,55\hat{\imath}$$

c) Zunächst muss der Gleichrichtwert für Zweiweggleichrichtung des Stroms $i(t)$ berechnet werden. Da auch hier wieder das Drehspulgerät für sinusförmige Spanungen in Effektivwerten kalibriert ist, muss anschließend der Formfaktor für die Zweiweggleichrichtung errechnet werden, um die Anzeige des Drehspulgeräts angeben zu können:

$$\left.|\bar{i}|\right._2 = \frac{4}{T}\int\limits_0^{\frac{T}{4}} |i(t)|\,dt = \frac{4}{T}\int\limits_0^{\frac{T}{4}}\left|\frac{4\hat{\imath}}{T}\right|\,dt = \frac{16\hat{\imath}}{T^2}\left[\frac{t^2}{2}\right]_0^{\frac{T}{4}} = \frac{\hat{\imath}}{2}$$

Für die Zweiweggleichrichtung eines sinusförmigen Stroms nach **Bild 3.3** kann Gl. (3.1) herangezogen werden, welche einfach mit Zwei multipliziert wird, da sich bei der Zweiweggleichrichtung die Spannungszeitfläche gegenüber der Einweggleichrichtung verdoppelt:

$$\left.|\bar{i}|\right._2 = \frac{2\hat{\imath}}{\pi} \tag{3.2}$$

Es ergibt sich der Formfaktor bei Zweiweggleichrichtung für Sinusform:

$$F_1 = \frac{I_{\text{eff}}}{\left.|\bar{i}|\right._1} = \frac{\hat{\imath}\pi}{\sqrt{2}\cdot 2\hat{\imath}} = \frac{\pi}{2\sqrt{2}} = 1,11$$

Das Drehspulgerät zeigt für den zweiweggleichgerichteten Dreieckstrom an:

$$I_{\text{ANZ}} = F_2\left.|\bar{i}|\right._2 = 1,11\frac{\hat{\imath}}{2} = 0,55\hat{\imath}$$

Vergleicht man die Ergebnisse aus Gl. (3.1) und Gl. (3.2), so stellt man gleiche Anzeigewerte fest, allerdings sind beide Anzeigewerte für den dreieckförmigen Strom falsch!

35

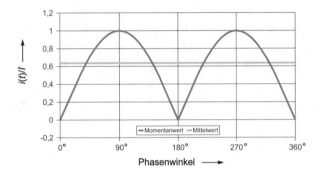

Bild 3.3 Stromverlauf einer sinusförmigen Größe bei Zweiweggleichrichtung

d) Die entsprechend kalibrierten Drehspulgeräte zeigen nur für sinusförmige Eingangsgrößen den genauen Effektivwert an. Somit ergibt sich für die Messung einer nicht sinusförmigen Größe, wie in Bild 3.1 gegeben, ein Kurvenformfehler. Zunächst muss der wahre Effektivwert mit der Definitionsgleichung Gl. (3.3) für den Effektivwert berechnet werden:

$$I_{\text{eff}} = \sqrt{\frac{1}{T} \int_0^T i(t)^2 \, \mathrm{d}t} = \sqrt{\frac{4}{T} \int_0^{\frac{T}{4}} i(t)^2 \, \mathrm{d}t} = \sqrt{\frac{4}{T} \int_0^{\frac{T}{4}} \frac{16\,\hat{i}}{T^2} t^2 \, \mathrm{d}t} \qquad (3.3)$$

$$I_{\text{eff}} = \sqrt{\frac{64\,\hat{i}^2}{T^3} \left[\frac{t^3}{3}\right]_0^{\frac{T}{4}}} = \sqrt{\frac{64\,\hat{i}^2}{T^3} \left[\frac{T^3}{3 \cdot 64} - 0\right]_0^{\frac{T}{4}}} = \frac{\hat{i}}{\sqrt{3}}$$

Der relative Kurvenformfehler berechnet sich aus wahrem Wert (Effektivwert) und angezeigtem Wert (Gleichrichtwert für Einweg- oder Zweiweggleichrichtung) des dreieckförmigen Stroms wie folgt:

$$f = \frac{A - W}{W} \cdot 100\,\% = \frac{1,11\frac{\hat{i}}{2} - \frac{\hat{i}}{\sqrt{3}}}{\frac{\hat{i}}{\sqrt{3}}} \cdot 100\,\% = \left(1,11 \cdot \frac{\sqrt{3}}{2} - 1\right) \cdot 100\,\%$$

$$f = -\,\mathbf{3,87\,\%}$$

e) Zur direkten Messung des Effektivwerts des dreieckförmigen Stroms mittels der gegebenen Drehspulmessgeräte müßten demnach folgende Formfaktoren einkalibriert werden:

$$F_1 = \frac{I_{\text{eff}}}{|\overline{i}|_1} = \frac{\frac{\hat{i}}{\sqrt{3}}}{\frac{\hat{i}}{4}} = \frac{4}{\sqrt{3}} = 2,30$$

$$F_2 = \frac{I_{\text{eff}}}{|\overline{i}|_2} = \frac{\frac{\hat{i}}{\sqrt{3}}}{\frac{\hat{i}}{2}} = \frac{2}{\sqrt{3}} = 1,15$$

3.1.3 Beispielaufgabe Kurvenformfehler

Gegeben ist eine Wechselspannung mit folgendem Verlauf:

$$u(t) = \hat{u}\,(\sin \omega t + a \sin 3\omega t) \quad \text{mit} \quad 0 \le a \le 1$$

a) Skizzieren Sie den Verlauf der Spannung $u(t)$ über eine Periode $T = 2\pi/\omega$ für $a = 0,5$!

b) Bestimmen Sie die Anzeige eines Drehspulgeräts mit Doppelweggleichrichtung für diesen Spannungsverlauf in Abhängigkeit von $\hat{u}$ und a! Die Anzeige des Drehspulgeräts ist in Effektivwerten für Sinusform geeicht.

c) Berechnen Sie den Effektivwert der Spannung in Abhängigkeit von $\hat{u}$ und a!

d) Berechnen Sie allgemein den relativen Kurvenformfehler bei der Messung nach Aufgabenteil b)!

e) Bei welchen Werten von a tritt kein Kurvenformfehler auf?

3.1.4 Lösung der Beispielaufgabe

a) **Bild 3.4** zeigt die Überlagerung der beiden Sinusspannungen zu einer Mischspannung.

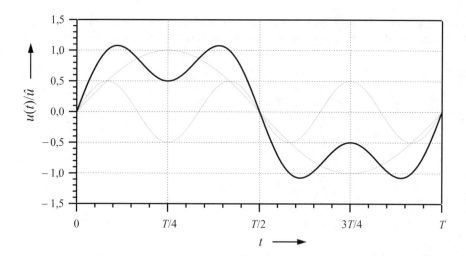

Bild 3.4 Überlagerung von einer sinusförmigen Grundschwingung und deren dritte Oberschwingung zu einer Mischspannung

b) Das Drehspulgerät zeigt den arithmetischen Mittelwert an. Aus Symmetriegründen braucht nur der Bereich von 0 bis π für die Rechnung betrachtet zu werden. Es gilt $T = 2\pi$:

$$|\overline{u}|_2 = \frac{2}{T} \int_0^{T/2} |u(t)| \, \mathrm{d}t = 2 \cdot \frac{1}{2\pi} \int_0^\pi \hat{u}(\sin \omega t + a \sin 3\omega t) \, \mathrm{d}\omega t$$

$$|\overline{u}|_2 = \frac{\hat{u}}{\pi} \Big[\int_0^\pi \sin \omega t + a \int_0^\pi \sin 3\omega t) \, \mathrm{d}\omega t \Big]$$

$$|\overline{u}|_2 = \frac{\hat{u}}{\pi} \Big[[-\cos \omega t]_0^\pi + \frac{a}{3} [-\cos 3\omega t]_0^\pi \Big]$$

$$|\overline{u}|_2 = \frac{2\hat{u}}{\pi} \Big(1 + \frac{a}{3} \Big)$$

Das Drehspulgerät zeigt an:

$$U_{\mathrm{ANZ}} = F_2 \, |\overline{u}|_2 = \frac{\pi}{2\sqrt{2}} \frac{2\hat{u}}{\pi} \Big(1 + \frac{a}{3} \Big) = \frac{\hat{u}}{\sqrt{2}} \Big(1 + \frac{a}{3} \Big)$$

Für den Faktor $a = 0,5$ zeigt das Drehspulgerät $U_{\mathrm{ANZ}} = 0,825\,\hat{u}$ an. Allgemein ergibt sich für sinusförmige Mischspannungen:

$$u(t) = \hat{u} \cdot \sum_i a_i \sin(i\omega t + \varphi_i)$$

38

daraus folgt dann letztlich für den Mittelwert der Amplitude allgemein:

$$|\overline{u}| = \frac{2\hat{u}}{\pi} \sum_i \frac{a_i}{i} \quad \text{für} \quad 0 \le a_i < 1$$

c) Der Ansatz erfolgt aus der Definitionsgleichung für den Effektivwert:

$$U_{\text{eff}} = \sqrt{\frac{1}{2\pi} \int_0^{2\pi} (u\,(\omega t))^2 \; \mathrm{d}\omega t}$$

$$U_{\text{eff}} = \sqrt{\frac{1}{2\pi} \int_0^{2\pi} (\hat{u}(\sin \omega t + a \sin 3\omega t))^2 \; \mathrm{d}\omega t}$$

$$U_{\text{eff}} = \sqrt{\frac{\hat{u}^2}{2\pi} \int_0^{2\pi} (\sin^2 \omega t + 2a \sin 3\omega t \; \sin \omega t + a^2 \sin^2 3\omega t) \, \mathrm{d}\omega t} \tag{3.4}$$

Mit den folgenden Umformungen vereinfacht sich Gl. (3.4):

$$\sin^2 \alpha = \frac{1}{2}\,(1 - \cos 2\alpha)\,; \qquad \sin \alpha \cdot \sin \beta = \frac{1}{2}\,(\cos (\alpha - \beta) - \cos (\alpha + \beta))$$

zu Gl. (3.5):

$$U_{\text{eff}} = \sqrt{\frac{\hat{u}^2}{2\pi} \left([\frac{1}{2}\omega t - \underbrace{\frac{\sin 2\omega t}{4}}_{=0}]_0^{2\pi} + 2a[\underbrace{\frac{\sin 2\omega t}{4} - \frac{\sin 4\omega t}{8}}_{=0}]_0^{2\pi} + \cdots}$$

$$\overline{\cdots + a^2[\frac{1}{2}\omega t - \underbrace{\frac{\sin 6\omega t}{12}}_{=0}]_0^{2\pi} \right)} \tag{3.5}$$

und man erhält für den Effektivwert der Mischspannung:

$$U_{\text{eff}} = \frac{\hat{u}}{\sqrt{2}} \sqrt{1 + a^2}$$

Wie in [20] gezeigt, kann man für den Spezialfall eines sinusförmigen Spannungs- oder Stromverlaufs auf einfacherem Weg zu dem gleichen Ergebnis mit Hilfe von Gl. (3.6) gelangen:

$$U_{\text{eff}_{\text{ges}}} = \sqrt{\left(U_{\text{eff1}}\right)^2 + \left(U_{\text{eff2}}\right)^2 + \cdots + \left(U_{\text{effn}}\right)^2} \tag{3.6}$$

Die Aufgabenstellung c) läßt sich damit auch wie folgt lösen:

$$U_{\text{eff}} = \sqrt{\left(\frac{\hat{u}}{\sqrt{2}}\right)^2 + \left(\frac{a\hat{u}}{\sqrt{2}}\right)^2} = \frac{\hat{u}}{\sqrt{2}} \sqrt{1 + a^2}$$

d) Der Kurvenformfehler läßt sich jetzt berechnen:

$$f = \frac{A - W}{W} = \frac{U_{\mathrm{ANZ}} - U_{\mathrm{eff}}}{U_{\mathrm{eff}}} = \frac{\dfrac{\hat{u}}{\sqrt{2}}\left(1 + \dfrac{a}{3}\right) - \dfrac{\hat{u}}{\sqrt{2}}\sqrt{1 + a^2}}{\dfrac{\hat{u}}{\sqrt{2}}\sqrt{1 + a^2}}$$

$$f = \frac{\left(1 + \dfrac{a}{3}\right) - \sqrt{1 + a^2}}{\sqrt{1 + a^2}} \tag{3.7}$$

e) Der Kurvenformfehler wird null, wenn der Zähler aus Gl. (3.7) zu null wird:

$$\left(1 + \frac{a}{3}\right) \overset{!}{=} \sqrt{1 + a^2} \quad \longrightarrow \quad a\left(\frac{2}{3} - \frac{8}{9}a\right) = 0$$

Die Lösung der quadratischen Gleichung ergibt:

$$a_1 = 0 \; ; \qquad\qquad a_2 = \frac{3}{4}$$

Für das erste Teilergebnis ist einsichtig, dass der wahre Effektivwert angezeigt wird, da für $a_1 = 0$ nur die Grundschwingung auftritt. Im Falle von $a_2 = 3/4$ existiert ein Amplitudenverhältnis der beiden sinusförmigen Spannungen, welches zu einer richtigen Anzeige des Mittelwerts bei dem Drehspulgerät führt. Da in der Praxis allerdings die Mischspannungszusammensetzung meist nicht bekannt ist, kann man den wahren Effektivwert nur mit sogenannten „True RMS"-Messgeräten messen. Diese Messgeräte sind heutzutage elektronisch (μP) ausgeführt und berechnen, nach Analog-Digital-Wandlung des Messwertes, den Effektivwert mit Hilfe der Definition in Gl. (3.3).

3.2 Übungsaufgaben zu den Messgeräten

3.2.1 Effektiv- und mittelwertbildende Messgeräte

Aus **Bild 3.5** sollen durch Auswertung der Messgeräteanzeigen die unbekannten Größen ermittelt werden.

Der Strompfad des Wattmeters ist im Verhältnis zur Impedanz des Verbrauchers vernachlässigbar klein.
U_2 ist eine Gleichspannungsquelle. Es gilt weiterhin:
$u_1(t) = \hat{u}_1 \sin \omega t$; $\quad f = 50$ Hz
Alle Messgeräte sind ideal, und es sind folgende Anzeigen bekannt:
$A_1 = 0,4$ A; $A_2 = 0,5$ A
$V_1 = 50$ V; $V_2 = 130$ V

a) Berechnen Sie den Wert des Widerstands R.

b) Welche Messgröße mißt das Wattmeter bei der gegebenen Verschaltung? Berechnen Sie die Anzeige des Wattmeters.

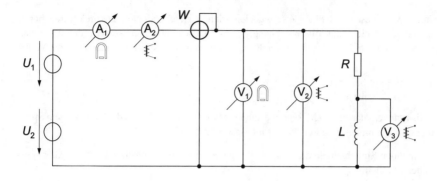

Bild 3.5 Messungen mit effektiv- und mittelwertbildenden Messgeräten

c) Berechnen Sie den Scheitelwert der Spannung U_1

d) Welchen Wert zeigt das Voltmeter V_3 an?

3.2.2 Phasenanschnittsteuerung

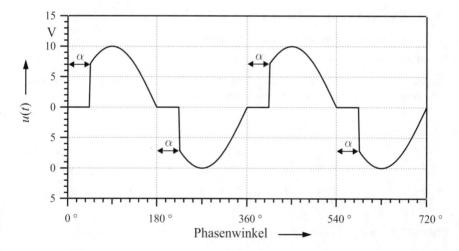

Bild 3.6 Spannungsverlauf vor dem Zweiweggleichrichter bei Phasenanschnitt

Die Leistungsaufnahme eines ohmschen Verbrauchers R soll verlustleistungsfrei eingestellt werden können. Die Ausgangsspannung einer hierzu verwendeten Phasenanschnittsteuerung habe den in **Bild 3.6** abgebildeten zeitlichen Verlauf. Bevor die Spannung zum Verbraucher

41

gelangt, wird diese durch einen Zweiweggleichrichter gleichgerichtet. Die im Verbraucher R umgesetzte Wirkleistung soll nun abhängig vom Zündwinkel α gemessen werden. Es stehen jedoch nur ein Drehspul- und ein Dreheiseninstrument zur Spannungsmessung zur Verfügung.

Es ist weiterhin bekannt:

$R = 1\,\Omega;\ \hat{u} = 10\,\text{V}$

a) Mit welchem der beiden Messgeräte kann bei bekannter Last R aus dem angezeigten Spannungswert die umgesetzte Leistung ermittelt werden?

b) Berechnen Sie allgemein die Anzeige des geeigneten Spannungsmessgeräts in Abhängigkeit des Zündwinkels α.

Hilfe: $\sin^2 x = \frac{1}{2}(1 - \cos 2x)$

c) Wie groß ist die Leistung bei einem Zündwinkel von: $\alpha = 0$, $\alpha = \pi/4$, $\alpha = \pi/2$ und $\alpha = \pi$.

d) Zur Spannungsmessung wird fälschlicherweise ein Drehspulinstrument mit Doppelweggleichrichter, welches in Effektivwerten für Sinusform kalibriert ist, verwendet. Berechnen Sie den hierdurch bei der Spannungs- und Leistungsmessung entstehenden relativen Fehler f in Bezug auf das unter Aufgabenteil a) verwendete Messgerät für $\alpha = 0$ und $\alpha = \pi/2$.

3.2.3 Gleichrichter-Messschaltung

Eine Spannung $u(t) = \hat{u}\sin\omega t$, deren Frequenz im Bereich:

$$50\,\text{Hz} \le f \le 150\,\text{Hz} \tag{3.8}$$

liegen kann, wird mit den zwei in **Bild 3.7** und **Bild 3.8** abgebildeten Schaltungen gemessen. Die dabei angezeigten Spannungen sind in den jeweiligen Bildunterschriften eingetragen.

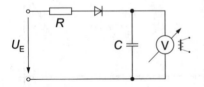

Bild 3.7 Schaltung 1: $U_{\text{ANZ1}} = 300\,\text{V}$ **Bild 3.8** Schaltung 2: $U_{\text{ANZ2}} = 93\,\text{V}$

Es gilt weiterhin Folgendes:
$R = 51\,\Omega,\ C = 50\,\mu\text{F}$
Die Diode ist ideal.
Messgerät: Endausschlag $400\,\text{V}$; $R_i = 40\,\text{k}\Omega$
Lösungshinweis: $\sin^2 \omega t = \frac{1}{2}(1 - \cos 2\omega t)$

a) Gesucht ist die Amplitude $\hat{u}_E$ der angelegten Spannung $u_E(t)$.

b) Weiterhin soll die Frequenz f_E der angelegten Spannung $u_E(t)$ bestimmt werden.

3.2.4 Einweggleichrichtung

Gegeben sei die Schaltung in **Bild 3.9**. Der Messbereichsendwert des Voltmeters beträgt 1 V , und der Innenwiderstand beträgt 10 kΩ /V. Ein idealer Generator erzeugt die sinusförmige Spannung $u_1(t) = 5\,\text{V}\sin(2\pi 100\,\text{Hz} \cdot t)$. Die Diode ist zunächst als ideal zu betrachten.

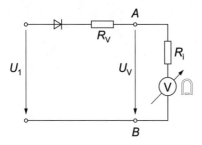

Bild 3.9   Schaltung zur Einweggleichrichtung

a) Dimensionieren Sie den Vorwiderstand R_v, um den vollen Messbereich des Voltmeters (Vollausschlag) zu nutzen.

b) Berechnen Sie die Anzeige U_{ANZ} des Voltmeters.

c) Im Folgenden wird die Diode näherungsweise durch die in **Bild 3.10** dargestellte Dioden-kennlinie charakterisiert. Wie groß ist die Anzeige des Voltmeters jetzt?

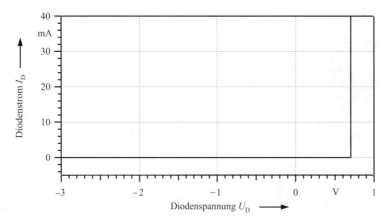

Bild 3.10   Idealisierte Diodenkennlinie

43

d) Anstelle von dem in Bild 3.10 dargestellten Diodenmodell wird nun die ideale Dioden-kennlinie zu Grunde gelegt. Berechnen Sie dazu den relativen Fehler der angezeigten Spannung, der sich durch diese Vereinfachung ergibt. Ist dieser Fehler frequenzabhängig?

e) Welches Bauteil ist zwischen den Punkten A und B zum Schutz vor Zerstörung des Volt-meters durch Überspannung einzufügen?

4 Operations- und Rechenverstärker

4.1 Operationsverstärker mit nicht idealen Eigenschaften

4.1.1 Beispielaufgabe Elektrometerverstärker

Gegeben ist die folgende Messverstärkerschaltung nach **Bild 4.1**:

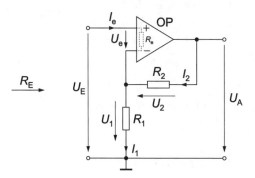

Bild 4.1 Nicht-invertierende Verstärkerschaltung

Der Operationsverstärker OP habe eine endliche Verstärkung V!

a) Berechnen Sie die Übertragungsfunktion $U_A/U_E = f(R_1, R_2, R_e, V)$ der Schaltung! Für die Annahme, dass nun ein idealer Operationsverstärker verwendet wird, ist die Übertragungsfunktion erneut zu berechnen.

b) Berechnen Sie den Eingangswiderstand R_E der Schaltung! Welche Konsequenz ergibt sich daraus für die Verwendung der Schaltung?

c) Der Operationsverstärker sei ideal. Die Messverstärkerschaltung soll nun so verändert werden, dass für die Verstärkung der Schaltung $V' = U_A/U_E = 1$ gilt. Wie müssen die Widerstände, sofern benötigt, dimensioniert werden und wie bezeichnet man diese Schaltung?

4.1.2 Lösung der Beispielaufgabe

a) Die Berechnung der Übertragungsfunktion muss über eine eingangsseitige und eine ausgangseitige Masche erfolgen:

Eingangsmasche : $U_E = U_e + U_1$ (4.1)

Ausgangsmasche : $U_A = I_2 R_2 + U_1$ (4.2)

Strom Knoten : $I_1 = I_e + I_2$ (4.3)

mit $I_e = \dfrac{U_e}{R_e}, \quad I_1 = \dfrac{U_1}{R_1}, U_e \quad = U_+ - U_- = U_E - U_1$

45

Setzt man Gl. (4.1) und Gl. (4.3) in Gl. (4.2) ein, folgt für die Ausgangsspannung:

$$U_A = (I_1 - I_e)R_2 + U_E - U_e$$

$$= \left(\frac{U_E - U_e}{R_1} - \frac{U_e}{R_e} \right) R_2 + U_E - U_e$$

$$= \left(1 + \frac{R_2}{R_1} \right) U_E - \left(1 + \frac{R_2}{R_1} + \frac{R_2}{R_e} \right) U_e, \text{ mit } U_A = VU_e$$

$$U_A = \frac{\left(1 + \frac{R_2}{R_1} \right)}{1 + \frac{1}{V} \left(1 + \frac{R_2}{R_1} + \frac{R_2}{R_e} \right)} U_E \tag{4.4}$$

Für den idealen Operationsverstärker gelten die nachstehenden Vereinfachungen:

idealer Operationsverstärker: $V \to \infty$

Mit dieser Annahme vereinfacht sich Gl. (4.4) zu der Gleichung des nicht-invertierenden Verstärkers oder des Elektrometerverstärkers:

$$U_A = \left(1 + \frac{R_2}{R_1} \right) U_E \tag{4.5}$$

b) Bei einer Messverstärkerschaltung ergibt der Quotient aus der am Operationsverstärker angelegten Spannung und dem in diesen hinein fließenden Eingangstrom den Eingangswiderstand R_E. R_1 darf auf keinen Fall in den Ansatz für die Eingangswiderstandsberechnung mit einbezogen werden, da dieser Teil des Gegenkopplungszweigs ist.

$$R_E = \frac{U_E}{I_e} = \frac{U_E}{U_e} R_e = \frac{U_E}{U_A} VR_e = \frac{1 + \frac{1}{V} \left(1 + \frac{R_2}{R_1} + \frac{R_2}{R_e} \right)}{\left(1 + \frac{R_2}{R_1} \right)} VR_e \tag{4.6}$$

In der Praxis sind die Werte von V sehr groß, so da man Gl. (4.6) mit guter Näherung schreiben kann:

$$R_E \approx \frac{R_1}{R_1 + R_2} VR_e$$

d. h., dass der Eingangswiderstand des Messverstärkers R_E proportional zur Leerlaufverstärkung V und somit sehr hoch ist. Mit dieser Schaltung ist es also möglich, Spannungen zu messen, ohne die Spannungquelle zu belasten. Moderne Operationsverstärker weisen zudem Eingangswiderstände R_e von einigen MΩ bis GΩ auf.

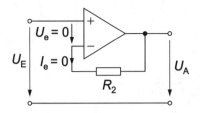 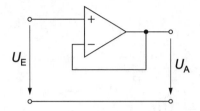

Bild 4.2 a) Operationsverstärkerschaltung ohne den Widerstand R_1

Bild 4.3 b) Operationsverstärker als Impedanzwandler

c) Nach Gl. (4.5) kann man den Widerstand R_1 sehr groß werden lassen, um eine Verstärkung von $V' = 1$ zu erhalten. Damit ergibt sich das Ersatzschaltbild der Schaltung nach **Bild 4.2**. Für den idealen Operationsverstärker mit $R_e \to \infty$ fließt durch R_2 kein Strom, und somit kann dieser ebenso durch eine Kurzschlussbrücke wie in **Bild 4.3** gezeigt dargestellt werden.

Die Schaltung arbeitet nun als Spannungsfolger (auch Impedanzwandlerschaltung genannt) mit folgendem Übertragungsverhalten:

$$V' = \frac{U_A}{U_E} = 1 \tag{4.7}$$

Der Widerstand R_2 bzw. die Kurzschlussbrücke darf auf keinen Fall weggelassen werden, da ansonsten die Gegenkopplung des Operationsverstärkers fehlt. Als Folge würde der Operationsverstärker als Komparator arbeiten und schon bei geringen Eingangsspannungsdifferenzen in die positive oder negative Sättigung gehen. Da die Schaltung, bedingt durch den Eingangswiderstand R_e des Operationsverstärkers, einen sehr hohen Schaltungseingangswiderstand R_E aufweist und auf der Ausgangsseite einen hohen Strom treiben kann, wird die Schaltung auch als Impedanzwandler bezeichnet.

4.2 Idealer Operationsverstärker

4.2.1 Beispielaufgabe Temperaturmessschaltung

Zur Temperaturmessung in einem Schmelzofen wird ein temperaturabhängiger Widerstand verwendet **Bild 4.4**. Auf Grund der großen Wärmeentwicklung muss die Auswerteelektronik über lange Leitungen (Widerstand R_L) mit dem Sensor verbunden werden. Mit der folgenden Schaltung soll der Einfluss der Leitungen kompensiert werden. Die Operationsverstärker sind ideal!

a) Leiten Sie $U_A = f(U_{X'}, U_{Y'}, R_3, R_4, R_5, R_6)$ her!

b) Bestimmen Sie $U_{X'} = f(U_X)$! Wie heißt diese Schaltung?

c) Bestimmen Sie $U_{Y'} = f(U_Y, R_1, R_2)$!

47

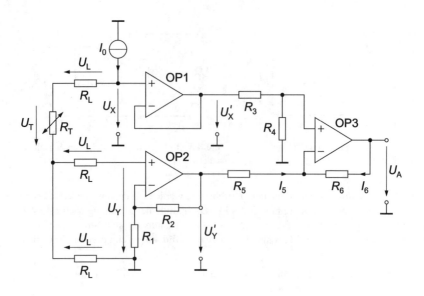

Bild 4.4 Temperaturmessschaltung

d) Bestimmen Sie $U_X = f(I_0, R_L, R_T)$ und $U_Y = (I_0, R_L)$!

e) Dimensionieren Sie die Widerstände $R_1, \ldots, R_6$ möglichst einfach, so dass der Einfluss der Leitungen (R_L) in U_A verschwindet!

4.2.2 Lösung der Beispielaufgabe

Zunächst erfolgt eine Analyse des dritten Operationsverstärkers OP3:

a) Berechnung des dritten Operationsverstärkers Eingangsmasche nicht-invertierender Eingang:

$$U_{R4} = \frac{R_4}{R_3 + R_4}\, U_{X'} \tag{4.8}$$

Eingangsmasche invertierenden Eingang:

$$U_{Y'} = I_5 R_5 + U_{R4} \tag{4.9}$$

Ausgangsmasche:

$$U_A = I_6 R_6 + U_{R4} \tag{4.10}$$

Knoten am invertierenden Eingang:

$$I_5 = -I_6 \tag{4.11}$$

48

aus Gl. (4.9) und Gl. (4.11) folgt:

$$I_6 = -\frac{U_{Y'} - U_{R4}}{R_5} \qquad (4.12)$$

aus Gl. (4.10) und Gl. (4.12) folgt:

$$U_A = \left(1 + \frac{R_6}{R_5}\right) U_{R4} - \frac{R_6}{R_5} U_{Y'} \qquad (4.13)$$

Daraus ergibt sich mit Gl. (4.8) und Gl. (4.13) das Ergebnis der Rechnung zu:

$$U_A = \frac{R_4}{R_3 + R_4} \left(1 + \frac{R_6}{R_5}\right) U_{X'} - \frac{R_6}{R_5} U_{Y'} \qquad (4.14)$$

welches zugleich die allgemeine Gleichung für den Subtrahierverstärker darstellt. Bei komplexeren Aufgabenstellungen mit Operationsverstärkern ist es wichtig, einzelne Funktionsblöcke zu erkennen, um eine rasche Rechnung bzw. Bearbeitung der Aufgabe zu ermöglichen. Geübte Leser schreiben die allgemeine Gleichung z. B. des Subtrahierverstärkers mit (komplexen Impedanzen) in eine Formelsammlung und können sich dann die elementare Berechnung des Subtrahierverstärkers ersparen, sofern Sie den entsprechenden Funktionsblock „Subtrahierer" in der Aufgabenstellung wiedererkennen.

b) Diese Schaltung des Spannungsfolgers oder auch Impedanzwandlers wurde in der ersten Musteraufgabe auf Seite 47 in Gl. (4.7) bereits behandelt. Es gilt:

$$U_X = U_{X'}$$

c) Auch hier kann man den schon im Abschnitt 4.1.1 behandelten nicht-invertierenden Verstärker als Funktionsblock erkennen. Daher nehmen wir Gl. (4.5) und schreiben:

$$U_{Y'} = \left(1 + \frac{R_2}{R_1}\right) U_Y$$

d) Um U_X zu bestimmen, machen wir zunächst einen Umlauf über die Eingangsschaltung:

$$U_X = (R_T + 2R_L)I_0 \qquad (4.15)$$

Der Umlauf am Eingang von Operationsverstärker OP2 wird benötigt, um U_Y zu bestimmen:

$$U_Y = R_L I_0 + \underbrace{R_L I_e}_{=0} = R_L I_0 \qquad (4.16)$$

e) Der Einfluss der Leitungswiderstände R_L darf bei der Temperaturmessung nicht in das Messergebnis eingehen. Zunächst muss man sich die Funktion der Gesamtschaltung klar machen. Die Verstärkung des Messverstärkers mit OP2 muss so eingestellt werden, dass er am Ausgang $U_{Y'}$ den gleichen, durch R_L beeinflussten Signalpegel erzeugt, wie ihn der Messverstärker mit OP1 am Ausgang $U_{X'}$ liefert. Dann kann durch Differenzbildung der Spannungen $U_{Y'}$ und $U_{X'}$ der Einfluss der Leitung eleminiert werden. Um den Differenzverstärker möglichst einfach zu gestalten, werden die Widerstände $R_3 = R_4 = R_5 = R_6 = R$ gleich groß dimensioniert, und es folgt aus Gl. (4.13):

$$U_A = U_{X'} - U_{Y'}$$

$$= U_X - U_{Y'}$$

$$= (R_T + 2R_L)I_0 - U_{Y'}$$

$$= (R_T + 2R_L)I_0 - \left(1 + \frac{R_2}{R_1}\right)U_Y$$

$$U_A = (R_T + 2R_L)I_0 - \left(1 + \frac{R_2}{R_1}\right)R_L I_0 \qquad (4.17)$$

Nach Vergleich von Gl. (4.15) und Gl. (4.16) bzw. von Gl. (4.17) muss der Messverstärker OP2 eine Gesamtverstärkung von zwei aufweisen, d. h., es muss $R_1 = R_2$ gelten. Damit ergibt sich unter Verwendung von Gl. (4.17) am Ausgang des Temperaturmessverstärkers die Spannung:

$$U_A = R_T I_0 = U_T$$

4.3 Mess- und Rechenverstärker

4.3.1 Beispielaufgabe Geschwindigkeitssensor

Zum ruckfreien Anfahren bzw. Abbremsen eines Schienenfahrzeugs muss dessen Beschleunigung geregelt werden. Außerdem sollen auch die Momentangeschwindigkeit und die zurückgelegte Wegstrecke bestimmt werden. Zu diesem Zweck ist im Fahrzeug ein Geschwindigkeitssensor (v-Sensor) installiert, der eine geschwindigkeitsproportionale Ausgangsspannung $u_s(t) = k\, v(t)$ liefert. An dem Geschwindigkeitssensor ist weiterhin eine in **Bild 4.5** angegebene Auswerteelektronik angeschlossen. Die Operationverstärker sind ideal, und die unbekannten Impedanzen Z_{ij} bestehen jeweils aus einem idealen konzentrierten Bauelement R, L oder C.

a) Bestimmen Sie Z_{11} und Z_{12} so, dass U_{A1} proportional der Beschleunigung des Fahrzeugs wird! Begründen Sie Ihren Ansatz kurz.

b) Bestimmen Sie Z_{21} und Z_{22} so, dass U_{A2} proportional der Geschwindigkeit des Fahrzeugs wird! (Begründung)

c) Bestimmen Sie Z_{31} und Z_{32} so, dass U_{A3} proportional der zurückgelegten Wegstrecke wird! (Begründung)

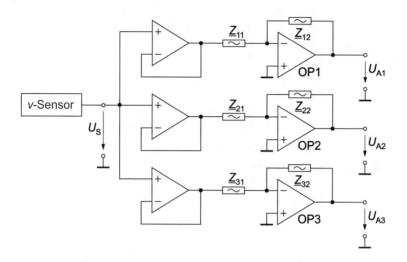

Bild 4.5 Auswertemesselektronik für das Anfahr- und Abbremsverhalten eines Fahrzeugs

4.3.2 Lösung der Beispielaufgabe

Aus der Physik sind folgende mathematischen Zusammenhänge zwischen Beschleunigung $a(t)$, Geschwindigkeit $v(t)$ und zurückgelegtem Weg $s(t)$ bekannt [12]:

$$a(t) = \dot{v}(t) = \ddot{s}(t) \underset{\frac{d}{dt}}{\overset{\int dt}{\rightleftharpoons}} v(t) = \dot{s}(t) \underset{\frac{d}{dt}}{\overset{\int dt}{\rightleftharpoons}} s(t) \tag{4.18}$$

a) Um ein Beschleunigungssignal zu erhalten, muss das Geschwindigkeitssignal differenziert werden. Daraus folgt, dass der erste Baustein ein Differentiator sein muss, mit $\underline{Z}_{11} = 1/(j\omega C)$ und $\underline{Z}_{12} = R$. Damit ergibt sich **Bild 4.6**. Zunächst werde der Differentiator im Zeitbereich berechnet:

$$u_{A1} = R\,i_R \quad \text{mit} \quad i_R = -i_C = -C\frac{du_s}{dt} = -C\frac{d(k\,v(t))}{dt}$$

$$u_{A1} = -RC\frac{d(k\,v(t))}{dt} = -RCk\,a(t)$$

Ein anderes Lösungsverfahren besteht darin, den Differentiator aus der Grundschaltung des invertierenden Verstärkers direkt im Frequenzbereich, d. h. für den eingeschwungenen Zustand, zu berechnen:

$$V(j\omega) = \frac{U_{A1}(j\omega)}{U_S(j\omega)} = -\frac{\underline{Z}_{12}}{\underline{Z}_{11}} \tag{4.19}$$

51

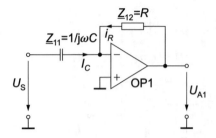

Bild 4.6 Rechenverstärker als Differentiator

mit $\underline{Z}_{11} = \dfrac{1}{j\omega C}$, $\underline{Z}_{12} = R$ ergibt sich:

$$U_{A1}(j\omega) = -j\omega C R U_S(j\omega)$$

Dieser Ausdruck, mit der Laplace-Transformation in den Zeitbereich transformiert, ergibt das gesuchte Ergebnis:

$$U_{A1}(j\omega) = -j\omega C R U_S(j\omega) \quad \bullet\!\!-\!\!\circ \quad u_{A1} = -RC\frac{\mathrm{d}u_s}{\mathrm{d}t} = -RC\frac{\mathrm{d}(k\,v(t))}{\mathrm{d}t}$$

$$u_{A1} = -RC k\,a(t)$$

b) Da der Sensor schon ein Geschwindigkeitssignal liefert, muss der zweite Operationsverstärker dieses Signal nur noch verstärken. Damit ergibt sich für $\underline{Z}_{21} = R_1$, $\underline{Z}_{22} = R_2$ und mit Gl. (4.19) eine frequenzunabhängige Verstärkung:

$$u_2 = -\frac{\underline{Z}_{22}}{\underline{Z}_{21}}\,u_s = -\frac{R_2}{R_1}\,u_s$$

c) Um die zurückgelegte Wegstrecke zu bestimmen, muss man das Geschwindigkeitssignal integrieren. Es handelt sich somit bei dem dritten Verstärker um einen Integrierverstärker, kurz Integrator (**Bild 4.7**). Die Impedanzen werden somit zu $\underline{Z}_{31} = R$, $\underline{Z}_{32} = 1/(j\omega C)$ bestimmt. Somit kann man $U_{A3}(j\omega)$ berechnen:

$$U_{A3}(j\omega) = -\frac{\underline{Z}_{32}}{\underline{Z}_{31}}\,U_S(j\omega) = -\frac{1}{j\omega C R}\,U_S(j\omega)$$

Nach Durchführung einer Laplace -Transformation erhält man:

$$U_{A3}(j\omega) = -\frac{1}{j\omega C R}U_S(j\omega) \quad \bullet\!\!-\!\!\circ \quad u_{A3} = -\frac{1}{RC}\int u_s(t)\,\mathrm{d}t = -\frac{k}{RC}\int v(t)\,\mathrm{d}t$$

$$u_{A3} = -\frac{k}{RC}\,s(t)$$

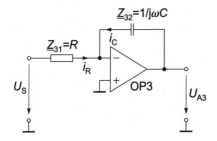

Bild 4.7   Rechenverstärker als Integrator

4.4   Übungsaufgaben zu den Operations- und Rechenverstärkern

4.4.1   Rechenverstärker 1

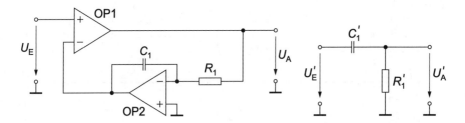

Bild 4.8   Rechenverstärkerschaltung   **Bild 4.9**   Analoge Rechenschaltung

Die beiden Operationsverstärker OP1 und OP2 in **Bild 4.8** sind ideal.

a) Berechnen Sie zunächst die Ausgangsspannug $u_A = f(u_E)$ der Schaltung im **Bild 4.8**. Um welche Schaltung handelt es sich hierbei?

b) Gegeben sei nun die Schaltung nach **Bild 4.9**. Berechnen Sie $u'_A = f(u'_E, u'_A)$ indem Sie die Differentialgleichung aufstellen.

c) Vergleichen Sie nun die Schaltung in Bild 4.8 mit der Schaltung in Bild 4.9. Worin unterscheiden sich diese wesentlich?

4.4.2   Rechenverstärker 2

Der Operationsverstärker in **Bild 4.10** sei ideal. Er wird mit einer Spannung von $\pm$ 15 V versorgt ($V_+ = 15$ V, $V_- = -15$ V). Es gilt weiterhin: $R_1 = R_2, C_1 = C_2$, die Kondensatoren seien zum Zeitpunkt $t = 0$ **nicht** entladen.

a) Berechnen Sie die Ausgangsspannug $u_A = f(u_E)$ als Funktion der beiden Eingangsspannungen (u_{E1}, u_{E2}) und den in der Schaltung gegebenen Bauelementen. Beschreiben Sie anschließend kurz die Funktion der Schaltung?

53

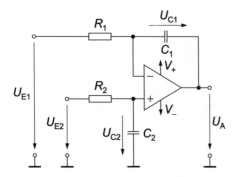

Bild 4.10 Rechenverstärker mit einem Operationsverstärker

b) Es sei für u_{E2} der in **Bild 4.11** abgebildete Kurvenverlauf gegeben. Weiterhin soll nun Folgendes gelten:
$u_{E1} = 0$, $u_{C2}(t = 0) = 1\,\mathrm{V}$, $u_{C1}(t = 0) = 0\,\mathrm{V}$, $R_1 = R_2 = 10\,\mathrm{k\Omega}$, $C_1 = C_2 = 100\,\mathrm{nF}$. Zeichnen Sie den Spannungsverlauf der Ausgangspannung u_A in ein Diagramm ein. Betrachten Sie dabei den Zeitraum von $0 \leq t \leq 50$ ms.

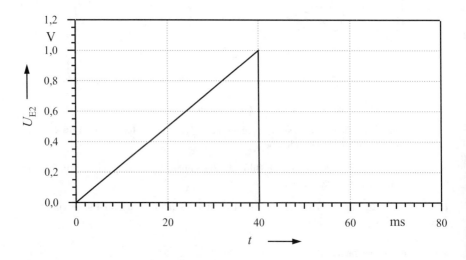

Bild 4.11 Spannungsverlauf am Eingang U_{E2} der Rechenverstärkerschaltung

4.4.3 Logarithmierschaltung

Gegeben ist die Schaltung nach **Bild 4.12** sowie ein idealisierter Feldeffekttransistor (FET). Der Operationsverstäker ist ideal. Es gilt weiterhin:

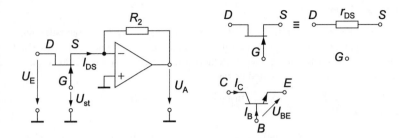

Bild 4.12 Steuerbarer Operationsverstärker mit FET

$$r_{DS} = \frac{U_p'^2}{2I_0' (U_{st} - U_p)}$$
$$U_p = -1 \text{ V}$$
$$I_0' = 1 \text{ mA}$$
$$R_2 = 500 \ \Omega$$

a) Berechnen Sie den Widerstand r_{DS} für $U_{st} = 4$ V.

b) Berechnen Sie allgemein die Verstärkung $V' = U_A/U_E$ mit den oben angegebenen Werten bei einer Steuerspannung von $U_{st} = 4$ V.

c) Mit dem Verstärker soll nun ein Verstärkungsfaktor von $V' = -1$ realisiert werden. Wie groß muss dann U_{st} sein? Beschreiben Sie die Funktion des FET. Wie nennt man die Gesamtschaltung?

Statt dem Gegenkopplungswiderstand R_2 werde nun ein bipolarer Transistor mit kurzgeschlossener Kollektor-Basis-Strecke eingesetzt. Der Kollektor C werde an den invertierenden Eingang des Operationsverstärkers angeschlossen.

$$I_C = I_0 \, e^{U_{BE}/U_T}, \quad I_C >> I_B \qquad U_T = \text{konstant}, I_0 = \text{konstant}, U_{BE} > 0$$

d) Zeichnen Sie die sich ergebende Schaltung. Berechnen Sie die Ausgangsspannung $U_A = f(U_E)$. Wie groß muss allgemein die Steuerspannung U_{st} gewählt werden, damit bei einer Eingangsspannung von $U_E = 1$ V die Ausgangsspannung zu null und somit auch unabhängig von den Konstanten wird?

e) Skizzieren Sie eine Schaltung mit der inversen Kennlinie der Schaltung aus Aufgabenteil d). Verwenden Sie dazu keine zusätzlichen Bauelemente, und berechnen Sie erneut die Ausgangsspannung $U_A = f(U_E)$. Beachten Sie, dass eine Delogarithmierung nur unter positivem Vorzeichen geschehen kann. Zeichnen Sie anschließend unter Verwendung Ihrer vorangegangenen Überlegungen und Ergebnisse eine Multiplikationsschaltung für zwei Spannungssignale U_{E1} und U_{E2}. Die Multiplikation soll unabhängig von allen Konstanten sein! Geben Sie die Ausgangsspannung $U_A = f(U_{E1}, U_{E2})$ an.

4.4.4 Rechenverstärker 3

Bild 4.13 zeigt eine zu analysierende Messschaltung. Am Eingang U_E liegt eine beliebige periodische Spannungsform mit $U_E > 0$ V. Alle Operationsverstärker sind ideal. Das Digitalvoltmeter (DVM) ist ebenso ideal. Der Kollektorstrom der Transistoren werde von der Basis-Emitter-Spannung U_{BE} bestimmt und beträgt:

$$I_C = I_0\, e^{U_{BE}/U_T}, \quad I_C \gg I_B \qquad U_T = \text{konstant}, I_0 = \text{konstant}, U_{BE} > 0$$
$$R_3 = R_4 = R_5 = R, \quad R_6 = R_7$$

a) Berechnen Sie $U_{X1} = f(U_T, U_E)$ und $U_{X3} = f(U_T, U_E, R, I_0)$. Fassen Sie U_{X3} geschickt zusammen!

b) Berechnen Sie $U_{X4} = f(U_{X3}, R_6, I_0, U_T)$.

c) Berechnen Sie unter Verwendung der Ergebnisse aus a) die Spannung $U_{X4} = f(U_E, I_0, R, R_6)$. Welche mathematische Operation vollziehen die Operationsverstärker im Block S? Bestimmen Sie den konstanten Faktor k_1.

d) Berechnen Sie $U_{X5} = f(U_{X4})$. Welche mathematische Funktion wird nun im Block M vollzogen?

e) Berechnen Sie $U_{X5} = f(\tau, k_1, U_E)$.

f) Berechnen Sie $U_{X6} = f(U_T, R_7, I_0, U_{X5})$ und $U_{X7} = f(U_{X6})$.

g) Berechnen Sie $U_{X7} = f(U_{X5}, R_7, I_0)$, und schreiben Sie die Spannung $U_{X7} = U_T \ln [\ldots]$.

h) Berechnen Sie schließlich $U_{X8} = f(U_{X5}, R, R_7, I_0)$. Welche mathematische Funktion hat demnach Block R?

i) Fassen Sie Ihre Teilergebnisse zusammen! Setzen Sie $R_6 = R_7$, und vereinfachen Sie k_1 durch Einsetzen der gegebenen Werte. Bestimmen Sie $U_{X8} = f(U_E)$. Was zeigt das DVM an? Gilt die Anzeige nur für sinusförmige Größen? Ordnen Sie nun den einzelnen Blockbezeichnungen (bzw. den englischen Abkürzungen) den gebräuchlichen Namen zu!

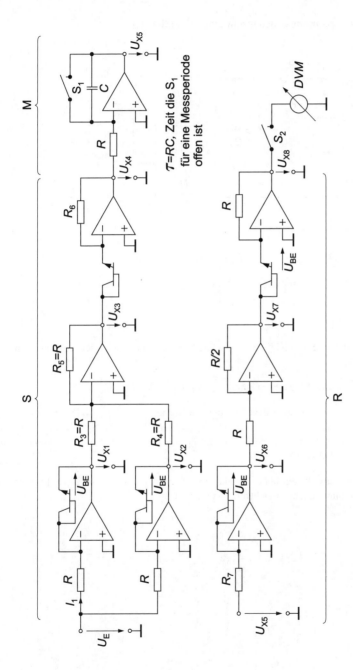

$\tau = RC$, Zeit die S_1
für eine Messperiode
offen ist

Bild 4.13 Rechenverstärkerschaltung

57

4.4.5 Wechselspannungs-Gleichspannungs-Wandler

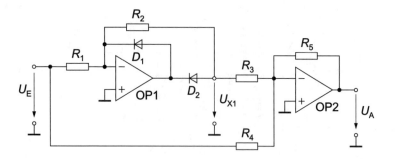

Bild 4.14 Spannungsformkonverter

Die Operationsverstärker OP1 und OP2 im **Bild 4.14** sind ideal.

a) Berechnen Sie die Spannung U_{X1} am Ausgang des ersten Operationsverstärkers für die Betriebsfälle:

$U_E > 0$ und $U_E < 0$

Zeichnen Sie die Spannung U_{X1} anschließend als Funktion der Eingangspannung: $U_{X1} = f(U_E)$.

b) Berechnen Sie die Ausgangsspannung $U_A = f(U_{X1}, U_E, R_3, R_4, R_5)$.

c) Am Eingang der Schaltung liege nun die sinusförmige Spannung $u_E(t) = \hat{u}_E \sin \omega t$ an. Es gelte $R_1 = R_3 = R_4 = R_5 = R$, $R_2 = 2R$. Berechnen Sie für diese Werte die Ausgangsspannung, und zeichnen Sie erneut $U_{X1} = f(U_E)$. Unter welchen Namen ist die Schaltung besser bekannt?

d) Zeichnen Sie nun die zeitlichen Spannungsverläufe von $u_{X1}(t)$ und $u_A(t)$ phasenrichtig zu $u_E(t)$ in drei untereinander stehende Diagramme ein.

5 Gleich- und Wechselstrombrücken

5.1 Gleichstrombrücken

5.1.1 Beispielaufgabe Luftdruckmessung

Zur Messung des Luftdrucks, bzw. der Luftdruckänderung soll die in **Bild 5.1** angegebene Brückenschaltung verwendet werden: Für den piezoresistiven Drucksensor R_p gilt:

$$R_p = R_{p0}\left(1 + K_p\,\Delta p\right)\;;\;K_p = 2\cdot 10^{-7}\,\text{Pa}^{-1} = \frac{\mathrm{d}R_p/R_{p0}}{\mathrm{d}p}\;;\;\Delta p = (p - p_0)$$

$R_{p0} = 1\,\text{k}\Omega$ bei Normaldruck $p_0 = 1013\,\text{hPa}$

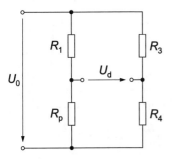

Bild 5.1 Luftdruckmessung mit einer Gleichstrombrücke

a) Dimensionieren Sie R_1, R_3, R_4 und U_0 so, dass bei Normaldruck die Brückendiagonalspannung $U_d = 0$ V ist und bei Normaldruck die Brückenempfindlichkeit $S = \mathrm{d}U_d/\mathrm{d}R_p$ maximal wird. Beachten Sie, dass die maximale Verlustleistung im piezoresistiven Drucksensor $P_{\max} = 0{,}125$ W betragen darf und für die Dimensionierung von U_0 die Änderung von R_p vernachlässigt werden kann.

b) Berechnen Sie nun die maximale Druckempfindlichkeit $\mathrm{d}U_d/\mathrm{d}p\big|_{p=p_0}$ der Brücke.

c) Wie groß darf die Widerstandsänderung des piezoresistiven Widerstands ΔR_p maximal sein, damit der durch die Näherung $U_d' \sim \Delta R_p$ verursachte Fehler ≤ 1 % ist?
Wie groß ist, unter Annahme der vorausgesetzten Genauigkeit der obigen Abschätzung, die kleinste Luftdruckänderung Δp, welche die Brücke registriert?
Es gilt $R_{p0} \gg \Delta R_p$.

5.1.2 Lösung der Beispielaufgabe

a) Zunächst wird die Brückendiagnonalspannung U_d allgemein bestimmt. Mit Hilfe der Maschen- und der Spannungsteilerregel folgt:

$$U_d = U_0 \left(\frac{R_p}{R_1 + R_p} - \frac{R_4}{R_3 + R_4} \right) = U_0 \frac{R_3 R_p - R_1 R_4}{(R_1 + R_p)(R_3 + R_4)} \tag{5.1}$$

Die Abgleichbedingung fordert, dass der Zähler der Gl. (5.1) zu null wird ($U_d \overset{!}{=} 0$). Damit folgt für Normaldruck:

$$R_3 R_{p0} = R_1 R_4 \tag{5.2}$$

Unter Verwendung der Quotientenregel und Gleichung (5.1) ergibt sich somit für die Brückenempfindlichkeit:

$$S = \frac{dU_d}{dR_p} \bigg|_{R_p = R_{p0}} = U_0 \frac{R_1 + R_{p0} - R_{p0}}{(R_1 + R_{p0})^2} = U_0 \frac{R_1}{(R_1 + R_{p0})^2}$$
$$= U_0 \cdot f(R_1) \tag{5.3}$$

Da nach Vorgabe der Aufgabe bei Änderungen von R_p die Brückenspeisespannung U_0 nicht beeinflusst wird, ermittelt man das Maximum der Empfindlichkeit durch Nullsetzen der ersten Ableitung nach dem einzig verbleibenden variablen Parameter, dem Widerstand R_1:

$$\frac{df(R_1)}{dR_1} = U_0 \frac{(R_1 + R_{p0})^2 - 2R_1(R_1 + R_{p0})}{(R_1 + R_{p0})^4} = U_0 \frac{R_{p0}^2 - R_1^2}{(R_1 + R_{p0})^4} \overset{!}{=} 0$$

Damit folgt für den Widerstandswert von R_1:

$$R_1 = R_{p0}$$

Aus Gl. (5.2) folgt aus der Verhältnisgleicheit der Widerstände R_1 und R_p:

$$R_3 = R_4$$

Um die Widerstände praxisgerecht auszulegen, ist bei einer Brückenschaltung immer mit gleichen Größenordnungen der Widerstandswerte zu arbeiten. Damit gilt für den Abgleichzustand bei Normaldruck für die Brückenwiderstände:

$$R_1 = R_3 = R_4 = R_{p0} = 1 \text{ k}\Omega \tag{5.4}$$

Da nach Gl. (5.3) die Brückenempfindlichkeit $dU_d/dR_p \sim U_0$ ist, muss U_0 für eine hohe Empfindlichkeit möglichst groß gewählt werden. Das Maximum von U_0 wird aber durch die Verlustleistung am Sensorwiderstand R_p begrenzt:

$$P_{max} = U_{max} I_{max} = \frac{U_{max}^2}{R_{p0}} = \frac{U_{0max}^2}{4 R_{p0}}$$
$$U_{0max} = 2\sqrt{P_{max} R_{p0}} = \mathbf{22,4 \ V}$$

Damit gilt für die maximale Empfindlichkeit der Brücke für eine Änderung des Sensorwider-
stands und unter Berücksichtigung der vorgegebenen Einschränkungen und unter Verwendung von Gl. (5.3):

$$\frac{dU_d}{dR_p}\bigg|_{max} = U_{0max}\frac{R_1}{(R_1 + R_{p0})^2} = 5,6\,\frac{mV}{\Omega}$$

b) Um die maximale Druckempfindlichkeit der Messbrücke zu ermitteln, muss die Sensor-
charakteristik (siehe Aufgabenstellung) mit einbezogen werden:

$$\frac{dU_d}{dp}\bigg|_{max,\,p\,=\,p_0} = \left(\frac{dU_d}{dR_p}\cdot\frac{dR_p}{dp}\right)\bigg|_{max,\,p\,=\,p_0} = 5,6\,\frac{mV}{\Omega}\cdot R_{p0}K_p = 1,12\,\frac{\mu V}{Pa}$$

c) Um den durch die Druckänderung entstehenden Fehler, der bei der Messung durch die
Annahme $R_{p0} \gg \Delta R_p$ entsteht, zu ermitteln, muss die genaue (U_d) und die sich auf Grund
der Vereinfachung ergebende Brückendiagonalspannung (U_d') errechnet werden. Die Berechnung der genauen Brückendiagonalspannung U_d folgt aus Gl. (5.1) und Gl. (5.4) mit
$R_p = R_{p0} \pm \Delta R_p$:

$$U_d = U_0\left(\frac{R_{p0} \pm \Delta R_p}{2R_{p0} \pm \Delta R_p} - \frac{1}{2}\right) = U_0\frac{\pm\Delta R_p}{2(2R_{p0} \pm \Delta R_p)} \tag{5.5}$$

Mit dem Ergebnis aus Gl. (5.5) ergibt sich nun mit der Vereinfachung $R_{p0} \gg \Delta R_p$ die feh-
lerbehaftete Anzeige U_d' der Luftdruckmessbrücke:

$$U_d' = U_0\frac{\pm\Delta R_p}{4R_{p0}} \tag{5.6}$$

Der maximale relative Fehler läßt sich nun angeben:

$$f_{max} = \frac{U_d' - U_d}{U_d} = \frac{\pm\Delta R_p}{2R_{p0}} \overset{!}{\leq} 1\,\% \tag{5.7}$$

Da das Vorzeichen des Fehler hier nicht bekannt ist, ergibt sich der maximale zulässige Bereich der Widerstandsänderung ΔR_p zu:

$$|\Delta R_p|_{max} \leq |f_{max}2R_{p0}| = \pm\,20\,\Omega$$

Daraus folgt mit der Druckabhängigkeit des SensorwiderstandsY

$$|\Delta R_p| = K_p R_{p0}\,|\Delta p|$$

Die kleinste von der Messbrücke erfassbare Druckänderung Δp zu:

$$|\Delta p| \leq \frac{|\Delta R_p|_{max}}{K_p R_{p0}} = \left|\frac{2f_{max}}{K_p}\right| = \pm\,1\cdot 10^5\,Pa$$

Geht man also von der vereinfachten Annahme aus, dass die Brückendiagonalspannung U_d'
direkt proportional zu der Sensorwiderstandsänderung ist und dass $R_{p0} \gg \Delta R_p$ gilt, so
kann eine Druckauflösung von maximal $\Delta p \pm 100mbar$, bei der gegebenen Genauigkeit der
Abschätzung erreicht werden.

5.2 Übungsaufgaben zu Gleichstrombrücken

5.2.1 Wheatstone-Brücke

Gegeben ist eine Wheatstone-Gleichstrombrücke nach **Bild 5.2**. Die Brücke wird zur Kraftmessung eingesetzt, wobei R_1 ein Dehnungsmessstreifen ist ($R_1 = R_{10} \pm \Delta R$). Im unbelastetn Zustand gilt: $R_{10} = R_2 = R_3 = R_4 = R$.

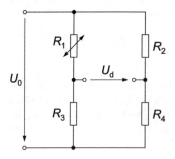

Bild 5.2 Wheatstone Gleichstrombrücke

a) Berechnen Sie allgemein die Anzeige des Spannungsmessgeräts im Diagonalzweig unter Vernachlässigung dessen Innenwiderstands ($R_i = \infty$).

b) Geben Sie die Anzeige des Voltmeters im Diagonalzweig in Abhängigkeit von der Widerstandsänderung ΔR an.

c) Für kleine Widerstandsänderungen von R_1 läßt sich die Anzeige durch eine Gerade approximieren. Geben Sie diese Näherung an.

d) Wie groß ist der durch die Näherung entstehende relative Fehler in Abhängigkeit von der relativen Widerstandsänderung $\Delta R/R$?

e) An welcher Stelle muss ein zweiter DMS angebracht werden, um eine temperaturkompensierte Halbbrücke zu erhalten?

5.2.2 Brücke mit Dehnungsmessstreifen

Eine Kraft F, welche auf das Ende eines Biegebalkens einwirkt (**Bild 5.3**), soll in ein elektrisches Signal umgewandelt werden. Dazu werden auf dem Balken Dehnungsmessstreifen (DMS) befestigt, und der Balken wird auf Grund der einwirkenden Kraft elastisch verformt.

62

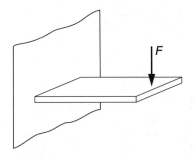 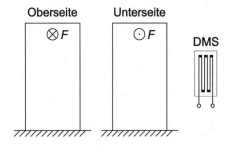

Bild 5.3 Balken zur Messung der Kraft F **Bild 5.4** Biegebalken für Dehnungsmessstreifen

Es stehen Ihnen zur Verfügung:

$R_{\mathrm{DMS}} = R \pm \Delta R_F \pm \Delta R_\vartheta$ mit $\Delta R_F = f(F)$, $\Delta R_\vartheta = f(\vartheta)$, sowie beliebig viele Widerstände R.

a) Zeichnen Sie das Schaltbild einer Viertelbrücke mit Temperaturkompensation. Ordnen Sie dann auf dem Biegebalken aus **Bild 5.4** die benötigten DMS so an, dass eine Viertelbrücke mit Temperaturkompensation zu Messung der Kraft F entsteht. Kennzeichnen Sie sowohl im Schaltbild als auch in der Skizze des Biegebalkens, welche DMS zum Messen und welche zur Temperaturkompensation verwendet werden.

b) Berechnen Sie die Brückenausgangsspannung U_d als Funktion der gegebenen Größen. Die Brückenspeisespannung ist U_0, das Messgerät für U_d habe den Innenwiderstand $R_i \to \infty$.

c) Berechnen Sie allgemein die Empfindlichkeit $S = \mathrm{d}U_d/\mathrm{d}\,(\Delta R_F)$ der obigen Brücke als Funktion der gegebenen Größen.

d) Zeigen Sie mit Hilfe der Ergebnisse aus b) und c), dass eine Temperaturänderung an der Messstelle keinen Ausschlag der Messbrücke erzeugt. Was müssen Sie unbedingt bei der Dimensionierung von R_{DMS} beachten?

e) Wie muss man die DMS auf dem Biegebalken anbringen, damit eine Vollbrücke mit Temperaturkompensation entsteht? Wie groß ist nach einer Linearisierung (Linearisierungsbedingung angeben!) die Diagonalspannung U_d und die Empfindlichkeit S der Vollbrücke im Vergleich zur Viertelbrücke?

5.2.3 Luftdruckmessung mit einer Halbbrücke

Die Messung des Luftdrucks soll mit piezoresistiven Drucksensoren geschehen, welche in einer Halbbrückenschaltung nach **Bild 5.5** verschaltet sind. Es sind folgende Werte für die Brückenelemente bekannt:

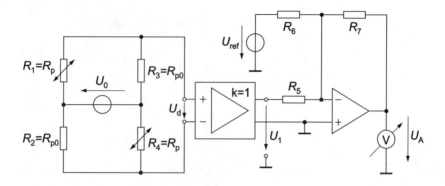

Bild 5.5 Luftdruckmessung mit einer Halbbrücke

$$R_p = R_{p0} \left(1 + K_p \cdot \Delta p\right), \; K_p = 2 \cdot 10^{-7} \, \text{Pa}^{-1} = \frac{\Delta R_p / R_{p0}}{\Delta p}, \; R_2 = R_3 = R_{p0},$$

$$R_3 = 100 \, \text{k}\Omega, \, U_0 = 5 \, \text{V}, \, U_{\text{ref}} = -5 \, \text{V}$$

a) Geben Sie die Empfindlichkeit $S = dU_d/dp$ der mit U_0 gepeisten Brücke allgemein und zahlenmäßig für $\Delta R_p / R_{p0} \ll 1$ an.

b) Geben Sie U_A als $f(U_1, \, U_{\text{ref}}, \, R_5, \, R_6, \, R_7)$ an.

c) Geben Sie U_A als $f(\Delta p)$ und der gegebenen Größen an, und bringen Sie diesen Ausdruck in die Form: $U_A = c - m \cdot \Delta p$

d) Dimensionieren Sie R_5 und R_6 so, dass gilt:

$$U_A \Big|_{h = 0 \, \text{m}} = 0 \, \text{V} \; \text{und} \; U_A \Big|_{h = 2000 \, \text{m}} = 2 \, \text{V}$$

Hinweis: Es gilt die barometrische Höhenformel mit den angegebenen Konstanten:
$\Delta p = p_0 \, e^{-h/K_1}, \; K_1 = 8000 \, \text{m}, \; p_0 = 1,013 \cdot 10^5 \, \text{Pa}$

e) Der Übertragungsfaktor K_p der Drucksensoren ändert sich mit der Temperatur ϑ um $\alpha = -0,2 \, \%/°\text{C}$. Wie groß ist der absolute Fehler der Ausgangsspannung U_A (in Volt bzw. Meter) bei $h = 0 \, \text{m}$ und $h = 2000 \, \text{m}$, wenn sich die Temperatur um 10 K ändert?

5.3 Wechselstrombrücken

5.3.1 Beispielaufgabe Wechselstrombrücken und Zeigerdiagramme

a) Gegeben ist die Brückenschaltung nach **Bild 5.6**. Leiten Sie zunächst allgemein die Betrags- und Winkelbedingung für eine Wechselstrombrücke aus $\underline{Z}_1, \, \underline{Z}_2, \, \underline{Z}_3$ und $\underline{Z}_4$ her.

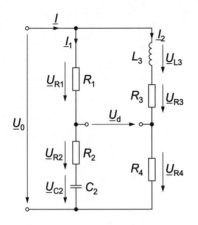

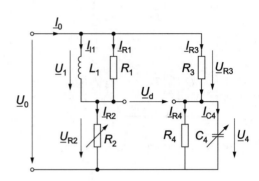

Bild 5.6 Wechselstrombrücke 1   **Bild 5.7** Wechselstrombrücke 2

b) Ist die oben gegebene Brückenschaltung abgleichbar? Begründen Sie die Abgleichbarkeit.

c) Wie lauten die Gleichungen, die bei einem Abgleich zu berücksichtigen sind? Leiten Sie diese her.

d) Gegeben sei nun die in **Bild 5.7** abgebildete Brückenbeschaltung. Wie lauten die Abgleichbedingungen für L_1 und R_1 in Abhängigkeit von den übrigen Brückenelementen?

e) Wie können Sie vorgehen, um ein Zeigerdiagramm aller Spannungen und Ströme der Brücke zu erstellen?

f) Wenden Sie Ihre Überlegungen zu Aufgabenteil e) an und skizzieren Sie qualitativ das vollständige Zeigerdiagramm der abgeglichenen Brücke nach **Bild 5.7** (alle Ströme und Spannungen). Können Sie an Hand des Zeigerdiagramms feststellen, ob die Brücke abgeglichen ist?

5.3.2 Lösung zur Beispielaufgabe

a) Die Abbildung **Bild 5.8** zeigt den allgemeinen Fall einer Wechselstrombrücke mit vier komplexen Impedanzen.

Im Abgleichfall gilt: $\underline{U}_d = 0$

Herleitung über Umlauf: $\underline{U}_4 = \underline{U}_2$

Herleitung aus Spannungsteiler:

$$\underline{U}_2 = \underline{U}_0 \frac{\underline{Z}_2}{\underline{Z}_1 + \underline{Z}_2} \tag{5.8}$$

$$\underline{U}_4 = \underline{U}_0 \frac{\underline{Z}_4}{\underline{Z}_3 + \underline{Z}_4} \tag{5.9}$$

65

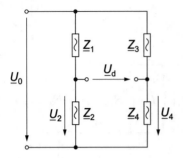

Bild 5.8   Wechselstrom-Brückenschaltung

Nach dem Gleichsetzen von Gl. (5.8) und Gl. (5.9) ergibt sich die Gleichung für die Brücken-diagonalspannung:

$$\underline{U}_d = \underline{U}_2 - \underline{U}_4 = \underline{U}_0 \frac{\underline{Z}_2 \underline{Z}_3 - \underline{Z}_1 \underline{Z}_4}{(\underline{Z}_1 + \underline{Z}_2)(\underline{Z}_3 + \underline{Z}_4)} \overset{!}{=} 0$$

woraus die Abgleichbedingung für die komplexe Wechselstrombrücke folgt:

$$\underline{Z}_2 \underline{Z}_3 = \underline{Z}_1 \underline{Z}_4 \tag{5.10}$$

Da sich komplexe Zahlen nach der Eulerschen Relation in einen Realteil $\Re$ und in einen Imaginärteil $\Im$ aufteilen lassen:

$$\underline{Z} = |Z|\,e^{\,j\varphi} = |Z|\,(\underbrace{\cos\varphi}_{\Re} + \underbrace{j\sin\varphi}_{\Im}) = \underbrace{R}_{\Re} + \underbrace{j\,X}_{\Im}$$

müssen zwei Bedingungen für den Abgleich erfüllt sein:

Betragsbedingung: $\qquad |\underline{Z}_1| \cdot |\underline{Z}_4| = |\underline{Z}_2| \cdot |\underline{Z}_3| \qquad$ (5.11)

Winkelbedingung: $\qquad \varphi_1 + \varphi_4 = \varphi_2 + \varphi_3 \qquad$ (5.12)

Eine äquivalente Forderung ist die Gleichheit der Realteile $\Re$ und der Imaginärteile $\Im$ von Gl. (5.10).

Realteil: $\qquad R_2 R_3 - X_2 X_3 = R_1 R_4 - X_1 X_4 \qquad$ (5.13)

Imaginärteil: $\qquad X_2 R_3 + R_2 X_3 = X_1 R_4 + R_1 X_4 \qquad$ (5.14)

Für den Abgleich einer Wechselstrombrücke mit komplexen Impedanzen nach Gl. (5.11) und Gl. (5.12) bzw. Gl. (5.13) und Gl. (5.14) müssen daher immer zwei Brückenelemente abgleichbar sein.

b) Die Brücke ist abgleichbar, wenn die Betrags- und Winkelbedingung erfüllt ist. Die Betragsbedingung läßt sich immer durch geeignete Dimensionierung von R, L oder C erfüllen (hinreichende Bedingung). Die Winkelbedingung ist jedoch von grundsätzlicher Bedeutung für den Abgleich (notwendige Bedingung). Da die Phasenverschiebung auf den Strom bezogen wird gilt:

Winkel für ohmsch-induktives Bauteil: $\qquad 0 < \varphi_L < +\dfrac{\pi}{2}$

Winkel für ohmsch-kapazitives Bauteil: $\qquad -\dfrac{\pi}{2} < \varphi_C < 0$

Im Folgenden soll nun die gegebene Brücke mit der Winkelbedingung untersucht werden:

$$(0+0) = \left(0 < \varphi_2 < +\frac{\pi}{2}\right) + \left(-\frac{\pi}{2} < \varphi_3 < 0\right) \tag{5.15}$$

Ein Phasenverschiebungswinkel von null wird gefordert und kann nach Gl. (5.15) erfüllt werden. Damit ist die Brücke abgleichbar.

c) Ein Einsetzen der Impedanzen in Gl. (5.10) ergibt:

$$R_1 R_4 = (R_3 + j\omega L_3)\left(R_2 + \frac{1}{j\omega C_2}\right)$$

$$\underbrace{R_1 R_4 - R_2 R_3 - \frac{L_3}{C_2}}_{\Re} + j\underbrace{\left(\frac{R_3}{\omega C_2} - R_2 \omega L_3\right)}_{\Im} = 0$$

Eine Aufspaltung in Realteil und Imaginärteil ergibt folgende Gleichung für die abgeglichene Brücke:

Realteil: $\qquad\qquad R_1 R_4 - R_2 R_3 = \dfrac{L_3}{C_2}$

Imaginärteil: $\qquad\qquad \omega^2 = \dfrac{R_3}{R_2 C_2 L_3}$

Der Brückenabgleich ist damit von der Frequenz der speisenden Brückenspannung $\underline{U}_0$ abhängig. Bei gegebener Induktivität und bekannter Frequenz f der Brückenspeisespannung $\underline{U}_0$ kann demnach beispielsweise die Impedanz $\underline{Z}_2$ einer unbekannten verlustbehafteten Kapazität bestimmt werden.

d) Der Ansatz mit Gl. (5.10) liefert für diese Brücke:

$$\frac{R_4}{1 + j\omega C_4 R_4}\,\frac{j\omega L_1 R_1}{R_1 + j\omega L_1} = R_3 R_2$$

Die Auflösung nach Realteil und Imaginärteil ergibt:

Realteil: $\qquad\qquad \omega L_1 R_1 R_4 = \omega C_4 R_1 R_2 R_3 R_4 + \omega L_1 R_2 R_3 \tag{5.16}$

Imaginärteil: $\qquad\qquad R_1 = \omega^2 L_1 C_4 R_4 \tag{5.17}$

Ein Auflösen des obigen Gleichungssystems ergibt die nachstehende Lösung für R_1 und L_1:

$$R_1 = \frac{R_2 R_3}{R_4} \left(1 + (\omega C_4 R_4)^2\right)$$

$$L_1 = C_4 R_2 R_3 \left(1 + \frac{1}{(\omega C_4 R_4)^2}\right)$$

e) Vorgehen bei zur Erstellung von Zeigerdiagrammen:

1) In der Regel sucht man meist das Element im Netzwerk, welches sich am weitesten von der speisenden Quelle entfernt befindet. Denn um das gesamte Zeigerdiagramm des Netzwerks zu zeichnen, müssen aufeinander aufbauende Umläufe und Knotengleichungen gewählt werden, und deshalb muss auch jedes einzelne Netzwerkelement (R, L und C) nacheinander einbezogen werden.

2) Wenn möglich, beginnt man mit einem rein ohmschen, induktiven oder kapazitiven Verbraucher, da hier die Zuordnung der Phasenlagen von Strom zu Spannung am einfachsten ist. Die Phasenlage ermittelt man durch Auftragen des Phasenwinkels von dem Strom zur Spannung in mathematisch positiver Richtung (positive Zählrichtung entgegen dem Uhrzeigersinn).

3) Je nach speisender Quelle des Netzwerks ist der Strom oder die Spannung an dem gewählten Netzelement dem Betrag (in Ausnahmen auch der Phase) nach zu bestimmen und maßstäblich als Strom- oder Spannungzeiger einzutragen. Dabei muss beachtet werden, dass nur der erste Strom- oder Spannungszeiger willkürlich eingezeichnet werden darf. Die folgenden Zeiger ergeben sich zwangsläufig zu dem Gesamtzeigerdiagramm.

Die Konstruktion des Zeigerdiagramms wird nachfolgend Schritt für Schritt durchgegangen, so wie zuvor besprochen, bis sich **Bild 5.9** ergibt. Es wird darauf hingewiesen, dass diese Lösung nur eine von verschiedenen Möglichkeiten zur Konstruktion dieses Zeigerdiagramms darstellt.

1) Ersten Zeiger $\underline{I}_{R2}$ willkürlich eintragen.

2) Spannungsfall $\underline{U}_{R2}$ in Phase mit $\underline{I}_{R2}$ eintragen. Da die Brücke abgeglichen sein soll, muss $\underline{U}_{R2} = \underline{U}_4$ gelten.

3) Der Spannungsfall über R_4 bewirkt den Strom $\underline{I}_{R4}$ welcher mit $\underline{U}_4$ in Phase ist.

4) Der Strom durch C_4 eilt der Spannung $\underline{U}_4$ um $90°$ voraus (mathematisch positive Richtung).

5) Die Ströme $\underline{I}_{C4}$ und $\underline{I}_{R4}$ werden geometrisch (vektoriell) zum Summenstrom $\underline{I}_{R3} = \underline{I}_{R4} + \underline{I}_{C4}$ addiert (Thaleskreis).

6) Die Spannung $\underline{U}_{R3}$ ist in Phase mit dem Strom $\underline{I}_{R3}$. Der Spannungszeiger $\underline{U}_{R3}$ wird an das Ende des Spannungszeigers $\underline{U}_{R4}$ gezeichnet. $\underline{U}_{R3}$ wird vektoriell mit der Spannung $\underline{U}_4$ addiert und ergibt den Zeiger für die Quellenspannung U_0. Einzeichnen des Spannungszeigers U_0.

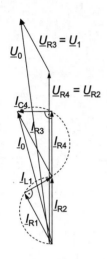

Bild 5.9 Zeigerdiagramm der abgeglichenen Brücke

7) Die Spannung $U_1 = U_{R3}$, da die Brücke abgeglichen ist. Somit ist der Stromzeiger I_{R1} in Phase mit der Spannung $U_1 = U_{R1}$ und dem Strom I_{R3}.

8) Der Strom I_{L1} in der Spule L_1 eilt der Spannung U_1 um $90°$ nach, und ergänzt sich mit dem Teilstrom I_{R1} zum Gesamtstrom im ersten Brückenzweig $I_{R2} = I_{L1} + I_{R1}$ (Thaleskreis).

9) Der Summenstrom I_0 ergibt sich aus der vektoriellen Addition der einzelnen Gesamtströme aus den beiden Brückenzweigen zu $I_0 = I_{R2} + I_{R3}$.

5.4 Übungsaufgaben zu Wechselstrombrücken

5.4.1 Brückenabgleich

a) Welche der in **Bild 5.10** abgebildeten Brücken sind abgleichbar, wenn A und B die Speiseklemmen und C, D Nullindikatorklemmen sind?

b) Bei welchen Brücken ist der Abgleich frequenzabhängig?

c) Welche Brücken sind abgleichbar, wenn C und D die Speiseklemmen und A, B die Nullindikatorklemmen sind?

5.4.2 Schering-Brücke

Mit Hilfe einer Schering-Brücke sind bei konstanter Amplitude der Brückenspeisespannung mit einer Frequenz von 50 Hz die unbekannte Dielektrizitätskonstante ε_r sowie der Verlustfaktor $\tan \delta$ einer Isolierstoffprobe zu bestimmen.

69

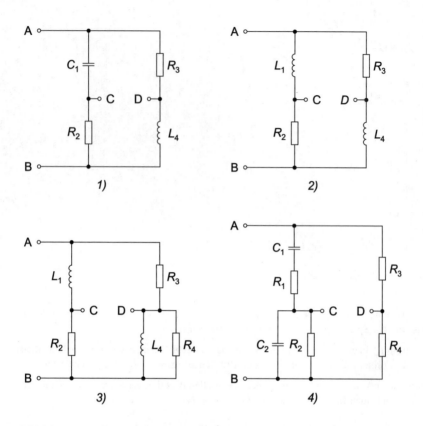

Bild 5.10   Verschiedene Wechselstrombrücken

a) Beschreiben Sie bitte mit ausreichender Begründung die Anwendungsgebiete der Schering-Brücke.

b) Für die Isolierstoffprobe ist zunächst eine geeignete Elektrodenanordnung zur Messung von C_x aufzuzeichnen.

c) Das vollständige Schaltbild der Schering-Brücke ist zu erstellen, und die Abgleichbedingung ist aufzustellen. Verwenden Sie dazu das Parallelersatzschaltbild für den unbekannten Kondensator C_x. Der Normalkondensator C_N ist hierbei in erster Näherung als ideal zu betrachten.

d) Bestimmen Sie den Verlustfaktor $\tan \delta_x$ des Kondensators C_x und verwenden Sie dazu das Parallelersatzschaltbild. Berechnen Sie mit Hilfe der Abgleichbedingungen die unbekannte Kapazität C_x als Funktion von $\tan \delta_x$.

70

e) Wie viele Messungen werden benötigt, um die unbekannte Materialkonstante ε_r des Prüflings zu ermitteln? Bestimmen Sie die Materialkonstante allgemein. Welche Rolle spielt die Geometrie der Elektrodenanordnung?

5.4.3 Wien-Robinson-Brücke

a) Geben Sie die Schaltung der zur Frequenzmesung geeigneten Wien-Robinson-Brücke an, und stellen Sie die Abgleichbedingungen auf.

b) Durch welche Maßnahmen läßt sich der Ausdruck für die Frequenz am weitesten vereinfachen? Welche Elemente der Brücke eignen sich am besten für den Frequenzabgleich?

c) Welchen Verlauf hat in diesem vereinfachten Fall die Brückendiagonalspannung in der komplexen Ebene? Muß die mit einem phasenempfindlichen Nullindikator ausgestattete Anzeigeeinheit bipolar ausschlagen können?

5.4.4 Brückendeterminante

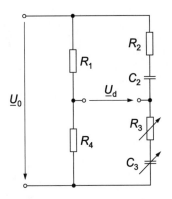

Bild 5.11 Wechselstrombrücke

a) Gegeben ist die abgebildete Wechselstrombrücke (**Bild 5.11**). Wie groß sind R_3 und C_3 im Abgleichpunkt in Abhängigkeit von den anderen Brückenelementen?

b) Zeichnen Sie das Zeigerdiagramm der abgeglichenen Brücke für $R_1 = R_2 = R_4 = R$, $C_2 = C$ und die Werte von R_3 und C_3 aus Aufgabenteil a).

c) Geben Sie die Brückendeterminante D in Real- und Imaginärteil aufgespalten an!

71

d) Skizzieren Sie die Ortskurven der Brückendeterminante $\underline{D}$ für folgende Werte der Abgleichelemente:

$$\underline{D} = f(C_3), \text{ für } \begin{cases} R_3 & = 4 \cdot R \\ R_3 & = R \quad \text{(im Abgleichpunkt)} \\ R_3 & = 0 \end{cases}$$

und

$$\underline{D} = f(R_3), \text{ für } \begin{cases} C_3 & = 4 \cdot C \\ C_3 & = C \quad \text{(im Abgleichpunkt)} \\ C_3 & = 0,5 \cdot C \end{cases}$$

Nehmen Sie ansonsten die Werte aus Aufgabenteil b). Zeichnen Sie, soweit vorhanden, die Bereichsgrenzen für $C_3 = 0$, $C_3 = \infty$, $R_3 = 0$, $R_3 = \infty$ ein!

e) Wie viele Schritte werden zum Abgleich benötigt?

6 Oszilloskop

6.1 Anwendungen des Oszilloskops

6.1.1 Beispielaufgabe Tastkopf

Gegeben sei ein Tastkopf (**Bild 6.1**), der über ein Messkabel an den Eingang eines Oszilloskops angeschlossen ist. Der Tastkopf läßt sich durch eine Parallelschaltung eines Widerstands $R_T = 9$ MΩ und einer variablen Kapazität C_T darstellen.

Messkabel vom Typ RG 58: $C_K' = 95$ pF/m
Oszilloskop: $\underline{Z}_e$ mit $R_e = 1$ MΩ und $C_e = 30$ pF, Analogbandbreite= 250 MHz

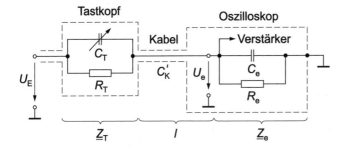

Bild 6.1 Tastkopf mit geschirmten Messkabel und Oszilloskop-Eingang

a) Zeichnen Sie ohne Berücksichtigung der Kabelkapazität C_K (Annahme eines sehr kurzen Kabels: $l \longrightarrow 0$) das Ersatzschaltbild der Anordnung, und leiten Sie den Übertragungsfaktor $\underline{a} = \underline{U}_E/\underline{U}_e$ allgemein her.

b) Wie verhält sich $\underline{a}$ bei sehr hohen und sehr niedrigen Frequenzen? Auf welchen Wert muss C_T eingestellt werden, damit das Teilerverhältnis $\underline{a}$ frequenzunabhängig wird? Wie groß ist dann $\underline{a}$?

c) Sie schließen den Tastkopf nun über ein 1,5 m langes Messkabel an das selbe Oszilloskop an. An den Tastkopf werde zum Zeitpunkt $t = 0$ ein Eingangsspannungssprung von $U_E = 100$ V gelegt. Skizzieren Sie den zeitlichen Verlauf der Spannung $u_e(t)$ unter Angabe von Anfangs- und Endwerten für den in Aufgabenteil b) bestimmten Wert von C_T. Wie bezeichnet man diesen Fall des nicht abgeglichenen Tastkopfs? Skizzieren Sie zusätzlich den zeitlichen Verlauf der Spannung $u_e(t)$ für $C_T = 38,13$ pF und den abgeglichenen Tastkopf unter Berücksichtigung von C_K.

Sie messen nun mit dem Tastkopf an einer sinusförmigen Wechselspannungsquelle mit der Leerlaufspannung U_0 und dem Innenwiderstand $R_i = 50$ Ω. Für die folgenden Rechnungen brauchen Sie die Kabelkapazität nicht mehr zu berücksichtigen.

73

d) Wie groß ist allgemein die Belastung der Quelle durch einen abgeglichenen Tastkopf mit dem Teilerverhältnis $\underline{a}$?

e) Berechnen Sie die Grenzfrequenz bei der Messung an der Quelle mit und ohne Tastkopf. Bestimmen Sie anschließend näherungsweise die gesamte resultierende Bandbreite des Messsystems mit und ohne Tastkopf. Das Oszilloskop verhält sich hierbei wie ein Tiefpass erster Ordnung. Erläutern Sie an Hand der vorangegangenen Rechnungen, welche Vor- und Nachteile bei Spannungsmessungen mit Tastköpfen daraus resultieren.

6.1.2 Lösung der Beispielaufgabe

a) Ohne Berücksichtigung der Kabelkapazität C_K ergibt sich der in **Bild 6.2** dargestellte Teiler. Das komplexe Teilerverhältnis ist:

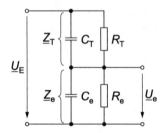

Bild 6.2 Ohmsch-kapazitiver Teiler

$$\underline{a} = \frac{\underline{U}_E}{\underline{U}_e} = \frac{\underline{Z}_e + \underline{Z}_T}{\underline{Z}_e} = 1 + \frac{\underline{Z}_T}{\underline{Z}_e} = 1 + \frac{R_T \left(1 + j\omega R_e C_e\right)}{R_e \left(1 + j\omega R_T C_T\right)}$$

b) Um das Frequenzverhalten des Teilers zu überprüfen, muss man eine Grenzwertbetrachtung für $\omega \to 0$ und $\omega \to \infty$ durchführen:

$$\lim_{\omega \to 0} \underline{a} = 1 + \frac{R_T}{R_e}, \quad \lim_{\omega \to \infty} \underline{a} = 1 + \frac{C_e}{C_T}, \quad \underline{a} = a = 10$$

Das Teilerverhältnis ist für die beiden Grenzwerte rein reell. Es ist genau dann frequenzunabhängig, wenn für alle Werte zwischen diesen Grenzwerten das gleiche (reelle) Teilerverhältnis existiert:

$$\lim_{\omega \to 0} \underline{a} \overset{!}{=} \lim_{\omega \to \infty} \underline{a} \quad \longrightarrow \quad R_T C_T = R_e C_e$$

Damit der Tastkopf abgeglichen ist (Frequenzunabhängigkeit), müssen die beiden Zeitkonstanten der Speicherglieder gleich sein:

$$R_T = R_e (a - 1) = 9 \, \text{M}\Omega \qquad (6.1)$$

$$C_T = \frac{R_e}{R_T} C_e = 3,33 \, \text{pF} \qquad (6.2)$$

c) Es ist nun zusätzlich die Messkabelkapazität $C_K = 142,5$ pF nach **Bild 6.3** zu berücksichtigen. Durch die Messkabelkapazität C_K wird das Teilerverhältnis wieder frequenzabhängig. Um den zeitlichen Verlauf von $u_e(t)$ zu skizzieren, benötigt man den Anfangs- bzw. Endwert der Spannung U_e. Zwischen den beiden Grenzwerten findet ein exponentieller Ausgleichsvorgang statt. Es gilt nun:

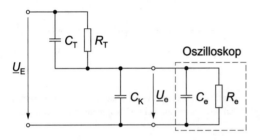

Bild 6.3 Tastkopf mit Zuleitungskabel

$$\frac{U_E}{U_e} = \underline{a} = 1 + \frac{R_T \left(1 + j\omega R_e \left(C_e + C_K\right)\right)}{R_e \left(1 + j\omega R_T C_T\right)}$$

Die Berechnung des Anfangs- und Endwerts erfolgt nach dem Grenzwertsatz mit der in Aufgabenteil b) bestimmten Tastkopfkapazität $C_T = 3,33$ pF:

Endwert
$$\lim_{t \to \infty} = \lim_{\omega \to 0} U_e = U_E \frac{R_e}{R_e + R_T} = 10 \, \text{V}$$

Anfangswert
$$\lim_{t \to 0} = \lim_{\omega \to \infty} U_e = U_E \frac{C_T}{C_T + C_K + C_e} = 1,89 \, \text{V}$$

Der Anfangswert liegt mit $U_e(t = 0) = 1,89$ V unter dem „richtigen" Endwert von $U_e(t = \infty) = 10$ V und schmiegt sich diesem exponentiell an, wie in **Bild 6.4** dargestellt. Allerdings wird der Endwert (10 V) nicht erreicht, weil an den Tastkopf eine unipolare Rechteckspannung angelegt wurde, dessen Periodendauer relativ zu der jeweiligen Tastkopfzeitkonstanten kurz gewählt wurde. Man sagt auch, der Tastkopf ist „unterkompensiert", oder es gilt für die Zeitkonstanten $\tau_T < \tau_e$. Da in der Praxis die Tastkopfkapazität C_T einstellbar ist, muss diese demnach vergrößert werden. Die Berechnung des zeitlichen Verhaltens für $C_T = 38,18$ pF ergibt:

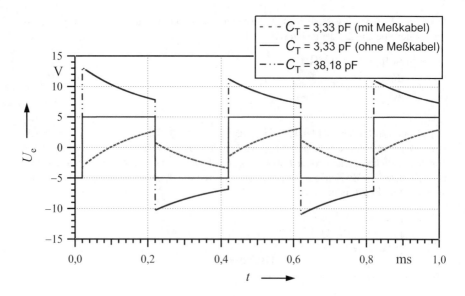

Bild 6.4 Sprungantwort des Tastopfs bei konstantem ohmschen Teilerverhältnis und veränderlicher Tastkopfkapazität C_T. Das Ozillogramm zeigt den Kurvenverlauf bei DC-Kopplung am Oszilloskop-Eingang.

Endwert
$$\lim_{t \to \infty} = \lim_{\omega \to 0} U_e = 10\,\mathbf{V}$$

Anfangswert
$$\lim_{t \to 0} = \lim_{\omega \to \infty} U_e = 18,11\,\mathbf{V}$$

In diesem Fall ist der Tastkopf „überkompensiert". Das Oszilloskop stellt bei einem Eingangsspannungssprung von $U_E = 100\,$V einen überhöhten Anfangswert dar. Es ist $\tau_T > \tau_e$ (Bild 6.4), und somit muss man C_T verkleinern, um den Tastkopf abzugleichen. Für den abgeglichenen Tastkopf wird der Verlauf des Eingangsspannungssprung mit dem entsprechenden Teilerverhältnis exakt auf dem Oszilloskop dargestellt. Verwendet man ein Kabel mit der Kapazität $C_K = 142,5\,$pF, dann muss $C_T = 19,16\,$pF gelten, damit der Tastkopf abgeglichen ist.

Es wird darauf hingewiesen, dass natürlich auch das ohmsche Teilerverhältnis vom gewünschten Teilerverhältnis $a = 10 : 1$ abweichen kann. Im Falle $\tau_T < \tau_e$ ergibt sich somit ein zu großer Endwert und für $\tau_T > \tau_e$ ein zu kleiner Endwert, wobei der Anfangswert dem exakten Teilerverhältnis entspricht, solange die Kapaziäten richtig dimensioniert sind.

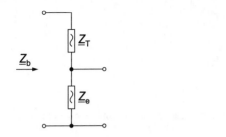

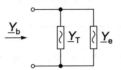

Bild 6.5 Impedanz-Ersatzschaltbild des Tast-kopfs

Bild 6.6 Admittanz-Ersatzschaltbild des Tast-kopfs

d) Tastkopf $\underline{Z}_T$ und Eingangsimpedanz $\underline{Z}_e$ des Oszilloskops belasten die Quelle. Somit muss zunächst die resultierende Gesamtimpedanz $\underline{Z}_b$ (**Bild 6.5**) bzw. Gesamtadmittanz $\underline{Y}_b$ (**Bild 6.6**) der Bürde für die Quelle bestimmt werden:

$$\underline{Z}_b = R_b + \frac{1}{j\omega C_b} = \underline{Z}_T + \underline{Z}_e = \frac{R_T}{1 + j\omega R_T C_T} + \frac{R_e}{1 + j\omega R_e C_e}$$

Mit den Gl. (6.1) und Gl. (6.2) ergibt sich daraus für die Gesamtimpedanz bzw. Gesamtadmittanz des Tastkopfs:

$$\underline{Z}_b = \frac{aR_e}{1 + j\omega R_e C_e} \qquad \underline{Y}_b = \frac{1}{R_b} + j\omega C_b = \frac{1 + j\omega R_e C_e}{aR_e} \qquad (6.3)$$

Ein Koeffizientenvergleich führt zu folgendem Ergebnis:

$$R_b = aR_e \quad \text{und} \quad C_b = \frac{C_e}{a} \qquad (6.4)$$

Aus Gl. (6.3) erkennt man, dass die Belastung der Quelle um den Teilerfaktor a des Tastkopfs reduziert wird. Wie aus Gl. (6.4) hervorgeht, wirkt auf die Quelle bei Verwendung eines $a = 10 : 1$-Tastkopfs nur noch einen Gleichstromwiderstand von $R_b = 10$ MΩ und für transiente Ausgleichsvorgänge eine um den Faktor zehn reduzierte Kapazität ($C_e = 0,33$ pF statt $C_e = 3,33$ pF)! Die letzte Eigenschaft ist entscheidend, wenn man hochfrequente Ereignisse (Bustakte, Sprungantwort von Systemen, hochfrequente Schwingungen in Operationsverstärkerschaltungen etc.) mit dem Oszilloskop darstellen möchte. Nachteilig kann sich bei Messung von kleinen Spannungen das Teilerverhältnis des Tastkopfs auswirken, denn es reduziert die Amplitudenauflösung der Messspannung.

e) **Bild 6.7** zeigt das Ersatzschaltbild der Wechselspannungsquelle mit der Bürde. Bei hohen Frequenzen kann man den hochohmigen Widerstand R_b gegenüber der Eingangskapazität C_b und dem Innenwiderstand der Quelle R_i vernachlässigen.

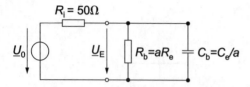

Bild 6.7 Ersatzschaltbild Wechselspannungsquelle mit Belastung durch Tastkopf bzw. Oszilloskop

Die Grenzfrequenz f_c berechnet sich aus dem Spannungsteiler:

$$\frac{\underline{U}_E}{\underline{U}_0} = \frac{1}{1 + R_i \underline{Y}_b} = \frac{1}{1 + R_i \left(\frac{1}{R_b} + j\omega C_b\right)} \underset{R_i, \frac{1}{\omega C_b} \ll R_b}{\approx} \frac{1}{1 + j\omega R_i C_b}$$

Aus dieser Anordnung ergibt sich mit $(C_b = C_e/a)$ und ohne $(C_b = C_e)$ Tastkopf die Grenzfrequenz zu:

$$f_c\Big|_{a\ =\ 10:1} = \frac{a}{2\pi R_i C_e} = 1,061\,\text{GHz}$$

$$f_c\Big|_{a\ =\ 1:1} = \frac{1}{2\pi R_i C_e} = 106,1\,\text{MHz}$$

Um die Grenzfrequenz des Gesamtsystems zu ermitteln, muss man das Gesamtsystem als Kettenschaltung von Tiefpässen erster Ordnung auffassen. Dann ergibt sich die resultierende Grenzfrequenz näherungsweise zu:

$$\frac{1}{f_c} \approx \sqrt{\left(\frac{1}{f_{c1}}\right)^2 + \left(\frac{1}{f_{c2}}\right)^2 + \cdots + \left(\frac{1}{f_{cn}}\right)^2} \tag{6.5}$$

Betrachtet man den Fall mit kompensiertem Tastkopf, so ergibt sich:

$$\frac{1}{f_c} \approx \sqrt{\left(\frac{1}{f_b}\right)^2 + \left(\frac{1}{f_{Oszi}}\right)^2} = \sqrt{\left(\frac{1}{1,061\,\text{GHz}}\right)^2 + \left(\frac{1}{250\,\text{MHz}}\right)^2}$$

$$\frac{1}{f_c} \approx 243,33\,\text{MHz}$$

Ohne Verwendung des Tastkopfs berechnet sich die resultierende Grenzfrequenz (Kettenschaltung von Eingangsstufe und Oszilloskops)zu:

$$\frac{1}{f_c} \approx \sqrt{\left(\frac{1}{f_b}\right)^2 + \left(\frac{1}{f_{Oszi}}\right)^2} = \sqrt{\left(\frac{1}{106,1\,\text{MHz}}\right)^2 + \left(\frac{1}{250\,\text{MHz}}\right)^2}$$

$$\frac{1}{f_c} \approx 97,67\,\text{MHz}$$

Mit Tastkopf ergibt sich, wie die Rechnung zeigt, eine deutliche Erhöhung der Grenzfrequenz des Gesamtsystems. Dies wird im Wesentlichen durch die Verringerung der Eingangskapazität $C_b = C_e/a$ durch den Tastkopf bewirkt. Ohne Verwendung eines Tastkopfs könnte man bei einer Messung an einer 50-Ω-Quelle nicht die volle mögliche Bandbreite des Oszilloskops nutzen!

6.2 Übungsaufgaben zum Oszilloskop

6.2.1 Analoges Oszilloskop

Gegeben sei ein analoges Oszillokop, dessen Grenzfrequenz experimentell ermittelt werden soll:

Das Oszilloskop verhält sich wie ein Tiefpass erster Ordnung
$C_e = 30$ pF, $R_e = 1$ MΩ, $f_c = 20$ MHz

a) Wie kann man aus dem zeitlichen Verhalten des Oszilloskops auf das Frequenzverhalten schließen (keine detaillierte Herleitung notwendig)?

b) Nennen Sie zwei Möglichkeiten, um die Grenzfrequenz des Oszilloskops experimentell zu bestimmen.
Hinweis: Skizzieren Sie die beiden möglichen Messschaltungen, und erläutern Sie diese.

c) Warum verwendet man überhaupt Tastköpfe für Oszilloskope? Nennen Sie mindestens drei Vorteile und zwei Nachteile und begründen Sie diese.

d) Es wird anschließend ein 10:1-Tastkopf mit einer Rechteckspannung (unipolar, Amplitude 10 V, $f = 1$ MHz) geprüft. Zeichnen Sie das sich ergebende Schirmbild des Oszilloskops, wenn Folgendes gilt:

Zeitbasis: $0,5$ µs/Skt.
Y-Kanal: AC-Kopplung, $0,5$ V/Skt.
Triggerung: positive Flanke, Triggerpegel: 0 V
Schirmgröße (H × B): 8 Skt. × 10 Skt.

Anschließend wird das Messkabel versehentlich verkürzt. Wie sieht der Rechteckverlauf nun qualitativ aus? Skizzieren Sie den Verlauf in das von Ihnen bereits erstellte Diagramm! Ist der Tastkopf über- oder unterkompensiert?

6.2.2 Diodenkennlinie

Ein Hersteller gibt für einen Diodentyp die in **Bild 6.8** abgebildete Kennlinie an. Der maximale Durchlassstrom der Diode beträgt $i_{Dmax} = 5$ mA. Durch Darstellung der Diodenkennlinie mit einem Oszilloskop soll die vom Hersteller ausgegebene Kennlinie überprüft werden. Es stehen hierfür zur Verfügung:

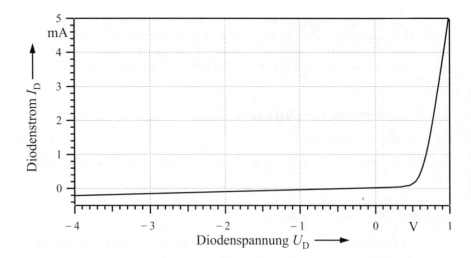

Bild 6.8   Diodenkennlinie

- Eine erdfreie sinusförmige Wechselspannungsquelle: $U_{0\text{eff}} = 3$ V Leerlaufspannung, $R_i = 50\ \Omega$

- Ein einstellbarer Widerstand R

- Ein Zweikanal X-Y-Oszilloskop mit den Empfindlichkeitsstufen: $S_h = S_v = 0,1;\ 0,2;\ 0,5;\ 1;\ 2$ V/ cm $\hat{=}$ 1 Skt.; Bildschirmmaße (B × H): 10 × 8 Skt.

a) Geben Sie eine geeignete Messschaltung an, mit der die Diodenkennlinie dargestellt werden kann. Welche praktischen Probleme entstehen bei der Messung, und wie kann man diese umgehen?

b) Dimensionieren Sie R so, dass die gesamte in Bild 6.8 abgebildete Kennlinie größtmöglich auf dem Bildschirm des Oszilloskops sichtbar gemacht wird. Der Koordinatennullpunkt soll dabei in der Schirmmitte liegen. Welche X- und Y-Ablenkempfindlichkeit ist zu wählen?

6.2.3   Hystereseschleife

a) Skizzieren Sie den Verlauf der Magnetisierungkennlinie eines Transformators mit Eisenkern. Bezeichnen Sie die Achsen sowie alle wichtigen Kennwerte der Magnetisierungskennlinie. Der Eisenkern ist nicht vormagnetisiert. Es gilt:

Transformator:
$a = b = 2$ cm; Windungszahlen: $w_1 = w_2 = 40$;
mittlerer Eisenweg $l_{\text{Fe}} = 8$ cm

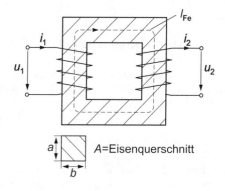

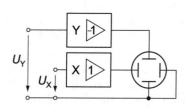

Bild 6.9 Transformator   **Bild 6.10** Oszilloskop

Oszilloskop:
X-Ablenkung: 100 mV/ Skt.; Y-Ablenkung: 10 mV/ Skt.

b) Gegeben ist der Tranformator **Bild 6.9** und das Oszilloskop **Bild 6.10**. Der Transformator ist ideal und besitzt keinen Luftspalt. Geben Sie eine Schaltung an, mit der die Magnetisierungskennlinie des Transformators, die Sie in a) gezeichnet haben, dargestellt werden kann. Beschreiben Sie kurz die Wirkungsweise der Schaltung. Welche Bedingung muss erfüllt sein, damit man für diese Messaufgabe ein RC-Glied benutzen kann?

c) Berechnen Sie H im Eisenkreis in Abhängigkeit der gegebenen Größen.

d) Dimensionieren Sie die Schaltung so, dass Sie für die Darstellung von H auf dem Bildschirm des Oszilloskops eine Skalierung von $0,5$ (A/ cm) / Skt. erhalten.

e) Berechnen Sie allgemein B im Eisenkreis in Abhängigkeit von u_Y und den gegebenen Größen. Die Bedingung aus b) für die richtige Bemessung des RC-Glieds sei erfüllt.

f) Dimensionieren Sie das Produkt $R_2 C_2$ so, dass Sie für die Darstellung von B eine Skalierung von $0,2$ (Vs/ m^2) / Skt. erhalten.

g) Prüfen Sie, ob die Bedingung aus b) mit der Bedingung aus f) erfüllt wird.

6.2.4 X-Y Darstellung mit dem Oszilloskop

Gegeben ist eine Impedanz Z_x, ein Widerstand R und eine Wechselspannungsquelle U_0.

a) Skizzieren Sie eine Messschaltung, mit der unter Verwendung eines Oszilloskops die Bestimmung des Phasenwinkels φ zwischen Strom ($u_x = \hat{u}_x \sin(\omega t + \varphi)$) und Spannung ($u_y = \hat{u}_y \sin \omega t$) möglich wird. Wie nennt man diese Art der Darstellung?

b) Wie kann man die Phasenverschiebung φ zweier Spannungen mit der selben Frequenz aus einer X-Y-Darstellung auf dem Bildschirm eines Oszilloskops ablesen?
Auf dem Bildschirm des Oszilloskops wird das **Bild 6.11** sichtbar. Wie groß ist die Phasenverschiebung zwischen Strom und Spannung an der Impedanz Z_x. Um welche Impedanz handelt es sich hier demnach?

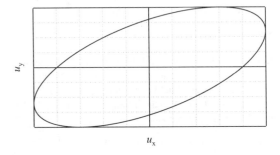

Bild 6.11   Messung der Phasenverschiebung zwischen Strom und Spannung mit einem Oszilloskop

c) Der Phasenwinkel φ beträgt nun $30°$. Das Ablesen der Spannungswerte beinhaltet je einen relativen Fehler von 5 % (Schirmkrümmung des Oszilloskops). Wie groß ist der relative Gesamtfehler, mit dem φ bestimmt wird?

Hinweis:

$$\frac{d(\arcsin x)}{dx} = \frac{1}{\sqrt{1 - x^2}}$$

d) Auf welche Art und Weise läßt sich das Frequenzverhältnis zweier Spannungen durch die X-Y-Darstellung ermitteln? Wie groß ist das Frequenzverhältnis $u_y : u_x$ in **Bild 6.12**?

82

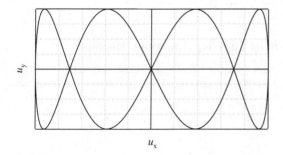

Bild 6.12 Messung des Frequenzverhältnisses zweier Spannungen mit einem Oszilloskop

7 Digitales Messen

7.1 Beispielaufgabe monostabiles Flip-Flop (Unibrator, Monoflop)

a) **Bild 7.1** zeigt das Schaltbild eines monostabilen Flip-Flops. Erklären Sie die Funktion desselben. Nennen Sie Anwendungsgebiete des monostabilen Flip-Flops in der digitalen Messtechnik.

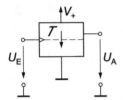

Bild 7.1 Schaltbild des monostabilen Flip-Flops mit der Eigenverweilzeit T

b) Vervollständigen Sie die Schaltung nach **Bild 7.2** so, dass ein klemmenäquivalentes monostabiles Flip-Flop nach Bild 7.1 entsteht.

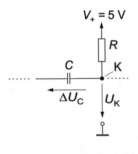

Bild 7.2 Unvollständiges Schaltbild eines monostabilen Flip-Flops

Es stehen folgende Bauelemente zur Verfügung: zwei Inverter, 1 ODER-Gatter und die in Bild 7.2 abgebildeten Bauelemente. Übernehmen Sie die Bezeichnungen der Ein- und Ausgangsspannungen aus Bild 7.1. Es gilt $R = 10\,\text{k}\Omega$. Die Logikbausteine werden alle mit $V_+ = 5\,\text{V}$ versorgt und sind ansonsten ideal ($R_e \to \infty$, $R_a \to 0$). Die Ausgänge der logischen Gatter können genau die Pegel 5 V = High (1) oder 0 V = Low (0) annehmen. Alle Gatter haben eine Verzugszeit von 10 ns. Es finden folgende Übergänge statt:

Übergang: Low (0) $\longrightarrow$ High (1) bei 2,5 V
Übergang: High (1) $\longrightarrow$ Low (0) bei 0,5 V

c) Gegeben ist nun der in **Bild 7.3** gezeichnete Spannungsverlauf der Eingangsspannung U_E und der noch unvollständige Verlauf der Ausgangsspannung U_A.

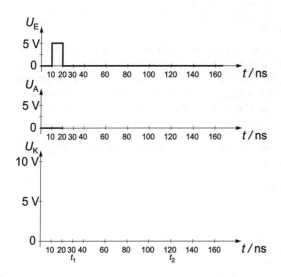

Bild 7.3 Zeitlicher Verlauf der Spannungen am monostabilen Flip-Flop

Es soll im Folgenden der Spannungsverlauf U_K am Knoten K schrittweise konstruiert werden. Zeichnen Sie jeweils für die drei angegebenen Zeitbereiche das gültige elektrische Eratzschaltbild und tragen Sie die Spannungsverläufe $u_A(t)$ und $u_K(t)$ in das Diagramm von Bild 7.3 ein. Zum Zeitpunkt $t = 10$ ns wird am Eingang des monostabilen Flip-Flops die Spannung U_E gelegt.

10 ns < t < 30 ns = t_1: Stationärer Fall
Wie groß ist U_K, und welche Spannungsdifferenz ΔU_C ergibt sich an dem Kondensator? Zu welchem Zeitpunkt ändert sich U_K? Warum?

$t_1 = 30$ ns $\leq t < 120$ ns = t_2: Aufladung
Der Ausgangsspannungsimpuls U_A soll eine Dauer von $T = 60$ ns (Eigenverweilzeit des monostabilen Flip-Flops) haben. Berechnen Sie dazu die notwendige Kapazität des Kondensators C.

Hilfe: $u_C(t) = U_C(t = 0) + U_0(1 - e^{-t/(RC)})$

Ab wann ändert sich U_K? Warum?

$t_2 = 120$ ns $\leq t < \infty$ ns: Entladung
Erklären Sie an Hand Ihres Ersatzschaltbilds was zum Zeitpunkt $t = t_2$ geschieht, und zeichnen Sie den Verlauf von U_A und U_K qualitativ weiter. Wie groß ist $\Delta U_C(t = t_2)$?

7.2 Lösung der Beispielaufgabe

a) Ein (fast) beliebig breiter Triggerimpuls am Eingang des monostabilen Flip-Flops bewirkt einen Ausgangsimpuls mit konstanter Breite, je nach eingestellter Eigenverweilzeit T desselben. Das monostabile Flip-Flop ist sehr vielseitig verwendbar, die Anwendungsgebiete ergeben sich z. B. bei der Triggerung von Signalen, der Impulsformung, der A/D-Wandlung (Dual-Slope-Umsetzer, Spannungs-Zeit-Umsetzer, Spannungs-Frequenz-Umsetzer etc.), nur um einige Beispiele zu nennen.

b) Mit den vorgegebenen Bauelementen gibt es nur die in **Bild 7.4** aufgeführte Möglichkeit das monostabile Flip-Flop aufzubauen.

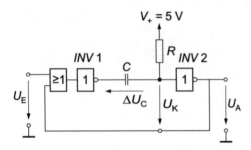

Bild 7.4 Monostabiles Flip-Flop

c) $10\,\text{ns} < t < 30\,\text{ns} = t_1$:

Bild 7.5 zeigt das Ersatzschaltbild für den stationären Zustand. Solange am Eingang und am Ausgang des monostabilen Flip-Flops kein Signal anliegt, nimmt der erste Inverter $INV\,1$ den Zustand High$(1) = 5$ V an. Damit ist aber die Spannung U_C am Kondensator null (beidseitig gleiches Potential). Hier gilt demnach:

$$U_K = 5\text{ V}; \quad U_C = 0\text{ V}$$

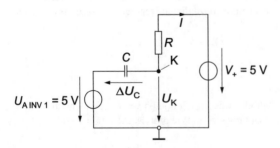

Bild 7.5 Ersatzschaltbild für $t < 30$ ns

86

Bedingt durch die Laufzeiten des ODER-Gatters (10 ns) und die Laufzeit des Inverters INV 1 (10 ns), schaltet der erste Inverter INV 1 erst 20 ns nach Anlegen des Triggersignales auf $\text{Low}(0) = 0$ V. Für Zeiten $t < 30$ ns bleibt die Spannungs auf $\text{High}(1) = 5$ V.

$t_1 = 30$ ns $\leq t < 120$ ns $= t_2$:

Zum Zeitpunkt $t = 30$ ns schaltet der erste Inverter INV 1. Da sein Pegel auf Low $(1 \rightarrow 0)$ wechselt, geht das Potential wegen $U_C = 0$ am Knotenpunkt K zunächst auf 0 V (Stetigkeitsbedingung am Kondensators). Damit geht der zweite Inverter INV 2 nach 10 ns Verzugszeit zum Zeitpunkt $t = 40$ ns auf High $(0 \rightarrow 1)$-Pegel. Der Kondensator C lädt sich zwischenzeitlich über den Widerstand R auf.
Bild 7.6 zeigt dafür das entsprechende Ersatzschaltbild. Sobald die Knotenspannung $U_K = U_C = 2,5$ V erreicht, schaltet der zweite Inverter INV 2 wieder auf Low $(1 \rightarrow 0)$-Pegel.

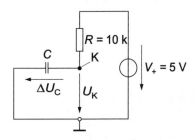

Bild 7.6 Ersatzschaltbild für $t_1 \leq t < t_2$

Die Dauer des Ausgangimpulses ist von der Zeitkonstante $\tau = RC$ des RC-Glieds und der Umschaltschwelle des Gatters abhängig. Somit läßt sich die gesuchte Kapazität des Kondensators C für eine Eigenverweilzeit von $T = 60$ ns bestimmen.
Es ist zu beachten, dass nach einem Pegelwechsel am Knotenpunkt K weitere 10 ns vergehen, bis der zweite Inverter INV 2 den Ausgangsspannungsimpuls auf Low $(1 \rightarrow 0)$ legt. Somit muss man für die Aufladezeit des Kondensators $\Delta t = 50$ ns wählen:

$$U_K(t) = \underbrace{U_C(t = 30 \text{ ns})}_{= 0} + V_+ \left(1 - e^{-\Delta t/(RC)} \right)$$

$$U_K(t = 90 \text{ ns}) = U_C(t = 90 \text{ ns}) = 2,5 \text{ V} = V_+ \left(1 - e^{-\Delta t/(RC)} \right)$$

Damit muss man die Kapazität wie folgt wählen:

$$C = \frac{\Delta t}{R} \cdot \frac{1}{\ln\left(\frac{V_+}{V_+ - U_K(t = 90\,\text{ns})}\right)} = \frac{50 \text{ ns}}{10 \text{ k}\Omega} \cdot \frac{1}{\ln\left(\frac{5\,\text{V}}{5\,\text{V} - 2,5\,\text{V}}\right)} = \mathbf{7{,}21 \text{ pF}}$$

Um die Aufladefunktion am Knotenpunkt K einzuzeichnen, benötigt man noch einen weiteren Stützpunkt der e-Funktion. Nach der Zeit $\Delta t = \tau = RC = 72,13$ ns erreicht die Funktion das $1 - (1/e) = 0,63$-fache des Endwerts, nämlich $3,16$ V. Damit fällt der Pegel am Ausgang des monostabilen Flip-Flops nach einer Eigenverweilzeit von $T = 60$ ns und somit zum Zeitpunkt $t = 100$ ns wieder ab (Low $(1 \rightarrow 0)$-Pegel).

$t_2 = 120$ ns $\leq t < \infty$ ns:

Nachdem zum Zeitpunkt $t = 100$ ns die Ausgangsspannung U_A auf Low $(1 \rightarrow 0)$ übergeht, wechselt der erste Inverter INV 1 seinen Zustand nach Ablauf von zwei Gatterverzugszeiten auf High $(0 \rightarrow 1)$, und zwar zum Zeitpunkt $t = t_2 = 120$ ns. Bis dahin hat sich der Kondensator für $\Delta t = 90$ ns aufladen können und hat zum Zeitpunkt $t = t_2$ eine Spannung von:

$$U_C(t = t_2) = V_+ \left(1 - e^{\Delta t/(RC)}\right) = 5 \text{ V} \left(1 - e^{90 \text{ ns}/(RC)}\right) = 3,56 \text{ V}$$

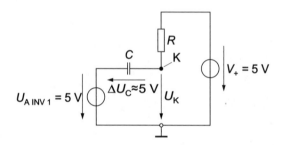

Bild 7.7 Ersatzschaltbild für $t_2 \leq t$

Wie **Bild 7.7** zeigt, addieren sich die Ausgangsspannung des ersten Inverters $U_{A \text{ INV 1}}$ und die Spannung $\Delta U_C = 3,56$ V des Kondensators zum Zeitpunkt $t = t_2$:

Daher kann man für diesen Zeitpunkt für die Knotenspannung U_K schreiben:

$$U_K(t = 120 \text{ ns}) = U_{A \text{ INV 1}} + U_C = 5 \text{ V} + 3,56 \text{ V} = 8,56 \text{ V}$$

Der Kondensator entlädt sich nun im Folgenden mit der Zeitkonstante $\tau = RC$, bis $U_C = 0$ oder $U_K = 5$ V gilt. Das monostabile Flip-Flop darf nun wieder getriggert werden, und es herrschen die Bedingungen wie am Anfang.

Das **Bild 7.8** zeigt zusammenfassend den gesamten Verlauf der Ausgangsspannung U_A und der Knotenspannung U_K für den geforderten Zeitbereich.

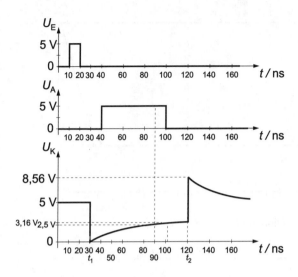

Bild 7.8 Spannungsverläufe am monostabilen Flip-Flop

7.3 Übungsaufgaben zu digitalen Schaltungen

7.3.1 Füllstandsmessung

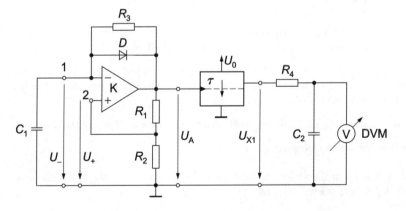

Bild 7.9 Oszillator zur Füllstandsmessschaltung

Ein Füllstandsmessgerät mit einem kapazitiven Geber ist nach der in **Bild 7.9** angeführten Schaltung aufgebaut. Zur Zeit $t = 0 = t_0$ sei $U_- = 0$ V und $U_A = 5$ V. Die Diode D

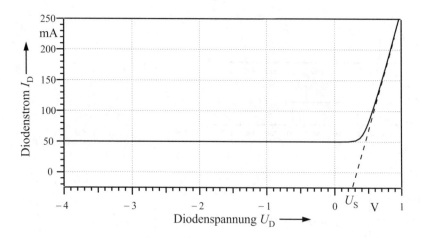

Bild 7.10 Diodenkennlinie der Diode D für die Füllstandsmessschaltung

werde durch die Kennlinie in **Bild 7.10** ($U_S = 0,25$ V) nachgebildet. Das DVM sei auf den Messbereichsendwert von 5 V Gleichspannung eingestellt. Es gilt $R_3 = 100$ kΩ. Das monostabile Flip-Flop schaltet bei Triggerung, zwischen den logischen Pegeln $U_0 = 5$ V und 0 V um. Für den Komparator gilt:

$$U_A(U_-) = \begin{cases} U_- < U_+, & U_A = U_0 \\ U_- > U_+, & U_A = 0,1 \cdot U_0 \end{cases} \tag{7.1}$$

a) Berechnen Sie die Kippschwellen des Komparators U_{K1}, U_{K2}, und zeichnen Sie anschließend die Hysteresekennlinie desselben als $U_A = f(U_-)$. Es gilt $R_1 = R_2$.

b) Berechnen und skizzieren Sie den Verlauf der Spannungen $u_-(t)$ und $u_A(t)$ für mindestens vier Perioden. Bestimmen Sie die Werte der Zeitkonstanten τ_1 und τ_2 für den Auf- und Entladevorgang mit $C_1 = 1$ nF.

c) Erklären Sie qualitativ die Funktion von R_4 und C_4 und welchen Wert das DVM anzeigt.

d) Berechnen Sie die Periodendauer T von $u_A(t)$.

Für die weiteren Aufgabenteile gilt die Vereinfachung: $R_D << R_3$. Der Funktionsblock mit R_4 und C_4 arbeitet nun ideal.

e) Der Kondensator C_1 ändert sich mit dem Füllstand zwischen den Werten $C_1 = 0,2$ nF und $C_1 = 1$ nF. Wie groß muss die Eigenverweilzeit τ des monostabilen Flip-Flops sein, damit bei Erreichen einer der Füllstandsgrenzen der Messbereichsendwert des DVM erreicht wird?

f) Wie groß ist die Anzeige des DVM bei voll gefülltem Behälter (obere Füllstandgrenze)?

7.3.2 Digitale Phasen- und Impedanzmessung

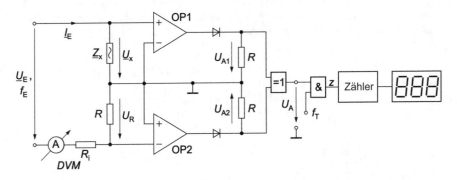

Bild 7.11 Schaltung zur Bestimmung einer unbekannten Impedanz $\underline{Z}_x$

Gegeben sei die Schaltung in **Bild 7.11**. Die Operationsverstärker sowie die Dioden seien ideal.
Weiterhin gilt:

Das DVM sei im Wechselstrommessbereich auf 10 A eingestellt: $R_i = 0,5\ \Omega$;
$U_E = \hat{u}_E \sin \omega t$, $\quad \hat{u}_E = 5\ \text{V} \cdot \sqrt{2}$; $\quad \omega = 2\pi f_E = 2\pi 50\ \text{Hz}$
Messshunt: $R = 0,5\ \Omega$
Ausgangsspannung der Gatter:

$$U_A = \begin{cases} U_A = \text{High (1)} & U_A = 5\ \text{V} \\ U_A = \text{Low (0)} & U_A = 0\ \text{V} \end{cases}$$

a) Skizzieren Sie für mindestens drei Perioden (qualitativ, phasenrichtig) den zeitlichen Verlauf von $\underline{U}_x$, U_R, U_{A1}, U_{A2} und U_A für $\underline{Z}_x = \text{j}\ \Omega$.

b) Bestimmen Sie die Taktfrequenz f_T in kHz so, dass eine Phasenverschiebung von $0° < \varphi < 180°$ mit einer Auflösung von $0,1°$ gemessen werden kann.

c) $\underline{Z}_x$ sei nun eine unbekannte Impedanz mit induktiven Anteil. Es ergeben sich folgende Anzeigen:

DVM: $I_{\text{ANZ}} = 1\ \text{A}$ $\quad$ Zähler: $z_x = 450$

Bestimmen Sie die unbekannte Impedanz $\underline{Z}_x = R_x + \text{j}X_x$.

7.3.3 Digitale Periodendauermessung

Die Messschaltung in **Bild 7.12** wird mit einer sinusförmigen Wechselspannung U_E beaufschlagt. Betrachten Sie die Vorgänge ab dem Zeitpunkt $t = 0$. Für diesen Zeitpunkt sind alle Zähler und das JK-Flip-Flop zurückgesetzt.

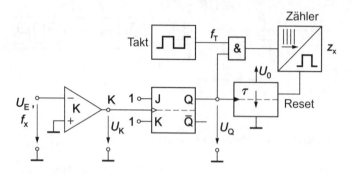

Bild 7.12 Digitale Messschaltung

Weiterhin gilt:

Eigenverweilzeit des monostabilen Flip-Flops: $\tau \ll T_x$
Taktfrequenz $f_T > f_x$ mit $1/f_T > T_x$
$U_E = \hat{u}_E \sin \omega t \quad \omega = 2\pi f_x$
Die Ausgangspegel der Logikbausteine betragen: $U_A = U_0 = 5$ V und $U_A = 0$ V
Der Komparator arbeitet unipolar:

$$U_A = \begin{cases} U_E < 0 & U_A = U_0 = 5 \text{ V} \\ U_E \geq 0 \text{ V} & U_A = 0 \end{cases}$$

a) Skizzieren Sie in einem Liniendiagramm ab dem Zeitpunkt $t > 0$ für mindestens drei Perioden der Wechselspannung U_E den zeitlichen Verlauf der Signale U_E, U_K, U_Q und z_x.

b) Wofür kann der Zählerstand z_x als Maß dienen? Bestimmen Sie z_x als Funktion dieser dazu proportionalen Größe.

c) Die Taktfrequenz f_T ist durch Verwendung eines nicht temperaturstabilisierten Quarzes im Taktoszillator mit einem relativen Fehler vom $\Delta f_T / f_T = 0,1$ % behaftet. Wie groß muss f_T in Abhängigkeit von der Messgröße mindestens sein, damit der relative Quantisierungsfehler kleiner 1 % wird?

7.3.4 Digitale Frequenzmessung

Es sei die in **Bild 7.13** angeführte Schaltung zu analysieren. Die Schaltschwelle der beiden Eingänge des idealen Gatters liegen bei $V_+/2$. Die Ausgangsspannung U_A kann nur einen der beiden Zustände V_+ und 0 V annehmen. Die Eingangsspannung U_E sei eine unipolare Rechteckspannung nach **Bild 7.14**. Gegeben sind die Werte R, C und V_+. Die Schaltung befindet sich im eingeschwungenen Zustand.

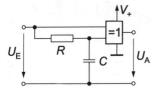

Bild 7.13 Messschaltung

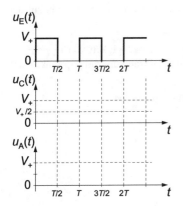

Bild 7.14 Eingangsspannung U_E der Messschaltung

a) Zeichnen Sie qualitativ den zeitlichen Verlauf der Spannung am Kondensator $u_C(t)$ in das vorgegebene Diagramm in Bild 7.14 ein.

b) Berechnen Sie den Scheitelwert $\hat{u}_C$ der Kondensatorspannung in Abhängigkeit von den gegebenen Größen.

c) Berechnen Sie die Zeitspanne t_1, zu der am Ausgang eine Spannung $U_A=V_+$ anliegt. Tragen Sie diese Zeit in das Diagramm ein.

d) Berechnen Sie den Mittelwert der Ausgangsspannung U_A und vereinfachen Sie den Ausdruck unter der Annahme, dass $RC \ll T$ gilt. Nennen Sie zwei Anwendungen für die Schaltung!

7.4 Datenwandler

7.4.1 Beispielaufgabe Scheitelwertmessung

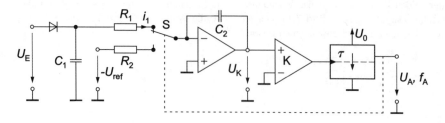

Bild 7.15 Einfacher Analog-Digital-Wandler

Gegeben ist die Messschaltung nach **Bild 7.15**, in welchem alle Baulemente ideal sind. Für die Dauer einer Messung ist die Eingangsspannung U_E konstant. Die Pulsdauer der monostabilen Kippstufe beträgt $\tau = 1$ ms. Nur für diese Zeitdauer wird der Schalter S auf den Widerstand R_2 umgeschaltet.

a) Wie groß ist die Frequenz f_A der Ausgangsspannung in Abhängigkeit von $\hat{u}_E$, U_{ref}, R_1 und R_2 im eingeschwungenen Zustand? Nach welchem A/D-Wandlungsprinzip funktioniert diese Schaltung demnach?

Hinweis: Die Entladung von C_1 über R_1 kann vernachlässigt werden.

b) Gegeben sind nun folgende Werte:

$U_{ref} = 1$ V, $\hat{u}_E = 200$ V , $R_1 = 10$ MΩ, $R_2 = 10$ kΩ, $C_2 = 10$ μF.
Für das monostabile Flip-Flop gilt:

$$U_A = \begin{cases} \text{nach Triggerung} & U_A = U_0 = 5 \text{ V} \\ \text{nach Verstreichen der Eigenverweilzeit } \tau & U_A = 0 \text{ V} \end{cases}$$

Berechnen und skizzieren Sie die Spannungsverläufe am Komparator U_K und die des Ausgangssignals U_A für zwei Perioden der Frequenz f_A. Wie groß ist f_A?

c) In welchem Bereich darf bei den gegebenen Werten der zu messende Scheitelwert $\hat{u}_E$ liegen, wenn die Frequenz der Ausgangsspannung f_A nach Aufgabenteil a) zwischen 1 Hz und 100 Hz liegen soll?

d) Unter welchen Bedingungen wird die Frequenz f_A der Ausgangsspannung U_A nach Aufgabenteil a) näherungsweise direkt proportional zur Amplitude $\hat{u}_E$, und damit eine Direktanzeige von $\hat{u}_E$ durch einfache Pulszählung am Ausgangsignal möglich? Wie groß ist allgemein der durch diese Näherung gemachte systematische relative Fehler f bei der Scheitelwertmessung für die gegebenen Werte?

94

7.4.2 Lösung der Beispielaufgabe

a) Am Ausgang der Schaltung erscheint eine unbekannte Frequenz f_A:

$$f_A = \frac{1}{\tau + \Delta t} \tag{7.2}$$

Die Diode in Kombination mit dem Kondensator C_1 ist ein Einweggleichrichter zur Scheitelwertmessung. Auf C_1 wird der Scheitelwert der am Eingang anliegenden Spannung U_E gespeichert. Der Komparator triggert bei einer Eingangsspannung von $U_K = 0$ V die monostabile Kippstufe (Triggerung erfolgt auf die fallende Flanke des Komparators), welche dann den Schalter auf den Widerstand R_2 schaltet. Für die Zeit $t = \tau = 1$ ms findet eine Integration über die Referenzspannung statt, und es gilt für die Spannung U_K am Eingang des Komparators:

$$U_K = -\frac{1}{R_2 C_2} \int\limits_0^\tau -U_{\text{ref}} \, dt = U_{\text{ref}} \frac{\tau}{R_2 C_2} \tag{7.3}$$

Nach Ablauf der der Eigenverweilzeit fällt die monostabile Kippstufe wieder ab, und der Schalter geht in die in Bild 7.15 eingezeichnete Stellung. Es erfolgt eine integration über den auf dem Kondensator C_1 gespeicherten Scheitelwert $\hat{u}$, bis die Spannung am Eingang des Komparators wieder zu null wird:

$$U_K = 0 \text{ V} = U_{\text{ref}} \frac{\tau}{R_2 C_2} + \left(-\frac{1}{R_1 C_2} \int\limits_0^{\Delta t} U_E \, dt \right) \tag{7.4}$$

nach Integration von Gl. (7.4) ergibt sich:

$$0 \text{ V} = U_{\text{ref}} \frac{\tau}{R_2 C_2} - \hat{u}_E \frac{\Delta t}{R_1 C_2} \tag{7.5}$$

damit folgt mit Gl. (7.2) für die Ausgangsfrequenz f_A:

$$f_A = \frac{1}{\tau \left(1 + \frac{R_1 U_{\text{ref}}}{R_2 \hat{u}_E} \right)} \tag{7.6}$$

Dieser Vorgang wiederholt sich anschließend periodisch. Die Schaltung dient als Spannungs-Frequenz-Wandler zur Scheitelwertmessung.

b) Nach Triggern des monostabilen Flip-Flops ergibt sich nach Gl. (7.3) die Spannung am Komparator zu:

$$U_K(t = \tau = 1 \text{ ms}) = \hat{U}_K = U_{\text{ref}} \frac{\tau}{R_2 C_2} = 1 \text{ V} \cdot \frac{1 \text{ ms}}{0,1 \text{ s}} = \mathbf{10 \, mV}$$

Die anschließende Integration über die Eingangsspannung dauert nach Gl. (7.5):

$$\Delta t = R_1 C_2 \frac{\hat{U}_K}{\hat{u}_E} = 10 \text{ M}\Omega \cdot 10 \text{ µF} \cdot \frac{10 \text{ mV}}{200 \text{ V}} = 5 \text{ ms}$$

Die Frequenz f_A der Ausgangsspannung U_A beträgt damit nach Gl. (7.2):

$$f_A = \frac{1}{1 \text{ ms} + 5 \text{ ms}} = 166,67 \text{ Hz}$$

Bild 7.16 zeigt die im Aufgabenteil a) bereits qualtitativ erläuterten Spannungsverläufe.

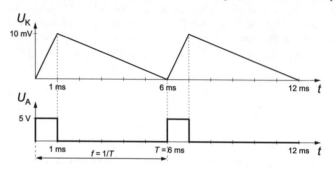

Bild 7.16 Spannungsverlauf U_K am Eingang des Komparators und U_A am Ausgang der Scheitelwert-Messschaltung

c) Mit Hilfe der Gl. (7.6) ergeben sich folgende Scheitelwerte für die gegebenen Frequenzen:

$$\hat{u}_E = U_{ref} \frac{R_1}{R_2} \cdot \frac{1}{\frac{1}{\tau \cdot f_A} - 1} \qquad \longrightarrow \qquad \hat{u}_E \Big|_{f_A = 1 \text{ Hz}} = 1,001 \text{ V}$$

$$\hat{u}_E \Big|_{f_A = 100 \text{ Hz}} = 111,11 \text{ V}$$

d) Gl. (7.6) vereinfacht sich unter folgender Bedingung zu:

$$\frac{R_1 U_{ref}}{R_2 \hat{u}_E} \gg 1 \qquad \longrightarrow \qquad f_A \approx \frac{R_2 \cdot \hat{u}_E}{R_1 \cdot U_{ref} \cdot \tau}$$

Es erfolgt nun die Fehlerbetrachtung:

$$f = \frac{F}{W} \cdot 100\ \% = \left(\frac{A}{W} - 1 \right) \cdot 100\ \%$$

$$= \left(\frac{\tau R_2 \hat{u}_E \left(1 + \frac{R_1 U_{ref}}{R_2 \hat{u}_E} \right)}{\tau R_1 U_{ref}} - 1 \right) \cdot 100\ \% = \left(\frac{R_2 \hat{u}_E + R_1 U_{ref}}{R_1 U_{ref}} - 1 \right) \cdot 100\ \%$$

$$f = \frac{R_2 \hat{u}_E}{R_1 U_{ref}} \cdot 100\ \% = 0,1 \cdot \frac{\hat{u}_E}{\text{V}}\ \%$$

96

7.5 Übungsaufgaben zu Datenwandlern

7.5.1 Dual-Slope-Wandler mit Störspannung

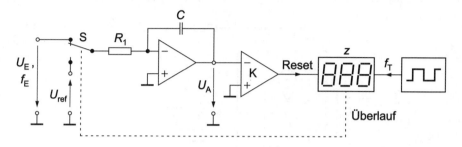

Bild 7.17 Messschaltung eines Dual-Slope-Wandlers

Gegeben ist ein Dual-Slope-Wandler mit einem dreistelligen Dezimalzähler nach **Bild 7.17**. Alle Bauelemente sind als ideal zu betrachten. Es gilt:

Referenzspannung: $U_{ref} = 10$ V
Taktfrequenz: $f_T = 100$ kHz
Eingangswiderstand: $R_1 = 1$ MΩ

a) Wie groß ist die Zeit T_0, innerhalb der über die Eingangsspannung U_E integriert wird?

b) Bestimmen Sie C so, dass für $U_E = 10$ V die maximale, an C anliegende Spannung $\hat{u}_{Cmax} = 5$ V beträgt.

c) Am Eingang des Wandlers liege eine von einer Störspannung U_{St} überlagerte Gleichspannung U_E der Form:

$$u_E(t) = U_{E0} + \hat{u}_{St} \sin\left(\omega_{St}t + \varphi\right) = 10\ \text{V} + 5\ \text{V}\sin\left(\omega_{St}t + \varphi\right)$$
Frequenz: $f_{St} = 50$ Hz

Die Integration der Eingangsspannung durch den Dual-Slope-Wandler beginnt zur Zeit $t = 0$. Bei welchem Phasenwinkel φ_{max} ist der durch die Störspannung U_{St} verursachte Fehler F maximal, bei welchem Phasenwinkel φ_0 ist der Fehler F gleich null?

d) Wie groß muss die Frequenz f_T gewählt werden, damit unabhängig von der zeitlichen Beziehung zwischen Störspannung U_{St} und Beginn der Integration der Einfluss der Störspannung immer kompensiert wird?

97

7.5.2 Spannungs-Frequenz-Wandler

Der Operationsverstärker in **Bild 7.18** sei zunächst ideal. Das monostabile Flip-Flop wird bei der Spannung $V_+/2$ getriggert. Der Kondensator sei zu Beginn der Messung entladen. Am Eingang liegt die Gleichspannung U_E an. Gegeben seien R_1, R_2, C, τ und V_+.

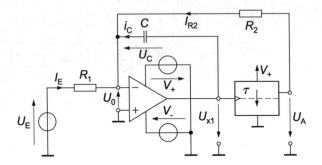

Bild 7.18 Spannungs-Frequenz-Wandler

a) Skizzieren Sie für eine konstante Eingangsspannung $U_E > 0$ und $V_+/R_2 > I_E$ den Verlauf der Spannung U_{x1} zusammen mit dem entsprechenden Verlauf der Ausgangsspannung U_A.

b) Berechnen Sie für positive Eingangsspannungen $U_E > 0$ die Abhängigkeit der Frequenz f der Ausgangsspannung von der Eingangsspannung U_E, und geben Sie die maximal mögliche Frequenz f_{max} der Ausgangsspannung an.

c) Berechnen Sie den kleinsten Wert C_{min} der Kapazität C, so dass bei Kippbetrieb der Schaltung ($0 < f < f_{max}$) die Spannung U_{x1} den Wert 0 V nicht unterschreitet.

7.5.3 Kapazitätsmessung mit dem Spannung-Zeit-Wandler

Gegeben ist ein digitales Kapazitätsmessgerät nach **Bild 7.19**. Der Rechteckgenerator RG erzeugt ein Signal, das über den Operationsverstärkers OP1 mit der unbekannten Kapazität C_x, zwei Komparatoren und ein als Torzeitglied geschaltetes UND-Gatter zum vierstelligen Dezimalzähler (Bereichsendwert 9999) gelangt.
Für die Komparatoren gilt:

$$U_{K1} = \begin{cases} U_1 \leq 5 \text{ V} & U_{K1} = U_0 = 5 \text{ V} \\ \text{sonst} & U_A = 0 \end{cases}$$

$$U_{K2} = \begin{cases} U_1 > 0 \text{ V} & U_{K2} = U_0 = 5 \text{ V} \\ \text{sonst} & U_A = 0 \end{cases}$$

a) Wie groß muss die Zeitkonstante $\tau = R_1 C_x$ sein, damit $|U_1|_{max} = 10$ V wird?

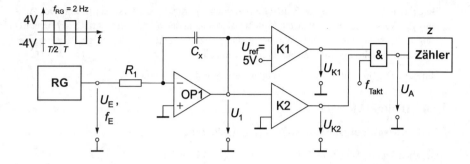

Bild 7.19 Schaltbild zur Kapazitätsmessung

b) Skizzieren Sie für diesen Fall U_E, U_1, U_{K1}, U_{K2} und U_A als Funktion der Zeit mit Angabe charakteristischer Werte.

c) Wie groß muss die Taktfrequenz f_{Takt} sein, wenn für die in Aufgabenteil a) gegebenen Werte in einer Periode von f_E 5000 Impulse gezählt werden sollen?

d) Geben Sie die Anzeige (Zählerstand z) in Abhängigkeit der im Schaltbild Bild 7.19 gegebenen Größen an.

e) Wie groß ist R_1 zu wählen, damit C_x direkt in pF angezeigt wird?

7.5.4 D/A-Wandler

a) Was versteht man bei einem D/A-Wandler unter einem R-$2R$-Widerstandsnetzwerk? Skizzieren Sie die vollständige Schaltung eines 4-bit-Wandlers mit R-$2R$-Widerstandsnetzwerk. Erläutern Sie kurz die Funktion der Schaltung.

b) Leiten Sie eine Berechnung von U_{LSB} her, die auf der internen Referenzspannung U_{ref} eines Digital-Analog-Wandlers mit R-$2R$-Widerstandsnetzwerk basiert. Berechnen Sie die maximale Ausgangsspannung $U_{A\,max}$ für einen 4-bit-Digital-Analog-Wandler und allgemein für einen n-bit-Digital-Analogwander mit R-$2R$-Widerstandsnetzwerk. Die Definition bei der Berechnung von U_{LSB} (der äquivalenten Spannung des LSB) erfolgt über U_{FS} (Full Scale: alle Bits sind gesetzt).

c) Für die Umsetzung des Digitalwerts in eine (Analog)-Spannung benötigen Sie einen Verstärker auf Operationsverstärker-Basis als Spannungsverstärker. Wählen Sie zwischen einem invertierenden und einem nichtinvertierenden Verstärker, und begründen Sie Ihre Wahl.

d) Skizzieren Sie einen invertierenden Spannungsverstärker (mit Operationsverstärker), für den gilt: Der invertierende Eingang weist jetzt eine parasitäre Kapazität C_1 gegen Masse auf, der nicht-invertierende Eingang ist unmittelbar mit Masse verbunden. Die Verstärkung V des Operationsverstärkers ist sehr groß, aber endlich.

99

Berechnen Sie allgemein die 3-dB-Grenzfrequenz f_c dieser Verstärkerschaltung. Der Ausgang des Verstärkers ist unbelastet. Welcher Widerstand des Verstärkers ist für den Frequenzgang maßgebend und warum? Wie wirkt sich prinzipiell eine ausgangseitige Belastung des Operationsverstärkers auf die Bandbreite desselben aus?

Hinweis: Die Spannung am Verstärkereingang ist eingeschwungen.

7.6 Digitale Messgeräte

7.6.1 Beispielaufgabe Abtast- und Haltegschaltung

Gegeben sei ein Abtast- und Halteschaltung gemäß **Bild 7.20**.

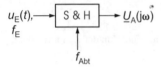

Bild 7.20 Ersatzschaltbild einer Abtast- und Halteschaltung (Sample & Hold-Schaltung)

a) Berechnen Sie den Frequenzgang der Abtast- und Halteschaltung allgemein, und zeichnen Sie qualitativ den zugehörigen normierten Amplitudengang mit charakteristischen Werten.

Zum Abtastzeitpunkt gilt: $u_E(t) = U_0$.

b) Wie groß darf die Frequenz f_E des Eingangssignals $u_E(t)$ maximal sein? Wie groß ist die Dämpfung für diese Frequenz?

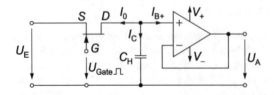

Bild 7.21 Schaltung einer Abtast- und Halteschaltung

c) Die Abtast- und Haltestufe wird nun durch die in **Bild 7.21** verwendete Schaltung realisiert. Dimensionieren Sie C_H so, dass der maximale Fehler der Ausgangsspannung u_A in Folge des Haltestosses kleiner als 0,1 % wird. Vernachlässigen Sie hierzu das Übersprechen der Eingangspannung u_E.

Die Eingangsspannung beträgt:

$$u_E(t) = \hat{u}_E \sin \omega t = 5 \text{ V} \sin \omega t;$$

Der Feldeffekttransistor (FET) besitzt folgende Eigenschaften:
$R_{\text{on}} = 50\,\Omega$, $C_{\text{GD}} = 0{,}5\,\text{pF}$, $C_{\text{DS}} = 0{,}1\,\text{pF}$, Leckstrom: $I_0 = 50\,\text{pA}$

Versorgungsspannung des Operationsverstärkers („rail to rail"):
$V_+ = V_- = 5\,\text{V}$

$$U_{\text{Gate}} = \begin{cases} \text{Ein} & U_{\text{Gate}} = 10\,\text{V} \\ \text{Aus} & U_{\text{Gate}} = -7{,}5\,\text{V} \end{cases}$$

d) Berechnen Sie die Kleinsignalbandbreite der Anordnung.

e) Geben Sie den Fehler der Ausgangsspannung u_A an, der durch das Übersprechen der Eingangsspannung u_E im Halte-Modus auftritt.

f) Wie groß wird die Signaldrift der Ausgangsspannung u_A wenn der Verstärker einen Eingangsruhestrom von $I_{B+} = 50\,\text{pA}$ aufweist und ansonsten ideal ist?

7.6.2 Lösung der Beispielaufgabe

a) Da es sich hier um ein nicht periodisches Zeitsignal handelt, ergibt sich der Frequenzgang aus dem Ansatz mit dem Fourier-Integral. Nur zu den Abtastzeitpunkten ergibt sich für das Fourier-Integral ein Wert:

$$\underline{U}_A(j\omega) = \int_{-\infty}^{\infty} u_E(t)\, e^{-j\omega t}\, dt = \int_{0}^{T_{\text{Abt}}} u_E(t)\, e^{-j\omega t}\, dt = -\frac{U_0}{j\omega} \left[e^{-j\omega t} \right]_0^{T_{\text{Abt}}}$$

$$= \frac{2U_0}{\omega} \cdot \frac{1 - e^{-j\omega T_{\text{Abt}}}}{2j}$$

$$= \frac{2U_0 e^{-j\pi f T_{\text{Abt}}}}{\omega} \cdot \frac{e^{j\pi f T_{\text{Abt}}} - e^{-j\pi f T_{\text{Abt}}}}{2j}$$

$$\underline{U}_A(j\omega) = \frac{2U_0 e^{-j\pi f T_{\text{Abt}}}}{\omega} \cdot \sin\left(\pi f T_{\text{Abt}}\right) = \underbrace{U_0 T_{\text{Abt}}}_{U_A(f=0)} \underbrace{e^{-j\pi f T_{\text{Abt}}}}_{\text{Phase}} \cdot \underbrace{\frac{\sin\left(\pi f T_{\text{Abt}}\right)}{\pi f T_{\text{Abt}}}}_{\text{Spaltfunktion}} \qquad (7.7)$$

Nach Gl. (7.7) kann man nun den auf den Gleichanteil $U_0 T_{\text{Abt}}$ normierten Amplitudengang wie folgt schreiben:

$$|\underline{A}(jf)| = \left| \frac{u_A(f)}{u_A(f=0)} \right| = \left| \frac{\sin\left(\pi \frac{f}{f_{\text{Abt}}}\right)}{\pi \frac{f}{f_{\text{Abt}}}} \right|$$

Der Verlauf des Amplitudengangs wird in **Bild 7.22** dargestellt.

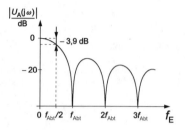

Bild 7.22 Verlauf des Amplitudengangs der Abtast-Halteschaltung

b) Nach dem Abtasttheorem von Nyquist , darf die abzutastende Eingangsspannungsfrequenz f_E höchstens die Hälfte der Abtastfrequenz f_{Abt} betragen:

$$f_E \leq \frac{f_{Abt}}{2} \quad \longrightarrow \quad |\underline{A}(jf_E = f_{Abt})| = \left| \frac{\sin\left(\frac{\pi}{2}\right)}{\frac{\pi}{2}} \right| = 0,64 \, \hat{=} \, -3,9 \text{ dB}$$

c) Der Operationsverstärker hat auf Grund seiner „rail to rail" Eigenschaften (Ausgangs-spannungshub bis zu Werten der Versorgungsspannung!) einen Gesamtausgangsspannungs-hub (Spitze-Spitze) von $u_A = 10$ V. Damit sich die Ausgangsspannung durch den Haltestoß weniger als 0,1 % ändert, muss gelten:

$$\Delta u_{A_{max}} \leq 10 \text{ V} \cdot 0,1 \% = 10 \text{ mV}$$

Um C_H zu dimensionieren, muss man zunächst das gültige Ersatzschaltbild (**Bild 7.23**) der Abtast- und Halteschaltung betrachten. Das Übersprechen der Eingangsspannung u_E wird vernächlässigt, indem ein idealer Schalter (ohne C_{DS}) verwendet wird.

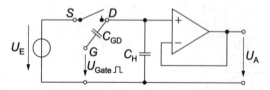

Bild 7.23 Ersatzschaltbild der Abtast- und Halteschaltung im Abtast-Modus

Aus dem kapazitiven Spannungsteiler ergibt sich für die Änderung der Ausgangsspannung Δu_A durch den Einschaltvorgang Δu_{Gate} des Feldeffekttransistors:

$$\Delta u_A = \Delta u_{Gate} \frac{C_{GD}}{C_{GD} + C_H} \quad \text{mit } \Delta u_{Gate} = 17,5 \text{ V}, \ \Delta u_A = \Delta u_{A_{max}}$$

$$C_H = C_{GD} \left(\frac{\Delta u_{Gate}}{\Delta u_A} - 1 \right) = 0,5 \text{ pF} \left(\frac{17,5 \text{ V}}{10 \text{ mV}} - 1 \right) = 0,875 \text{ nF}$$

d) Die Schaltung befindet sich im Abtast-Modus, d. h., der FET-Schalter ist geschlossen. Es handelt sich nun um einen Tiefpass erster Ordnung. Da die tiefste zu messende Frequenz bei $f_u = 0$ liegt, gilt für die Bandbreite $B = f_o - f_u \overset{!}{=} f_c$. Die 3-dB-Grenzfrequenz f_c ergibt sich somit zu:

$$f_c = \frac{1}{2\pi R_{on} C_H} = 3,64\,\text{MHz}$$

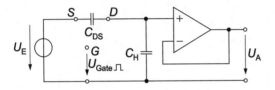

Bild 7.24 Ersatzschaltbild der Abtast- und Halteschaltung im Halte-Modus

e) Da hier wieder ein rein kapazitiver Teiler vorliegt, wird jede Eingangsspannungsänderung Δu_E direkt an den Ausgang weitergegeben:

$$\Delta u_A = \Delta u_E \frac{C_{DS}}{C_{DS} + C_H} = \quad \text{mit} \quad \Delta u_{E\,max} = 10\,\text{V}$$

$$= 10\,\text{V} \frac{0,1\,\text{pF}}{0,1\,\text{pF} + 0,875\,\text{nF}}$$

$$\Delta u_A = 1,14\,\text{mV} \overset{\wedge}{=} 0,011\,\%$$

f) Im Halte-Modus nach **Bild 7.24** wird der Kondensator durch den Eingangsstrom des Operationsverstärkers I_{B+} und dem Leckstrom des Feldeffekttransistors I_0 auf- bzw. entladen. Im ungünstigsten Fall addieren sich beide Ströme. Somit ergibt sich die Signaldrift der Ausgangsspannung zu:

$$\frac{du_A}{dt} = \frac{du_C}{dt} = -\frac{I_C}{C_H} = -\frac{I_{B+} + I_0}{C_H} = -0,114\,\frac{\text{V}}{\text{s}}$$

7.7 Übungsaufgaben zu digitalen Messgeräten

7.7.1 Abtast- und Halteschaltung mit dynamischem Fehler

Im Folgenden soll eine Abtast-und Haltestufe näher untersucht werden.

103

a) Zeichnen Sie eine Prinzipskizze einer Abtast- und Halteschaltung mit guten dynamischen Eigenschaften.

b) Am Eingang der Abtast- und Haltestufe wird der in **Bild 7.25** abgebildete Spannungsverlauf angelegt. Benennen Sie die in der Abbildung angegebenen Größen, und geben Sie jeweils eine kurze Erklärung an.

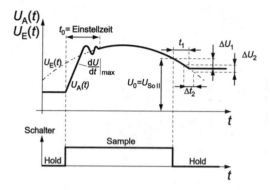

Bild 7.25 Diagramm der Eingangsspannung und der Schalterstellung einer Abtast- und Haltestufe im dynamischen Betrieb

c) Nennen Sie den Grund für den Einsatz von Abtast- und Halteschaltungen.

d) Die abzutastende Spannung entspricht der Funktion $u_E(t) = \hat{u}_E \sin \omega t$. Berechnen Sie die maximale Frequenz f_{max}, die am Eingang der Schaltung anliegen darf, damit der dynamische Fehler kleiner als $\pm 1/2$ LSB ist.

Hinweis: Verwenden Sie für den Aufgabenteil d) die Annahme, dass die Aperturunsicherheit gleichmäßig innerhalb ihrer Zeitgrenzen ($\pm \Delta t_2/2$) verteilt ist!

7.7.2 Digitales-Speicher-Oszilloskop 1

Gegeben sei ein Digitales-Speicher-Oszilloskop (DSO) mit einer Abtastfrequenz von 1 Gs/s.

a) Der Messfehler bei der Bestimmung der Signalamplitude soll maximal 0,5 % betragen. Wie groß muss man die vertikale Auflösung in bit wählen?

b) Dem DSO wird ein Tiefpassfilter erster Ordnung vorgeschaltet. Weshalb? Welche Grenzfrequenz f_c darf das Filter haben, um bei der Nyquistfrequenz eine Amplitudendämpfung von mindestens 4 U_{LSB}, bezogen auf FS, zu erreichen? Wie groß ist damit die Anstiegszeit T_{a1} vor der Abtast- und Halteschaltung im DSO? Ist die Schaltung so in Ordnung? Was muss sich ändern? Verwenden Sie dazu die in Aufgabenteil a) berechneten bit.

c) Es soll nun ein Anti-Aliasing-Filter vewendet werden, welches eine Eigenanstiegszeit von $T_{al} = 0,7$ ns aufweist. Auf Grund der Abtastung ergibt sich jedoch eine zusätzliche Anstiegszeit im DSO. Wodurch wird sie verursacht (Skizze), und wie groß ist sie im ungünstigsten Fall?

d) Wie groß ist unter Berücksichtigung von Aufgabenteil c) die Gesamtanstiegszeit des DSO (Das DSO verhält sich annähernd wie ein Tiefpass erster Ordnung)? Wie groß ist die äquivalente Analogbandbreite?

e) Ein Impuls mit einer Anstiegszeit von $T_a = 100$ ns und einer Impulsbreite $T_b = 20$ µs soll vollständig auf dem Bildschirm des DSO dargestellt werden. Folgende Werte bzw. Einstellungen sind bekannt:

Speichertiefe: 2000 Werte
Pretrigger: 20 %
Bildschirmbreite: 20 Skt.
Zeitablenkempfindlichkeit in 1; 2, 5; 5 µs / Skt. unterteilt.

Zeichnen Sie das Schirmbild, und bestimmen Sie die kleinste sinnvolle Zeitablenkung in µs / Skt. sowie die zugehörige Abtastfrequenz in Mega-Sample/s.

7.7.3 Digitales Speicher-Oszilloskop 2

Ein DSO besitzt eine vertikale Auflösung von 8-bit und einen Horizontal-Speicher von 8 kByte.

a) Welche Mindestdauer $T_{stör}$ muss ein impulsförmiges Störsignal haben, damit es noch sicher erkannt wird, falls die Zeitbasiseinstellung auf 2 ms/Skt. bei 10 Skt. Bildschirmbreite eingestellt ist?

b) Wie groß ist die Auflösung des DSO im Eingangsspannungsbereich $0 \leq U_e \leq 2,5$ V am Eingang des A/D-Wandlers?

c) Die Zeitbasis sei nun auf 1 ms/Skt. eingestellt. Wie groß darf im Idealfall die höchste Eingangssignalfrequenz f_E sein, damit der gesamte Speicherinhalt dargestellt wird und keine Unterabtastung stattfindet?

d) Die Frequenz eines sinusförmigen Eingangssignals beträgt $f_E = 1,025$ MHz und wird mit der gleichen Frequenz wie in Aufgabenteil c) mit Dirac-Impulsen abgetastet. Konstruieren Sie das Ausgangssignal f_A, welches auf dem Schirm des DSO zu sehen ist, für mindestens sechs Perioden des Eingangssignals. Welche Frequenz hat das dargestellte Signal? Wie heißt der aufgetretene Effekt? Erklären Sie ihn kurz an Hand einer Skizze im Frequenzband? Wie kann man ihn verhindern?

7.7.4 Diskrete-Fourier-Transformation

a) Ein DSO ist ein abtastendes Messsystem. Die in **Bild 7.26** dargestellte Zeitfunktion $f(t)$ ist mit einem DSO aufgenommen worden. Die Amplituden f_n sind die zu den Zeitpunkten nT mit $-\infty \leq n \leq \infty$ abgetasteten Spannungswerte. Bestimmen Sie die Diskrete-Fourier-Transformierte $\underline{F}(j\omega)$ des Zeitsignals $f(t)$.

Hinweis: $\underline{F}(j\omega) = \sum\limits_{n=-\infty}^{n=\infty} f_n e^{-j\omega n T_{Abt}}$ $\hspace{2cm}$ (7.8)

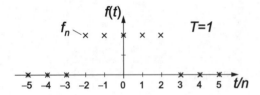

Bild 7.26 Zeitfunktion $f(t)$ am Eingang eines DSO

b) Im Folgenden wurde das diskrete Spektrum in **Bild 7.27** von einem DSO erzeugt. Dieses soll nun in die ursprüngliche Zeitfunktion $f(t)$ zurückgewandelt werden. Dazu benötigt man die Diskrete-Fourier-Transformation. Das Spektrum $\underline{F}(j\omega)$ setzt sich aus drei Spektallinien mit den Amplituden F_m zusammen. Die Transformation in den Zeitbereich erfolgte mit $n = 5$ Abtastwerten. Berechnen Sie unter Beachtung des Hinweises das durch Rücktransformation zu gewinnende Zeitsignal $f(t)$.

Hinweis: $f(t) = \dfrac{1}{n} \sum\limits_{|m| \leq \frac{n}{2}} F_m\, e^{j2\pi m t/(n T_{Abt})}$ $\hspace{2cm}$ (7.9)

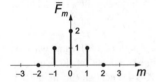

Bild 7.27 Mit dem DSO gemessene Spektralfunktion mit $m = 5$ Werten

7.7.5 Kippschaltung

Es wird die in **Bild 7.28** abgebildete Schaltung betrachtet. Alle Bauelemente, einschließlich der Gleichspannungsquelle U_0, sind ideal! Die Breite des Ausgangspulses der monostabilen Kippstufe ist τ. Weiterhin ist die Hysteresekennlinie des Komparators bekannt (**Bild 7.29**). Liegt eine Spannung an der Spule des Relais an, wird der Schalter S geschlossen. Zum Zeitpunkt $t < 0$ hält das Relais den Schalter S geschlossen, bei $t = 0$ fällt das Relais ab, und der Schalter S wird geöffnet.

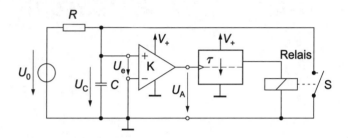

Bild 7.28 Kippschaltung

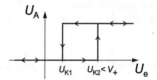

Bild 7.29 Hysteresekennlinie des Komparators (Schmitt-Trigger)

a) Skizzieren Sie den zeitlichen Verlauf der Spannung U_C am Kondensator.

b) Berechnen Sie die Periodendauer T des Spannungsverlaufs U_C am Kondensator aus den Größen R, C, U_{K1}, U_{K2} und U_0.

c) Wie ändert sich die Frequenz der Kondensatorspannung mit der Hysterese des Schmitt-Triggers?

d) Erweitern Sie die Schaltung so, dass eine rechteckförmige Pulsfolge mit einem Puls-Pausen-Verhältnis von 50 % für jeden beliebigen Wert von R, C entsteht. Neben der Schaltung aus Bild 7.28 steht zusätzlich noch ein D-Flip-Flop zur Verfügung.

e) Zeichnen Sie das Betragsspektrum der Spannung, die über der Relaispule abfälllt. Geben Sie die das Amplitudenspektrum charakterisierenden Werte an.

7.7.6 Fensterung

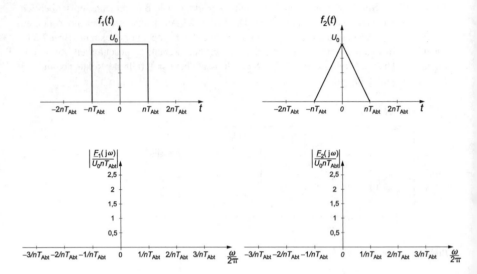

Bild 7.30 Fensterfunktion $f_1(t)$ und das dazugehörige Diagramm, um das Spektrum $\underline{F}_1(j\omega)$ einzuzeichnen

Bild 7.31 Fensterfunktion $f_2(t)$ und das dazugehörige Diagramm, um das Spektrum $\underline{F}_2(j\omega)$ einzuzeichnen

a) Erläutern Sie am Beispiel der Diskreten-Fourier-Transformation (DFT), was man unter einer Fensterfunktion versteht!

b) Was versteht man bei Abtastung eines periodischen Signals unter kohärenter Abtastung. Welches Problem tritt bei nicht kohärenter Abtastung auf.

c) Welche Möglichkeiten gibt es, den „Leckeffekt" abzuschwächen.

d) Im Folgenden sind die beiden zeitbegrenzten Fensterfunktionen $f_1(t)$ und $f_2(t)$ nach **Bild 7.30** und **Bild 7.31** gegeben. Berechnen Sie zunächst die Spektren der Fensterfunktionen $f_1(t)$ und $f_2(t)$.
Hinweis: Verwenden Sie die Symetrieeigenschaften der beiden Zeitsignale, und verwenden Sie die nachfolgend angegebenen mathematischen Hinweise und Vereinfachungen:

$$\underline{F}(j\omega) = \int\limits_{-\infty}^{+\infty} f(t)e^{-j\omega t}\, dt = \int\limits_{-\infty}^{+\infty} f(t)\cos\omega t\, dt$$

$$\int t\cos at\, dt = \frac{\cos at}{a^2} + \frac{t\sin at}{a}; \qquad 1-\cos\alpha = 2\sin^2\left(\frac{\alpha}{2}\right)$$

e) Zeichnen Sie die Beträge von $\underline{F}_1(j\omega)$ und $\underline{F}_2(j\omega)$ in Bild 7.30 und Bild 7.31 ein.

f) Begründen Sie mit den erarbeiteten Ergebnissen, welche Vor- und Nachteile die Bedämpfung des „Leckeffekts" mit sich bringt.

8 Kurzeinführung in das Simulieren mit *PSpice*

8.1 Was ist *PSpice*

Mit der zunehmendern Bedeutung des PC und mit der Forderung nach rationellem Arbeiten wurde auf dem Gebiet der Elektrotechnik in den letzten Jahren eine Vielzahl von Programmen erstellt, die dem Studenten oder dem Elektroingenieur bei der Lösung fachlicher Probleme gute Dienste leisten. In den meisten Anwendungsfällen soll ein Projekt geplant, Schaltungen oder Anlagenteile berechnet und anschließend möglichst schnell in die Praxis umgesetzt werden. Dies gilt sowohl für Problemstellungen in der Mikroelektronik, der Elektronik als auch der Energietechnik. Während es in der Schaltungstechnik auf hohe Flexibilität (schnelle Änderungen der Herstellungstechnologien, immer neue Halbleiterprodukte, hohe Stückzahlen, relativ geringe Stückpreise) und meist auf eine exakte mikrophysikalische Nachbildung der verwendeten Modelle ankommt, gilt es in der Energietechnik (meist geringe Stückzahlen, hoher Entwicklungsaufwand), die Modelle makrophysikalisch möglichst exakt nachzubilden (Nachbildung parasitärer Kapazitäten, Induktivitäten, lineare und nichtlineare Widerstände, Funkengesetze etc.). Mit einem Schaltungs-Simulationsprogramm wird dem Entwickler die Möglichkeit gegeben, den Aufwand für teure und zeitintensive Musteraufbauten zu reduzieren, da er die Funktion seiner Schaltung oder eines Anlagenteils auf dem Rechner analysieren kann. Dies entbindet ihn keineswegs davon, immer eine Plausibilitätsbetrachtung für sein Design zu machen, um die Richtigkeit der Simulationsergebnisse qualitativ nachzuvollziehen.

Anfang der siebziger Jahre wurde an der „University of California", Berkeley, das Simulationsprogramm *SPICE* (Simulation Program with Integrated Circuit Emphasis) entwickelt. Zunächst nur zum Entwurf integrierter Schaltkreise konzeptioniert, wurde es im Lauf der Jahre zu einem universellen Simulationsprogramm für die Analyse analoger und digitaler Schaltungen erweitert. Mitte der siebziger Jahre kam dann die Version *SPICE2* auf, welche in der Industrie große Verbreitung fand. *PSpice* basiert auf dem Algorithmus von *SPICE2* und ist die Programmversion für den Personal Computer, die im Laufe der Jahre immer komfortabler und leistungsfähiger wurde. Die Verbreitung grafischer Benutzeroberflächen wie Microsoft Windows, OS/2 und Linux machte als weitere Entwicklung in den neunziger Jahren die Anpassung an diese grafischen Bedienoberflächen notwendig. Inzwischen stellen verschiedene Unternehmen auf *SPICE2* basierende Simulatoren zur Verfügung. Das Programmpaket *PSpice DesignLab* wurde bis zur Version V 8.07 von der Firma *MicroSim* weiterentwickelt und wird in der aktuellen Version V 9.2 von der Firma *OrCad* vertrieben. *PSpice DesignLab* findet derzeit in Industrie und Forschung eine große Verbreitung und ist somit ein De-facto-Standard. Von *PSpice DesignLab* existiert eine leistungsfähige Demo-Version, die frei kopiert werden darf und somit für den Leser auf der beiliegenden CD, in mehreren Versionen kopiert wurde. Dabei ist die Version 6.3a für Windows 3.11, die Version 8.0 und 9.2 für Windows 95/Windows98/WindowsNT vorgesehen. Die im Rahmen des vorliegenden Buchs behandelten Übungsbeispiele sind alle mit der Demo-Version 8.0 erstellt. Die *PSpice* Vollversion unterscheidet sich von der Demo-Version nur durch wenige, nicht aktivierte Funktionen und vor allem in der Begrenzung der Schaltungsgröße für Simulationen, wie in dem folgenden Kapitel beschrieben. Es wurde absichtlich nicht die Version 9.1 bzw. Version 9.2 in diesem Buch beschreiben, da diese zum einen noch äußerst unkomfortabel zu bedienen ist, bzw. die letztere zum Zeitpunkt des Erscheinen dieses Buchs noch nicht verfügbar war. Die neuartige Bedienung aller Versionen 9.x steht in Zusammenhang mit der Übernahme der Firma *MicroSim* durch die Firma *OrCad*, die durch den Zusammenschluss verschiedener Programmpakete, eine im Vergleich zur *PSpice* Version 8.0, schwieriger zu bedienende Schaltplaneingabe für die Simulationsdateien geschaffen hat. Allerdings sind alle Dateien in Netzlistenform (*.cir*), die dem Leser im Rahmen dieses Buchs zur Verfügung gestellt wurden, ohne Weiteres unter den Versionen 9.x lauffähig. Zudem bietet die Firma *OrCad* eine Patch-Datei an, die den bisher gewohnten Schaltplaneditor auch unter den Versionen 9.x zur Verfügung stellt.

Ziel dieser Einführung soll es sein, dem Leser einen schnellen Überblick über die Simulation mit *PSpice DesignLab* zu verschaffen, so dass dieser im Anschluss selbst entworfene elektrische Schaltungen mit dem Schaltungs-Simulationsprogramm eigenständig simulieren kann. Die Autoren wollen darüber hinaus dem Leser in kurzer und verständlicher Weise die Möglichkeiten der Simulationssoftware näher bringen. Es wird dabei davon ausgegangen, dass der Leser bereits Grundkenntnisse im Umgang mit der grafischen Bedienoberfläche von Microsoft Windows besitzt.

8.2 Eine Übersicht über die Programme von *PSpice DesignLab*

Das Simulationspaket *PSpice DesignLab* besteht im wesentlichen aus drei grundlegenden Schaltungsmodulen (**Bild 8.1**). *Schematics* generiert eine Berechnungsgrundlage für das

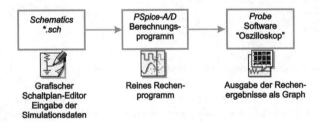

Bild 8.1 Die drei Basisprogrammpakete um, mit *PSpice* Simulationen durchzuführen

Schaltungs-Berechnungsprogramm *PSpice*. Nach einem erfolgreichen Simulationslauf mit dem Programm *PSpice* werden die Ergebnisse mit Hilfe des Programms *Probe* visualisiert. *PSpice DesignLab* ist darüber hinaus ein Programmpaket, mit dem der Anwender eine Schaltung von der Idee (Schaltungssimulation) bis hin zum fertigen Platinenlayout entwickeln kann. Im Rahmen dieses Übungsbuchs soll nur die Schaltungssimulation betrachtet werden, da es in diesem Buch um die Berechnung von Schaltungen der elektrischen Messtechnik geht.

Schematics:

ECAD- Eingabe: Schematics ist die *ECAD*- (Electronic Computer-Aided Design) gestützte grafische Eingabeoberfläche für die elektrischen Bauelemente (*Parts*), um einen Schaltplan

111

zu erstellen. Dieser Schaltplan soll anschließend simuliert werden. Die Bauteile werden den verschiedenen Bauteile-Bibliotheken (*Schematic Library*, siehe auch **Bild 8.3**) entnommen, und anschließend im aktuellen Fenster eingefügt und mit virtuellen Leitern (*Wire*) verbunden. Die Parameter der Bauteile werden dann vom Benutzer festgelegt und eingegeben.

Endungen der verwendeten Dateinamen:
Für *Schematics*: *.sch* und *Schematic Library*: *.slb*

PSpice oder PSpice A/D:

Berechnungsprogramm für rein analoge (*PSpice*) oder auch gemischt analog-digitale Schalt-kreise (*PSpice A/D*): Die neuen Programmversionen verwenden standardmässig*PSpice A/D*. Aus dem Schaltplan kann man unter *Schematics* die dem Schaltplan entsprechende Simulationsdaten-Datei in Netzlistenform erstellen und abspeichern. Diese besteht aus der sogenannten Netzliste, der Aliasliste und den Simulationsanweisungen. Entsprechend den Parametervorgaben aus *Schematics* berechnet *PSpice A/D* dann numerisch alle Kno-tenströme und Maschenspannungen des Netzwerks. Die Simulationsdaten-Datei ist eine

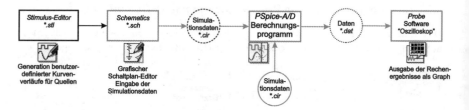

Bild 8.2   Flussdiagramm mit den wichtigsten Programmpaketen für *PSpice DesignLab*

Textdatei und gibt die komplette Simulationsvorschrift für die Schaltung an. Die in die Simulationsdaten-Datei integrierte Netzliste gibt alle Bauteilenamen, deren Werte und deren Verknüpfungen an. Die Aliasliste ist ebenfalls in die Simulationsdaten-Datei eingebunden und macht Angaben über die Bezeichnung der Bauelemente. Dazu wird dann noch die Art der Berechnung (Analyse) der Schaltung angegeben. Die Simulationsdaten-Datei (*.cir*) wird nach **Bild 8.2** von *Schematics* erzeugt, oder aber direkt als Textform in das Schal-tungsberechnungsprogramm *PSpice* vom Benutzer eingegeben. Das Simulationsergebnis wird nach erfolgter Simulation in binärer Form in einer Daten-Datei (*.dat*) gespeichert. Die Simulationsdaten-Datei (*.cir*) kann auch direkt in das Programm *PSpice* eingelesen werden, siehe dazu auch Bild 8.2 und Bild 8.3. Sollen die von *PSpice* berechneten Daten in Tabellenform ausgegeben werden oder wird im Verlauf der Simulation ein Eingabefehler festgestellt, so werden die Daten bzw. der Abbruch der Simulation in eine Textdatei mit der Dateiendung *.out* (Simulationsablauf-Datei) ausgegeben (Bild 8.3). Eine Analyse der in Netzlistenform ausgegebenen Textdatei hilft dem Anwender, Eingabefehler in *Schematics* aufzufinden.

Endungen der verwendeten Dateinamen:
Simulationsdaten-Datei: *.*cir*, Netzliste: *.*net* und Aliasliste: *.*als*; Simulationsergebnisse in
Textform (Simulationsablauf-Datei): *.*out*.

Probe:

Grafische Darstellung der Simulationsergebnisse. Dieses Programmodul stellt die den
Benutzer interessierenden Kurvenverläufe (*Trace*) dar, die in der binären Daten-Datei
*.*dat* gespeichert sind. *Probe* ist somit ein „Software-Oszilloskop". Wie bei einem echten
Digitalen-Speicher-Oszilloskop kann man die „Zeitbasis" und die „Messempfindlichkeit"
des vorhandenen Datensatzes variieren. Zusätzlich kann man die Datensätze arithmetischen
Operationen unterziehen oder aber z. B. die Achsen logarithmisch skalieren. Auch eine
FFT (Fast-Fourier-Transformation) der Daten kann durchgeführt werden. Vom Benutzer
vorgenommene grafische Einstellungen in *Probe* werden in der Datei *.*prb* gespeichert.

Endungen der verwendeten Dateinamen: Simulationsablauf-Datei: *.*out* und für *Probe*
Einstellungen: *.*prb*

Weitere Module runden die Möglichkeiten von *PSpice DesignLab* ab und sollen hier aber der
Vollständigkeit halber nur noch sehr kurz erwähnt werden. Bild 8.3 zeigt eine Gesamtüber-
sicht aller für Simulationszwecke wichtigen Programmpakete des *PSpice DesignLab*.

Stimulus Editor:

Editor zur Signalmodellierung. Durch Einfügen von bestimmten Quellen (*Vstim, Istim,
Digistim*) innerhalb des Programmmoduls *Schematics*, kann man häufig verwendete Kurven-
formen, die durch den Anwender im *Stimulus Editor* zuvor eingegeben wurden, aufrufen.
Die Kurvenverläufe der Quellen werden entsprechend Bild 8.2 direkt aus dem *Stimulus
Editor* in die Schaltplaneingabe des Programmmoduls *Schematics* eingelesen.

Endungen der verwendeten Dateinamen: Signalmodellierung: *.*stl*

Parts:

Editor zur Änderung von Simulationsmodellen. Die Simulationsmodelle der Bauteile
werden in der Modellbibliothek *Parts Library File* abgelegt und bei Bedarf im Verlauf einer
Simulation abgerufen, so wie das in Bild 8.3 dargestellt ist.

Endungen der verwendeten Dateinamen: Modellbibliothek: *.*lib*

Tabelle 11.3 im Anhang gibt ergänzend zu Bild 8.3 einen schnellen Überblick über die in
PSpice DesignLab üblichen Dateierweiterungen und welche Bedeutung diese Dateien haben,
oder wozu diese verwendet werden.

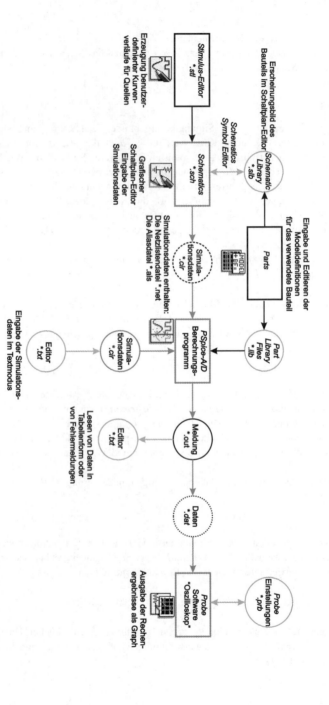

Bild 8.3 Vollständiges Flussdiagramm mit den wichtigsten für den praktischen Gebrauch üblichen Programmpaketen und Dateien für PSpice DesignLab

8.2.1 Einschränkungen der *PSpice*-Demo-Version

Trotz der nachfolgend aufgeführten Beschränkungen lassen sich durch einige „Tricks" auch relativ komplexe Schaltungen simulieren.

Schematics / PSpiceA/D:

Der in *Schematics* eingegebene Schaltplan darf nicht mehr als 64 Netzwerkknoten, zehn Transistoren, 65 einfache digitale Bauelemente und zehn einfache- bzw. vier gekoppelte Leitungsmodelle enthalten, sonst bricht *PSpice* die Berechnung mit einer Fehlermeldung ab. Meist ist mit diesen Einschränkungen die Grenze schon mit etwa zwei oder drei Operationsverstärkern und maximal vier Quellen erreicht. Weiterhin dürfen höchstens 25 Bauteile auf einer Schaltplanfläche von 26,64 cm × 18,29 cm (A-size) gesetzt werden. Man kann außerdem nur eine Schaltplanfläche (Sheet) pro Datei erstellen. Es können nur die vorgegebenen Bibliotheken mit den 39 analogen und den 149 digitalen Bauteilen eingebunden werden. Die Ausgabe der Simulationsdaten als ASCII-Textdatei in dem CSDF-Format (Common Simulation Data File) ist gesperrt. Allerdings lassen sich mit dem Bauteil *PRINT*1 (*Schematics*) die Daten ebenso als ASCII-Datei ausgeben. Dies wird in Abschnitt 8.6 noch detaillierter besprochen.

Stimulus Editor:

Die Kurvenformgeneration ist nur auf Sinuskurven bei der analogen Kurvenformerzeugung und auf symmetrische digitale Takte („clock") bei der digitalen Kurvenformerzeugung eingeschränkt.

Parts:

Man kann nur das Diodenmodell abändern. Andere Modelle (Transistoren, Operationsverstärker etc.) sind fest vorgegeben.

Probe:

Es können nur die *PSpice* Simulationsdaten (*.dat) dargestellt werden, die mit einer Demo-Version von *PSpice* erstellt wurden, sonst erscheint beim Versuch die entsprechende Datei zu laden, eine Fehlermeldung. Ansonsten stehen dem Anwender alle *Probe*-Funktionen zur Verfügung.

8.3 Systematische Vorgehensweise

Hier soll dem Leser die prinzipielle Vorgehensweise bei der Simulation von Schaltungen mit *PSpice DesignLab* aufgezeigt werden. Im den folgenden Kapiteln wird diese Vorgehensweise an Hand praktischer Beispiele dargestellt, damit der Leser seine neu erworbenen Kenntnisse selbst überprüfen kann.

8.3.1 Allgemeine Vereinbarungen der Syntax

Aktion	Symbol
einfacher Mausklick (links)	❶
doppelter Mausklick (links)	❷
einfacher Mausklick (rechts)	○
Gehe zum Untermenüpunkt	⟶
Menübefehl (mit Aktion) oder Tastaturkombination	**fett gedruckt** Aktion
PSpice-spezifische Bezeichnungen wie Bauteilenamen, Bibliotheken	*kursiv*
Dateien bzw. Dateinamen	*\<name\>.Endung*
Kommentare und Anmerkungen	Normalschrift

Tabelle 8.1 Kurznotation mit Hilfe von Symbolen zur vereinfachten Navigation in Windows-Dateisystemen

Die Kurzeinführung in *PSpice* soll für die am weitesten verbreiteten PC-Oberflächen, nämlich Windows 95/Windows 98 und WinNT 4.0 erfolgen. Der Übersichtlichkeit halber wird statt vieler, den Leser verwirrende Window-Bilder eine in der Praxis bewährte Kurzschreibweise (**Tabelle 8.1**) für Windows-Oberflächen eingeführt. Der Anwender kann dann durch Lesen eines kurzen Absatzes eine gesamte Übungssequenz am Rechner durchführen.

Beispiel: Es soll eine Datei mit dem Namen *\<xyz\>.sch* geöffnet werden, und anschließend soll der Widerstandswert vom Benutzer geändert werden.

Notation: **File** ❶ ⟶ **Open** ❶ *\<xyz\>.sch* ❷ ⟶ *R* bearbeiten mit ❷ auf das Bauteil, Widerstandswert (Bauteilewert) *VALUE* ❷ , Wert eingeben

Die auszuwählenden („anzuklickenden") Befehle werden der Reihenfolge nach hintereinander aufgelistet, d. h., die Fensterschaltflächen („Pull-Down-Menüs") werden hier schematisiert. Die „Pull-Down"-Befehle werden nach Tabelle 8.1 „**fett**" hervorgehoben. Überschriften sowie notwendige Kommentare werden wie in den Beispielen gezeigt mit „Normalschriftgröße" geschrieben. Programmaufrufe werden ebenso in den Kommentaren angemerkt, es wird jedoch davon ausgegangen, dass der Leser in der Lage ist, eine ordnungsgemäß installierte *PSpice DesignLab*-Version mit allen Programmen aufzurufen **Bild 8.4**, **Bild 8.5**, **Bild 8.6** und **Bild 8.7** zeigen - nach Starten des Programms *PSpice* - die entsprechend der zuvor gezeigten Kurznotation angezeigten Windows-Fenster und -Aktionen.

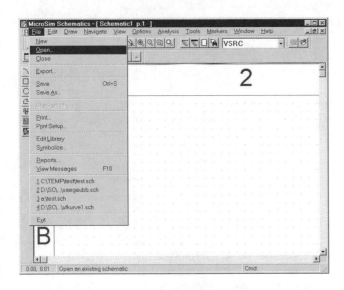

Bild 8.4 Aktuelles Bild für die Kurzschreibweise: **File ❶** ⟶ **Open**

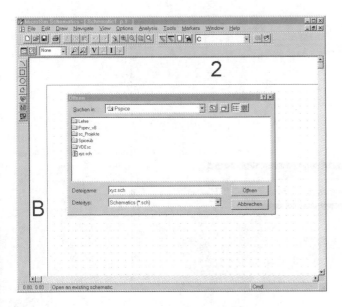

Bild 8.5 Dieses Bild erscheint nach **Open ❶** , anschließend muss der Benutzer die Datei <xyz>.*sch* öffnen

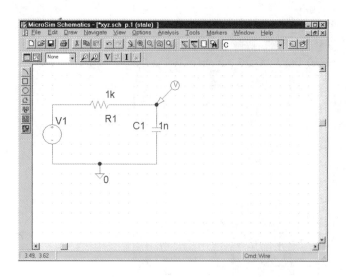

Bild 8.6 Bild der nach „Doppelklick" (❷) auf den Dateinamen geöffneten Datei; Kurzschreibweise: *<xyz>.sch* ❷

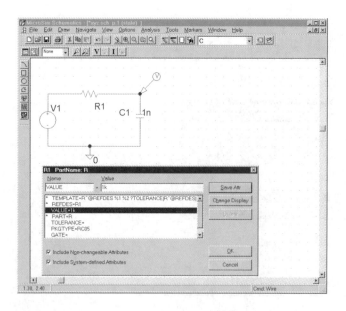

Bild 8.7 Bild des zum Bearbeiten geöffneten Bauteil-Parameterfensters; Kurzschreibweise: *R* bearbeiten mit ❷ . Widerstandswert (Bauteilewert) *VALUE* ❷ . Jetzt kann der Wert eingegeben werden.

8.3.2 Vorbereitung-Überlegen und Abschätzen

Das zu simulierende Netzwerk, also die Aufgabenstellung, sollte in Form eines elektrischen Ersatzschaltbilds dargestellt werden. Dazu sind, entsprechend der gewünschten Strom- oder Spannungsverläufe, überschlägige Berechnungen durchzuführen. Der Anwender muss beachten, dass für *PSpice* „Mikrovolt" oder „Megavolt" nur Zahlenwerte sind, die er problemfrei handhaben kann. Sofern die zu berechnenden Schaltkreismatrizen eindeutig zu lösen sind, wird *PSpice* dies nach rein mathematischen Gesichtspunkten auch genau machen. Allerdings interessiert es das Rechenprogramm nicht, ob der beispielsweise simulierte Audioverstärker nur 3 mW Ausgangsleistung liefert, was praktisch nicht interessant ist. Der Anwender von Simulationswerkzeugen muss immer die Validität seiner Berechnungen überprüfen, Kreativität und Denken sind dem Anwender überlassen, die reine Berechnung wird dann vom *ECAD*-Programm übernommen. Die Nachbildung der Elemente des Schaltkreises erfolgt durch die in *PSpice* verfügbaren Bauelemente-Bibliotheken aus der *Schematic Library*, wie z. B. *ABM.slb*, *ANALOG.slb*, *SPECIAL.slb*, oder aber vom Benutzer selbst definierten und benannten Bauelemente. Da besonders der unerfahrene Anwender oft nicht weiß, in welcher Bibliothek welches Bauteil zu finden ist, gibt **Tabelle 11.4** im Anhang eine gerade für die ersten Schritte mit *PSpice DesignLab* nützliche Übersicht der am meisten benötigten Bauteile für analoge Schaltungssimulationen.

8.3.3 Erster Aufruf von *PSpice DesignLab*

Nach dem Hochfahren des Betriebssystems gelangt man über die Startleiste in das Programm.

Programm *Schematics* laden:
Start-Leiste⟶ **Programme**⟶ **MicroSim Eval 8**⟶ *Schematics* ❶

Es erscheint der bereits in Bild 8.4 bis Bild 8.7 abgebildete Schaltplan-Editor *Schematics*. In *Schematics* soll nun ein neues Blatt bearbeitet oder ein vorhandenes geöffnet werden.

Neue Datei/Schaltung erstellen:
File ❶ ⟶ **New** ❷

Vorhandene Datei/Schaltung bearbeiten:
File ❶ ⟶ **Open** ❶ <*xyz*>.*sch* auswählen ❷ fertig

8.4 Bauteile platzieren, verbinden und deren Werte bearbeiten

Um Bauteile platzieren zu können, muss man zuerst über den *Part Browser* ein Bauteil durch Eingabe des Bauteilnamens auswählen, vorausgesetzt, man kennt die Bezeichnung des entsprechenden Bauteils, oder man wählt ein Bauteil per Mausklick aus einer Bibliothek (*Parts Library File*). Anschließend wird das Bauteil platziert. Dann werden die Bauteile miteinander verbunden (*Wire*), und es können Änderungen an den Bauteileparametern durch Doppelklick auf dasselbe vorgenommen werden. Wichtig ist, dass im Schaltplan auf jeden Fall die Masse (Bauteil Bezugsmasse: *AGND*) existiert, auf die alle Ströme und Spannungen bezogen werden können. Fehlt diese, dann wird die Schaltungssimulation nicht gestartet. Um Strom- oder Spannungsverläufe später nur an den interessierenden Stellen mit dem „Software Oszilloskop" (*Probe*) betrachten zu können, kann man Strom- oder „Spannungsmessspitzen" (*Markers*) an die wichtigen Knotenpunkte setzen, vergleichbar mit einem Tastkopf mit dem Teilerverhältnis 1. Die Knotenspannungen werden dabei immer gegen die Bezugsmasse (*AGND*) bezogen berechnet.

Im Folgenden sind die Abläufe der Reihenfolge nach beschrieben, um aus dem Programmmodul *Schematics* heraus einen simulationsfähigen Schaltplan zu erstellen. Bitte beachten Sie, dass alternativ zu dem Auswählen per Mausklick die Verwendung von Tastaturkürzeln (siehe **Tabelle 8.2** und **Tabelle 8.3**) aus Zeitgründen für die Praxis am effektivsten anzuwenden ist.

Bauteil holen:
Draw ❶ ⟶ **Get New Part ❶** ⟶ **Libraries ❶** gewünschtes Bauteil auswählen⟶ **Ok ❶** ⟶ **Place & Close ❶** ⟶ Bauteil setzen ❶

Oder per Tastenkombination, wenn das Bauteil bekannt ist (siehe dazu auch die Tabelle 11.4 mit den wichtigsten Bauteilen). Soll beispielsweise ein Widerstand *R* im Schaltplan platziert werden, so reicht die Eingabe:

Strg-G-Taste ⟶ *R* eingeben ⟶ **Enter ❶**

Bauteile verbinden:
Draw ❶ ⟶ **Wire ❶** ⟶ Verbinden mit ❶ (mehrfach wiederholen) ⟶ Verbindung beenden ◯

Bauteilparameter (Werte) einstellen:
Bauteil z. B. *R* ❷ ⟶ gewünschten Parameter ❷ ⟶ Eingabe des Parameterwerts ⟶ **Ok** ❶ ⟶ **Ja ❶**

Die wichtigsten Parameter für die Bauteile werden im Rahmen der Übungsbeispiele geklärt.

Gemeinsame Bezugsmasse *AGND* setzen:
Draw ❶ ⟶ **Get New Part ❶** ⟶ *AGND* eingeben **Ok ❶** ⟶ Bauteil setzen ❶ ⟶ Setzen beenden mit ◯

Spannungs-„Messspitze" setzen:
Markers ❶ ⟶ **Mark_Voltage/Level ❶** ⟶ Messspitze am gewünschten Knoten platzieren ❶

Tasten-kombination	Menübeschreibung	Funktion
Strg-G-Taste	**Draw ❶ —→ Get New Part ❷**	Neues Bauteil holen (*Get*)
Strg-R-Taste	**Edit ❶ —→ Rotate ❷**	Bauteil rotieren (*Rotate*)
Strg-F-Taste	**Edit ❶ —→ Flip ❷**	Bauteil spiegeln (*Flip*)
Strg-W-Taste	**Draw ❶ —→ Wire ❷**	Verbindung für Bauteile setzen (*Wire*)

Tabelle 8.2 Die wichtigsten Tastenkombinationen zum Arbeiten in *Schematics*

In Tabelle 8.2 sind die wichtigsten Befehle zum Setzen eines Bauteils in *Schematics* nochmals zusammengefaßt. Weiterhin findet der Leser in der folgenden Tabelle 8.3 noch die wichtigsten Windows-Befehle, die ein schnelles Bearbeiten von Schaltungen in *Schematics* ermöglichen. Um mehrere Bauteile gleichzeitig zu markieren, muss man bei gedrückt gehaltener Maustaste einen Rahmen um die Bauteilgruppe ziehen. Das markierte Bauteil oder die Bauteilgruppe färbt sich dann rot und kann jetzt beispielsweise verschoben oder gelöscht werden.

Tasten-kombination	Menübeschreibung	Funktion
Strg-C-Taste	Bauteil ❶ **Edit ❷ —→ Copy ❸**	Bauteil/Bauteilgruppe kopieren
Strg-X-Taste	Bauteil ❶ **—→ ❷ Edit ❸ —→ Cut ❹**	Bauteil/Bauteilgruppe
Strg-V-Taste	**Edit ❶ —→ Paste ❷**	Bauteil/Bauteilgruppe einfügen
Strg-Z-Taste	**Edit ❶ —→ Undo ❷**	Vorgänge rückgängig machen
Strg-N-Taste	**View ❶ —→ Fit ❷**	Schaltung auf Windows Fenster einpassen
Entf-Taste	Bauteil ❶ **—→ Edit ❷ —→ Cut ❸**	Bauteil löschen (*Cut*)

Tabelle 8.3 Die wichtigsten Windows-Tastenkombinationen

8.4.1 Notationen in *PSpice DesignLab*

Da für die Bauteile immer Werte anzugeben sind, muss für den Anwender Klarheit darüber bestehen, wie er die verschiedenen Größenordnungen, beispielsweise für Zeiten oder Spannungen, anzugeben hat. Da es sich bei *PSpice DesignLab* um eine amerikanische Entwicklung handelt, unterscheidet es nicht zwischen Groß- und Kleinschreibung. Das ist vor allem für deutschsprachige Anwender anfänglich verwirrend, denn er ist ja z. B. gewohnt, die Schreibweise zwischen 1 MHz und 1 mHz zu unterscheiden. Nachfolgend ein paar Punkte mit den wichtigsten Syntaxregeln für Wertangaben der Bauteile oder für Analysearten:

a) Amerikanische Notation von Kommastellen bei Zahlen: Statt 25,4 pF muss 25.4 pF angegeben werden.

b) Keine Angabe von Umlauten (ä, ö, ü) in Dateinamen. Probleme ergeben sich vor allem beim automatisch gesteuerten Aufruf von *PSpice* aus dem Programm *Schematics* heraus. *PSpice* kann mit Umlauten nicht umgehen, und gibt demzufolge eine Fehlermeldung aus. Auch bei der Modellzuweisung *Parts* dürfen keine Umlaute verwendet werden, sonst beendet *PSpice* auch hier die Rechnung mit einer Fehlermeldung, siehe auch das Abschnitt 8.8.

c) Zahlenwerte dürfen in exponentieller Form geschrieben werden. Dabei läßt sich zum Beispiel für 1,5 μV schreiben: 1.5E-6, 1.5 u oder 1.5 uV. Entnehmen Sie die zulässige Synatx für Maßzahlen der **Tabelle 8.4**.

d) Es müssen keine Einheiten geschrieben werden. Falls doch, dann geschieht dies zu Dokumentationszwecken. *PSpice* setzt das SI-Einheitensystem voraus (Ausnahme Magnetkreise!).

Bedeutung	Abkürzung in *Schematics*	Vielfaches
Femto	f, F $\hat{=}$ 1E − 15	$1 \cdot 10^{-15}$
Piko	p, P $\hat{=}$ 1E − 12	$1 \cdot 10^{-12}$
Nano	n, N $\hat{=}$ 1E − 9	$1 \cdot 10^{-9}$
Mikro	u, U $\hat{=}$ 1E − 6	$1 \cdot 10^{-6}$
Milli	m, M $\hat{=}$ 1E − 3	$1 \cdot 10^{-3}$
Kilo	k, K $\hat{=}$ 1E3	$1 \cdot 10^{3}$
Mega	meg, MEG $\hat{=}$ 1E6	$1 \cdot 10^{6}$
Giga	g, G $\hat{=}$ 1E9	$1 \cdot 10^{9}$
Tera	t, T $\hat{=}$ 1E12	$1 \cdot 10^{12}$

Tabelle 8.4 Mögliche Vielfache der Maßeinheiten für Bauteil-Werte in *Schematics*

Die möglichen Angaben der Vielfachen der Maßeinheiten für Zahlenwerte in *Schematics* sind in der Tabelle 8.4 zusammengefaßt.

8.5 Einstellen der Analyseart

Nachdem nun der gesamte Schaltplan in *Schematics* eingegeben wurde, kann die Schaltung analysiert werden. Der Anwender muss sich darüber im Klaren sein, ob er Berechnungen im Zeit- oder im Frequenzbereich durchführen möchte. Vor einem Simulationslauf sollte der Schaltplan jedoch zunächst auf Eingabefehler (z. B. fehlende oder falsche Verbindung von Bauteilen) überprüft werden, so dass der Rechner die zur Simulation notwendige Simulationsdaten-Datei des Schaltplans erstellen kann. Die Überprüfung der richtigen „Verdrahtung" der Baueile erfolgt mit dem Diagnoseprogramm *Electrical Rule Check*. Ist der Schaltplan fehlerfrei, so kann nach Speichern der neue erstellten Datei die zum Schaltplan zugehörige Netzliste erstellt werden (geschieht automatisch vor jedem Aufruf von *PSpice* oder mit dem Befehl *Create Netlist*). Eventuell vorhandene Fehler werden bei

Erstellung der Netzliste gemeldet. Die Netzliste und die Simulationsanweisungen bzw. die Angabe der Analyseart ergeben dann eine Textdatei, welche, wie in Bild (8.3) gezeigt, als Simulationsdaten-Datei (*.cir) bezeichnet wird. Auf die Simulationsdaten-Datei *.cir wird im Abschnitt 8.7 nochmals genauer eingegangen. Der Leser wird an dieser Stelle darauf hingewiesen, dass man auch ohne das Programm *Schematics* die Simulationsdaten-Datei erstellen kann. Allerdings wird dann das Vorhandensein der Simulationsdaten-Datei *.cir oder das Wissen über die Erstellung einer solchen Datei mit einem Texteditor vorausgesetzt. Die gewünschte Analyseart wird unter dem Menü *Analysis* eingestellt. Hierbei wird vor allem die Gleichspannungs- (*DC Sweep*), die Zeit- (*Transient*) und die Frequenzanalyse (*AC Sweep*) sehr oft angewandt.

Gleichspannungsanalyse:

Eine Analyse der Schaltung erfolgt nur nach den eingegeben Gleichspannungsparametern. Beispielsweise werden nur die Werte von Gleichspannungsquellen und die Gleichanteile der Wechselspannungsquellen variiert (*Sweep*). Diese Analyse kann man insbesondere zur Erstellung von Kennlinienfeldern von Transistoren, Brückenschaltungen und Operationsverstärkern verwenden.

Wechselspannungsanalyse:

Mit dieser Analyse läßt sich das Kleinsignalverhalten von Schaltungen untersuchen. Nach Berechnung des Gleichstromarbeitspunkts (*Bias Point Detail*) einer Schaltung, welche über die Gleichspannungsquellen in der Schaltung festgelegt ist, wird eine Analyse der Schaltung im Frequenzbereich, unter Berücksichtigung aller Wechselspannungsquellen, vorgenommen. Dabei wird grundsätzlich nur lineares Verhalten der Bauelemente (im Arbeitspunkt) angenommen, d. h. Nichtlinearitäten können bei dieser Analyseart nicht berücksichtigt werden. Mögliche Anwendungen sind Filterauslegung oder die Untersuchung des Frequenzverhaltens von Kleinsignal-Verstärkerstufen (Operationsverstärker- und diskrete Verstärkerschaltungen).

Transienten-Analyse:

Mit dieser Analyseart kann der Anwender das Großsignalverhalten von Schaltungen im Zeitbereich untersuchen. Man kann also Spannungs- oder Stromzeitverläufe von Schaltungen ermitteln. Weiterhin ist es im Programm *Probe* möglich das Spektrum der Spannungs- oder Stromzeitverläufe durch eine „Fast-Fourier-Transformation" (FFT) zu ermitteln. Dadurch ist es möglich das Großsignalverhalten einer Schaltung im Frequenzbereich durch eine Berechnung im Zeitbereich zu erhalten. Die FFT wird natürlich nicht kontinuierlich berechnet, sondern wurde durch eine Diskrete-Fourier-Transformation im Simulationsalgorithmus implementiert. Es muss dabei unbedingt beachtet werden, dass es dadurch zu Fehlern in der FFT kommen kann. Insbesondere muss bei Verwendung der *PSpice*-FFT Option sehr sorgfältig

123

bei der Wahl der Simulationszeitschritte (bzw. maximales Frequenzspektrum!) umgegangen werden.

Bei allen Analysearten muss der Anwender vorher abschätzen, ob die vorgenommene Einteilung der Zeitschritte bzw. der angegebene Frequenzbereich für die Simulation der jeweiligen Schaltung sinnvoll ist.

Um Fehler schon bei der Schaltplanerstellung (*Schematics*) zu finden, kann der Anwender den Simulations-Schaltplan auf Eingabefehler hin überprüfen:

Schaltplan auf Schaltungsfehler überprüfen:
Analysis ❶ —→ **Electrical Rule Check ❶** —→ (es wurden keine Fehler im Schaltplan gefunden) —→ **Analysis ❶** —→ **Create Netlist ❶** —→ Datei *.cir* wird ohne Meldung in das aktuelle Verzeichnis geschrieben

Befinden sich ein Fehler oder mehrere Fehler in der Schaltung, dann sieht die Fehlerprüfung folgendermaßen aus:

Analysis ❶ —→ **Electrical Rule Check ❶** —→ (es wurden Fehler im Schaltplan gefunden) —→ **Analysis ❶** —→ **Create Netlist ❶** —→ Es erscheint das Programm *Message Viewer* mit den Fehlermeldungen

Einstellen der Analyseart:
Analysis ❶ —→ **Setup ❶** (Bild 8.8 erscheint) Analyseart anwählen **❶** —→ **Close ❶**

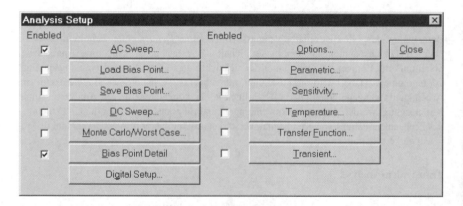

Bild 8.8 In *Schematics* verfügbare Analysearten für Schaltungen. In dem abgebildete Fenster ist gerade die Frequenzanalyse (Berechnung im Frequenzbereich; *AC Sweep*) eingestellt.

Bild 8.8 zeigt eine Übersicht über alle in *PSpice* einstellbaren Analysearten. Da die Beschreibung der einzelnen Analysearten sehr umfangreich ist, werden die o. g. drei wichtigsten Analysearten im Rahmen der Übungsbeispiele nacheinander mit ihren Möglichkeiten ausgeführt. Somit kann der Leser die Anwendung der Analysearten am praktischen Beispiel lernen, welches, nach Erfahrung der Autoren, den größten Lerneffekt hat. Um direkt nach einer Simulation die gewünschten Spannungen (interessierende Knotenpunkte sind mit den „Messspitzen" *Markers* markiert) vom „Software Oszilloskop" *Probe* anzeigen zu lassen, muss man unter *Probe Setup* einige Vorgaben treffen. Vor allem bei komplexen Schaltungen ist dies ist eine sehr einfache Art, um die gewünschten Informationen zu erhalten und gleichzeitig die Übersicht zu behalten. Weiterhin ermöglicht es nur die Option *At markers only*, die vom Benutzer ausgewählten Datensätze zu speichern, was Speicherplatz spart.

Voreinstellungen für den Aufruf von *Probe* (schnelle Ergebnisdarstellung):
Analysis ❶ —→ **Probe Setup ❶** —→ *Automatically run Probe after simulation* ❶ —→ *Show selected markers* ❶ —→ Tableau „*Data Collection*" auswählen, *At markers only* ❶

Starten einer Simulationsrechnung:
Analysis ❶ —→ **Simulate ❶** —→ Aufruf *Probe* (automatisch)

Durch das Ausführen der oben angegebene Befehlssequenz oder durch Drücken der Funktionstaste *F11* wird das Programm *Probe* automatisch aufgerufen, und *PSpice* lädt automatisch die Simulationsdaten aus dem Verzeichnis, in dem auch der Schaltplan gespeichert ist. Das **Bild 8.9** erscheint nach einer fehlerfreien Simulationsrechnung mit *PSpice*. Im Anschluss wird dann, je nach Voreinstellung, das Programm *Probe* gestartet, und die Simulationsergebnisdaten (*.*dat*) werden automatisch eingelesen.

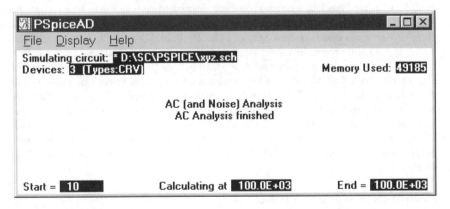

Bild 8.9 *PSpice*-Fenster nach erfolgreicher Simulation

8.6 Darstellung und Analyse der Rechenergebnisse

Sofern nicht die automatische Startoption für das „Software-Oszilloskop" *Probe* eingestellt wurde, kann man die erfolgreich abgearbeiteten Simulationsschritte in der Simulationsablauf-Datei *.*out* betrachten. Durch Einfügen eines „Druckers" (*VPRINT*1, *IPRINT*1) wird zusätzlich eine zweispaltige Tabelle (tabellarische x-y-Zuordnung) mit den

125

Simulationsdaten in die Simulationsablauf-Datei *.*out* geschrieben. Sind die Voreinstellungen in *Schematics* nicht auf automatischen *Probe*-Aufruf gesetzt, muss der Aufruf des Programms *Probe* manuell geschehen:

Starten des Programms *Probe*:
Start-Leiste—→ **Programme** —→ **MicroSim Eval 8** —→ *Probe* ❶

Nach dem Start von *Probe* ist ein leeres Fenster sichtbar. Zunächst muss man das zuvor berechnete Simulationsergebnis einer Schaltung aufrufen und die entsprechende binäre Datei *.*dat* in *Probe* laden. Es erscheint dann ein Achsensystem (entsprechend der zuletzt durchgeführten Simulation!) mit schwarzem Hintergrund. Im Menü *Trace* kann man unter dem Menüpunkt *Add* die berechneten Simulationsergebnisse laden und grafisch darstellen. Spätestens hier lohnt es sich, entweder die Voreinstellung für *Probe* nur für die „Spannungsmessspitzen" eingestellt zu haben (siehe vorhergehenden Abschnitt), oder den generellen Aufbau der Simulationsdatei verstanden zu haben (Abschnitt 8.7). Denn ansonsten ist es für den ungeübten Anwender schwierig, aus den vielen Rechenwerten den gewünschten auszuwählen. Unter dem Menüpunkt *Plot* kann man die Achsenskalierung und -beschriftung ändern oder eine zweite Y-Achse hinzufügen. Auch das Erstellen eines zweiten Koordinatensystems ist hier möglich, um z. B. Amplituden und Phasengang eines Operationsverstärkers getrennt betrachten zu können. Will man sich bestimmte Ausschnitte eines Messkurvenverlaufs (z. B. einen Einschwingvorgang) ansehen, so findet man unter dem Menü *View* alle nötigen Optionen. Bei mehreren Kurvenverläufen in einem Koordinatensystem wird jede einzelne Kurve mit einem eigenen Symbol (Viereck, Raute, Dreieck etc.) gekennzeichnet. Soll eine bestimmte Kurve bearbeitet werden (Ablesen von Extremwerten, Löschen, usw.), so muss diese vorher durch einen einfachen Mausklick am Text neben dem Kurvensymbol angewählt werden. Das Ablesen von Extremwerten oder z. B. der 3-dB-Eckfrequenz ist mit einem beweglichen Cursor aus dem Menü *Tools* möglich. Es stehen insgesamt zwei Cursoren zur Verfügung, welche wahlweise durch linke oder rechte Maustastenbetätigung auf das Kurvensymbol auf die gewünschte Kurve gesetzt werden kann. Anschließend kann man im Diagramm direkt bei gedrückter linker oder rechter Maustaste die Cursoren mit der Maus auf den Messkurven bewegen und die Messwerte in dem erschienenen *Probe Cursor*-Feld ablesen.

PSpice-Daten einer Schaltung in *Probe* laden:
File ❶ —→ **Open** ❶ —→ Datei *.*dat* ❷ es erscheint ein leeres Fenster mit Achsenkreuz und schwarzem Hintergrund

Strom- und Spannungsverlauf an einem Knoten betrachten:
Trace ❶ —→ **Add** ❶ Anwählen des gewünschten Knotens (Bsp.: V(C1:2), I(R1)) ❶ —→
Ok ❶ Kurven werden in *Probe* geladen

X-Achsenskalierung ändern:
Plot ❶ —→ **X Axis Stettings** ❶ Anwählen der gewünschten Einstellung (Bsp.: Autoskalie-

rung, linear, logarithmisch, Achsenbeschriftung) ❶ —→ Ok ❶ Skalierung der X-Achse wird durchgeführt

Y-Achsenskalierung und -beschriftung ändern:
Plot ❶ —→ Y Axis Stettings ❶ Anwählen der gewünschten Einstellung (Bsp.: Autoskalierung, linear, logarithmisch, Achsenbeschriftung) ❶ —→ Ok ❶ Skalierung und Beschriftung der Y-Achse wird durchgeführt

Zweites Y-Achsenkreuz im aktuellen Achsensystem:
Plot ❶ —→ Add Y Axis ❶ zweite Y-Achse erscheint neben der bereits vorhanden Y-Achse

Zweites Koordinatensystem einfügen:
Plot ❶ —→ Add Plot ❶ neues unskaliertes Koordinatensystem erscheint über dem Vorigen

Der Anwender erkennt die aktivierte Achse bzw. das aktuell angewählte Koordinatensystem an dem „select"-Zeichen (*sel»*) am Achsen- bzw. Koordinaten Systemrand. Eine Aktivierung erfolgt durch Anwählen der Achsen mit Hilfe der Maus (❶).

Kurvenausschnitt betrachten:
View ❶ —→ View ❶ mit gedrückter linker Maustaste den gewünschten Ausschnitt als Fenster aufziehen

Kurve entfernen:
❶ Anwählen der Kurvenbezeichnung (neben dem Kurvensymbol an der X-Achse), so dass diese rot erscheint—→ Entf-Taste drücken

Werte mit Cursor bestimmen:
Tools ❶ —→ Cursor ❶ —→ Display ❶ Cursor(en) erscheinen auf dem zuerst aufgeführten Kurvensymbol. Linker und rechter Maustaste sind ein eigener Cursor zugeordnet. Beide können auf der ersten Kurve mit gedrückt gehaltener Taste verschoben werden. Die Werte werden in dem *Probe Cursor*-Rahmen angezeigt. Soll ein Cursor einer anderen Kurve zugeordnet werden, so ist das entsprechende Kurvensymbol mit der linken oder der rechten Maustaste anzuwählen.

X-Y-Zuordnung der Simulationswerte in einer ASCII-Textdatei:
Im Programm *Schematics*:
Draw ❶ —→ Get New Part ❶ —→ Bauteil *VPRINT*1 eingeben und an den gewünschten Knoten setzen, anschließend *VPRINT*1 anwählen ❷ —→ Einstellen der aktuellen Analyseart *AC, DC, Transient* ❷ —→ *VALUE*=„1" oder „on" eintragen—→ Ok ❶
Die Simulationsdaten werden in der Simulationsablauf-Datei **.out* nach einer Simulationsrechnung gespeichert und können dann mit einem Texteditor gelesen werden oder in ein

Datenvisualisierungsprogramm exportiert werden. Die Ausgabedatei *.out* läßt sich auch direkt aus dem Programm *Schematics* starten:

Analysis ❶ —→ **Examine Output ❶** Ein Texteditor öffnet die Datei *.out*

8.7 Direkte Eingabe der Simulationsdaten ohne *Schematics*

Der Leser, der sich möglichst schnell mit *PSpice DesignLab* vertraut machen will, kann dieser Abschnitt zunächst übergehen. Dieser Abschnitt behandelt die Grundlagen der Simulationstechnik, welche für ein effektives Arbeiten mit dem Simulationsprogramm wichtig sind. Die Autoren weisen nachdrücklich darauf hin, dass in diesem Abschnitt geklärt wird, warum das Programm *PSpice* nicht von der aktuellen Version des *PSpice DesignLab* abhängig ist. Die Daten der Simulationsdaten-Datei *.cir* werden von allen (auch von älteren Programmversionen erstellte Dateien) *PSpice* Simulatoren verstanden (Aufwärtskompatibilität).

In diesem Abschnitt soll das prinzipielle Vorgehen zur Schaltungssimulation ohne das Programmmodul *Schematics* (grafischer Editor) besprochen werden, nur mit den Simulationsdaten in Netzlistenform. Es wird hierbei auf die sehr einfach zu handhabende *ECAD*–Eingabeoberfläche verzichtet. Die Eingabe des Schaltplans in *Schematics* ermöglicht dem Rechner erst die Generierung der Simulationsdaten in Netzlistenform. Bei früheren DOS-Versionen wurden die Simulationsdaten noch manuell in die Simulationsdaten-Datei *.cir* eingetragen, was unter Umständen sehr mühsam war. Allerdings kann der geübte Anwender sehr leicht Fehler in einer Schaltung finden, wenn er über ein umfassendes Verständnis der Eingabe von Simulationsdaten verfügt.

Im Folgenden wird immer von einer Beispieldatei mit dem Dateinamen XYZ gesprochen, statt des allgemeinen Falls *.cir* wird dann <*xyz*>.cir geschrieben.

In Anlehnung an Bild 8.3 soll der Aufbau der Simulationsdatei am Beispiel des in **Bild 8.10** abgebildeten Tiefpasses durchgegangen werden, an dem beispielsweise eine Kleinsignalanalyse (*AC Sweep*) im Frequenzbereich durchgeführt werden soll. Die zum Schaltplan (Bild 8.10) gehörige Netzliste (*.net*) ist in **Bild 8.11** abgebildet und soll kurz erläutert werden. Die erste Zeile beginnt immer mit einem Kommentar über die Datei. Hier ist es die Netzliste, welche im Programm *Schematics* erstellt wurde. Kommentare erkennt man am vorangestellten Sternchen. In der ersten Programmzeile wird immer das Bauteil aufgeführt, hier die Spannungsquelle, anschließend folgt die Verknüpfung des Bauteils innerhalb des Netzwerks. In dem gewählten Beispiel wird eine Verbindung vom Knoten 1 und Knoten 0 (Masse) hergestellt. Danach folgen Optionen oder der Bauteilwert. So kann man aus der ersten Programmzeile erkennen, dass die *AC Sweep*-Analyse eingeschaltet ist (Wert in Bild 8.11 *AC*=1), oder aus der zweiten und dritten Programmzeile, dass Widerstand bzw. Kondensator einen Wert von 1 kΩ bzw. 1 nF haben. Die in **Bild 8.12** abgebildete Aliasdatei [alias (engl.), das Pseudonym oder der angenommene Name, *.als*] vergibt die Namen für alle im Netzwerk berechneten Ströme und Spannungen, welche dann im Programm *Probe* zum vorhandenen Graphen hinzugefügt werden können. Dazu sind nur die Bauteilbezeichnungen und die Verknüpfung im Netzwerk als Angabe notwendig.

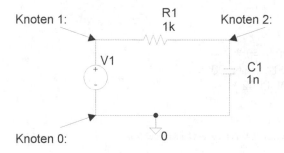

Bild 8.10 Beispielschaltung eines Tiefpasses in *Schematics*

* Schematics Netlist *

V_V1 $N_0001 0 AC 1
R_R1 $N_0002 $N_0001 1k
C_C1   0 $N_0002 1n

Bild 8.11 Von *Schematics* aus dem Schaltplan erzeugte Netzliste (*.net*)

Beide Dateien, die Netzliste und die Aliasdatei, werden, wie **Bild 8.13** zeigt, als „include"-Dateien (*.INC*) in die Simulationsdaten-Datei (*.cir*) eingelesen. Die Simulationsdaten-Datei enthält auch die eingestellte(n) Analyseart(en). Man erkennt unter dem Kommentar „Analysis setup" die Anweisung für eine Kleinsignalanalyse mit 101 Berechnungsschritten, beginnend mit einem Anfangswert von 10 Hz bis zu dem Endwert von 100 kHz . Die Anweisung *.OP* ist die Anweisung, den Gleichstromarbeitspunkt für die Schaltung zu berechnen. Der Befehl *STMLIB* weist *Schematics* an, die mit dem *Stimulus Editor* <*xyz*>*.stl* erstellte Kurvenform, einer Quelle zuzuordnen. Bei der Demo-Version kann dies nur eine sinusförmige Quelle sein. Im Anschluss folgen die einzubindenden Anweisungen, wie die verwendete Modellbibliothek (*.lib* mit dem Namen *nom.lib*), die Netz- und Aliasliste sowie der Aufruf des Programms *Probe* (*.probe*). Die Simulationsdatei endet immer mit dem *.END*-Befehl.

Im Programm *Schematics* werden alle oben besprochenen Einstellungen über Menüleisten vorgenommen und dann in die Simulationsdaten-Datei als Textdatei geschrieben. Im Referenzhandbuch der Simulationssoftware sind i. d. R. immer beide Möglichkeiten der Dateneingabe beschrieben. Der Eingabecode für den Simulator *PSpice* ist auf Textebene immer gleich. Es können also Windows-spezifische Kompatibilitätsprobleme bezüglich von verschiedenen grafischen Schaltplan-Editoren (*PSpice DesignLab*, Edspice, *OrCad Cap-*

* Schematics Aliases *

```
.ALIASES
V_V1        V1(+=$N_0001 -=0 )
R_R1        R1(1=$N_0002 2=$N_0001 )
C_C1        C1(1=0 2=$N_0002 )
.ENDALIASES
```

Bild 8.12 Von *Schematics* aus dem Schaltplan erzeugte Namendatei (*.als*)

ture) umgangen werden, wenn der Anwender die Simulationsdaten-Datei (*.cir*), direkt in auf *PSpice* basierende Simulatoren einliest, und durchsimuliert. Deshalb befinden sich die Simulationsdaten-Dateien ebenfalls in einem eigenen Ordner[1] auf der beigelegten CD-ROM. Zum jetzigen Zeitpunkt ist *PSpice DesignLab* nicht in der Lage, aus der Simulationsdaten-Datei nachträglich einen Schaltplan in *Schematics* zu generieren. Das vertiefte Verständnis der Netzlistenform (*.cir*, *.net*, *.als*) kommt dem Anwender vor allem dann zugute, wenn er einen fehlerhaften Simulationsdurchlauf durchgeführt hat. Es empfiehlt sich dann zunächst, in der Simulationsablauf-Datei *.out* nachzusehen, bei welcher Aktion *PSpice* die Simulation abgebrochen hat. Dies kann man am besten direkt aus dem Programm *PSpice* heraus tun (siehe weiter unten). Meist steht am Ende einer nicht erfolgreichen Simulation ein Kommentar am Ende der Simulationsablauf-Datei *.out*, oder die Simulationsergebnisse werden ab der fehlerhaften Befehlszeile nicht mehr aufgezeichnet.

Die Simulationsdaten-Datei (*.cir*) kann direkt vom Programm *PSpice* aufgerufen und simuliert werden:

Starten des Programms *Probe*:
Start-Leiste—→ **Programme**—→ **MicroSim Eval 8**—→ **Pspice A/D ❶**

Laden einer Simulationsdaten-Datei *.cir* und *Pspice*-Simulation:
File ❶ —→ Open ❶ —→ Datei laden <*>.cir ❷ —→ Simulation wird durchgeführt Ok ❶
—→ anschließend muss die Datei *.dat* mit dem Programm *Probe* geladen werden

Betrachten des Simulationsablaufs als Textdatei *.out*:
File ❶ —→ Examine Output ❶ —→ Datei wird automatisch in einen Texteditor geladen

Zur Übung im Umgang mit den Netzlisten ist es empfehlenswert, wenn der Leser zunächst einmal die auf der CD-ROM vorhandene Datei <*xyz*>.sch oder <*xyz*>.cir vollständig simuliert und sich das Ergebnis der fehlerfreien Simulationsdaten-Datei <*xyz*>.out ansieht. Simulieren Sie zur Übung zwei verschiedene Fehler: Weisen Sie dazu zunächst dem Widerstand $R1$ den Wert $R1 = 0\,\Omega$ zu und starten dann erneut einen Simulationslauf. Prüfen Sie

---

[1] Die Dateien *.cir* befinden sich im Verzeichnis „cir"

```
* D:\SC\PSPICE\xyz.sch

* Schematics Version 8.0 - July 1997
* Thu Feb 24 15:00:23 2000


** Analysis setup **
.ac DEC 101 10 100k
.OP
.STMLIB "D:\SC\PSPICE\xyz.stl"


* From [SCHEMATICS NETLIST] section of msim.ini:
.lib nom.lib

.INC "xyz.net"
.INC "xyz.als"


.probe N($N_0002)


.END
```

Bild 8.13   Von *Schematics* erzeugte Simulationsdaten-Datei *∗.cir*

anschließend, wie oben beschrieben, die Textdatei *<xyz>.out*. Sie werden feststellen, dass *PSpice* die Aufzeichung der Simulationsdaten beendet, sobald der Fehler festgestellt wird. Korrigieren Sie jetzt diesen Fehler wieder, und setzen Sie nun den Wert der Quelle bei *AC Sweep* auf *AC=0*, oder lassen Sie einfach das Feld frei. Eine Fehlermeldung erscheint nun ganz am Ende der Datei *<xyz>.out*.

8.8   Abhilfe für häufig gemachte Fehler in *PSpice DesignLab*

Dieser Abschnitt gibt einen kurzen Überblick über häufig, besonders anfangs, vorkommende Fehler, welche vom Anwender verursacht werden. Bei einer fehlerhaften Eingabe des Schaltplans oder bei einem Fehler bei den Eintragungen in der Analyseart im Programmmodul *Schematics* erscheint nach Start des Programms *PSpice* eine Fehlermeldung im *Message Viewer*. Der *Message Viewer* gibt an, wo der Fehler aufgetreten ist. Tritt der Fehler schon im Schaltplan auf, z. B. durch fehlende Verdrahtung oder Verbindung (*Wire, Junction*) von Bauteilen, oder man hat ein Bauteil vergessen (z. B. *AGND*), so erscheint der Hinweis darauf im *Message Viewer*. Mit einem Doppelklick auf die Fehlermeldung wird der Anwender automatisch vom Mauscursor direkt auf die Fehlerstelle (Knoten) im Schaltplan verwiesen, oder der entsprechende Knoten erscheint rot hinterlegt. Diese so genannten „trivialen Fehler" lassen sich damit leicht beheben.

Schwieriger wird die Fehlersuche, wenn der Anwender Bauteilewerte oder Analysevorschriften ganz wegläßt oder nur teilweise angibt. Um diese Fehler zu beheben, ist auf jeden Fall das Verständis der Simulationsablauf-Datei *.out* (siehe Abschnitt 8.7) wichtig. Da *PSpice* „ideale" Bauelemente verwendet, muss man darauf achten, dass mehrere Spulen oder Kondensatoren in Serienschaltung durch Einfügen von Reihen- bzw. Parallelwiderständen gleichstrommäßig an jeden Knoten im Netzwerk gekoppelt sind. Ebenso darf man keine Spannungsquelle direkt mit einer Spule belasten, da eine ideale Spule und eine ideale Spannungsquelle keine Innenwiderstände besitzen, und somit die Quellenspannung nach Masse kurzgeschlossen wäre. Vielmehr muss zwischen Spannungsquelle und Spule ein Widerstand in Reihe geschaltet werden. Weiterhin darf kein Bauteileknoten ohne Anschluss bleiben, da sonst die Kirchhoffsche Knotenregel nicht erfüllt ist.

In **Tabelle 8**.5 wurden oft vorkommende Fehlermeldungen im Umgang mit *PSpice DesignLab* zusammengefasst.

Beispiele für Fehlermeldungen	Erklärung	Mögliche Abhilfen
ERROR Schematics Floating pin: R1 pin 2 ERROR PSpiceAD Node N 0002 is floating	Knoten des Netzwerks sind gleichstrommäßig nicht verbunden. Eine Arbeitspunktberechnung ist deshalb nicht möglich.	• *Junction* oder *Wire* setzen bzw. richtig setzen • Bei Kondensatoren: Parallelwiderstand einfügen • Bei Spulen: Serienwiderstand einfügen • Bei Spannungsquellen: Serienwiderstand einfügen
ERROR PSpiceAD Value may not be 0	Bauteilewert oder Maßzahl eines Bauteils wurde exakt auf 0 gesetzt. Dies kann zu Konvergenzproblemen führen.	• Statt den Bauteilwert auf 0 zu setzen, diesen besser auf 1 f (Femto) setzen oder einen im Vergleich zu den anderen Bauteilewerten sehr kleinen Wert verwenden
ERROR PSpiceAD Convergence problem in bias point calculation	Überschreiten des maximal zulässigen Bauteilewerts oder der Maßzahl für diesen. Dies hängt auch von der voreingestellten Genauigkeit der Berechnung ab.	• Bauteilewert oder Maßzahl für den Bauteilwert reduzieren

Beispiele für Fehlermeldungen	Erklärung	Mögliche Abhilfen
ERROR PSpiceAD Unable to open file	Dateiname wurde mit Umlauten geschrieben	• Keine Umlaute (ä, ü, ö) für die Dateinamen in *Schematics*, *PSpice* und *Probe* verwenden
ERROR PSpiceAD Node N 0001 is floating ERROR PSpiceAD Node N 0002 is floating ... Gleiche Fehlermeldung für alle Knoten im Netzwerk	Bezugspotential (i. A. die Bezugsmasse) fehlt	• Bauteil *AGND* muss an einen Knoten innerhalb der Schaltung gesetzt werden • Reihenschaltung von zwei gesteuerten Quellen: Hier muss das Ansteuerpotential eindeutig mit dem Bauteil *AGND* festgelegt werden
WARNING PSpiceAD No AC sources – AC Sweep ignored	Die Analyseart *AC Sweep* wurde nicht durchgeführt, obwohl angegeben	• Die Quelle muss für die Frequenzanalyse „aktiviert" werden, indem der Bauteilparameter *AC* auf *AC*=1 gesetzt wird

Tabelle 8.5 Liste der häufigsten Fehlermeldungen beim Umgang mit *PSpice DesignLab*

133

9 Lösungen zu den Zusatzaufgaben

9.1 Lösungen zum Kapitel 1: Maßeinheiten

9.1.1 Lösung zur Aufgabe 1.2.1

a) Wenn man in einer Formel zusätzlich zu den Größen die Einheit angibt, so wählt man nach [4] am Besten die Form der zugeschnittenen Größengleichungen. Da nur nach der Dimension von x gefragt ist, muss das Integral nicht gelöst werden. Es ist aber zu beachten, dass über die Zeit dt integriert wird, und somit die Dimension Zeit t mit in die Gleichung eingeht. Damit ergibt sich:

$$l \,/\, \mathrm{m} = \frac{E \,/\, (\,\mathrm{V}\,/\,\mathrm{m}) \cdot t \,/\, \mathrm{s}}{x \,/\, \mathrm{x}}$$

$$[x] = \mathrm{x} = \frac{\mathrm{V} \cdot \mathrm{s}}{\mathrm{m}^2} = B \text{ (magnetische Flussdichte)} \tag{9.1}$$

b) Die Einheit von x in Basiseinheiten des mksA-Systems ergibt sich aus der Äquivalenz der Energiegleichungen in der Mechanik und der Elektrodynamik zu:

$$W = UIt \overset{!}{=} Fl \longrightarrow 1\,\mathrm{V} \cdot \mathrm{A} \cdot \mathrm{s} = 1\,\mathrm{N} \cdot \mathrm{m} = \frac{1\,\mathrm{kg} \cdot \mathrm{m}^2}{\mathrm{s}^2}$$

daraus folgt mit Hilfe der Gl. (9.1) für die Einheit von x:

$$[U] = \mathrm{V} = \frac{\mathrm{kg} \cdot \mathrm{m}^2}{\mathrm{s}^3 \cdot \mathrm{A}} \longrightarrow [x] = \frac{\mathrm{kg}}{\mathrm{A} \cdot \mathrm{s}^2} = 1\,\mathrm{T}$$

Der Name der Einheit ist Tesla!

c) Das mksA-System besteht aus den drei Basiseinheiten der Mechanik [m] (Meter), [kg] (Kilogramm), [s] (Sekunde) und aus der Basiseinheit der Elektrodynamik [A] (Ampere) und ist seit 1948 das international gültige Maßsystem. 1971 wurde das mksA-System durch die Einheiten für die Temperatur [K] (Kelvin), der Lichtstärke [cd] (Candela) und der Stoffmenge [mol] (Mol) auf sieben SI-Basiseinheiten erweitert.

9.1.2 Lösung zur Aufgabe 1.2.2

a) Es gilt für die Dimension: $[b_\mathrm{e}] = \mathrm{kg}^{-1} \cdot \mathrm{s}^2 \cdot \mathrm{A}$

b) $n_\mathrm{e} = 1 \cdot 10^{29}\,\mathrm{m}^{-3}$

9.1.3 Lösung zur Aufgabe 1.2.3

a) Die Größe b darf keine Einheit besitzen, da b^2 ohne Dimension sein muss!

b) Nach Einsetzen der SI-Einheiten in Gl. (1.5) ergibt sich:

$$\frac{A}{m^2} = \frac{A \cdot s}{m^3} \cdot \sqrt{\frac{2[k] \cdot K}{kg}} \tag{9.2}$$

Die Einheit der Größe k in den SI-Basiseinheiten kann nach Quadrieren von Gl. (9.2) ermittelt werden:

$$\frac{m^2}{s^2} = \frac{[k] \cdot K}{kg}$$

$$[k] = \mathbf{\frac{kg \cdot m^2}{s^2 \cdot K}}$$

c) Ein Einsetzen der Einheiten in die beiden Formeln zeigt, welche Herleitung die richtige ist! Da die Einheit der Größe b_1 dimensionslos ist, muss dieses Ergebnis stimmen.

$$[b_1] = \frac{m}{s \cdot \sqrt{\dfrac{kg \cdot m^2}{s^2 \cdot kg}}} = \frac{m}{s} \cdot \frac{s}{m}$$

9.1.4 Lösung zur Aufgabe 1.2.4

a) Das Argument von sin- und cos-Funktion muss dimensionslos sein!

aus $\cos^2 b$ und $\cos b \longrightarrow$ **b: Winkelkoordinate**

$\longrightarrow$ **a: Radiuskoordinate.**

b) Betrachtet wird das Argument in der Sinusfunktion, das bei beiden Gleichungen identisch ist:

$$\left[\omega t\right] \mathrel{\hat=} \left[k \cdot a\right] \longrightarrow [k] = \mathbf{\frac{1}{m}}$$

c) Die Dimensionsprüfung wird an Hand der großen Klammer von Gl. (1.6) und Gl. (1.7) vorgenommen. Innerhalb der Klammer muss Dimensionsgleichheit bestehen! Die erste Dimensionsprüfung ergibt:

$$\left[\left(\sqrt{\frac{\mu_0}{\epsilon_0}} - \frac{1}{\omega^2 \epsilon_0{}^2}\right)\right] = \left(\sqrt{\frac{V s \cdot V m}{A m \cdot A s}} - \frac{s^2 \cdot V^2 \cdot m^2}{A^2 \cdot s^2}\right)$$

$$= \left(\frac{V}{A} - \left(\frac{V \cdot m}{A}\right)^2\right)$$

Damit ist die Dimensionsprüfung für die erste Gleichung nicht erfüllt. Eine Prüfung von Gl. (1.7) ergibt:

$$\left[\left(\sqrt{\frac{\mu_0}{\epsilon_0}} - \frac{1}{\omega\epsilon_0 a}\right)\right] = \left(\sqrt{\frac{V\,s\cdot V\,m}{A\,m\cdot A\,s}} - \frac{s\cdot V\cdot m}{A\cdot s\cdot m}\right) = \left(\frac{V}{A} - \frac{V}{A}\right)$$

Somit ist Gl. (1.7) die richtige Gleichung.

d)

$$[x] = \frac{A\cdot m}{m^2}\cdot\frac{V}{A} = \frac{V}{m} = \textbf{Elektrische Feldstärke}$$

9.2 Lösungen zum Kapitel 2: Fehlerrechnung

9.2.1 Lösung zur Aufgabe 2.4.1

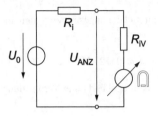

Bild 9.1 Gleichspannungsquelle mit angeschlossenem Messgerät

a) **Bild 9.1** zeigt die sich durch die Messung mit dem Vielfachmessgerät ergebende Gesamtschaltung. Man muss beachten, dass der Innenwiderstand des Messgeräts vom gewählten Messbereich abhängt. Für die Anzeige gilt:

$$U_{\text{ANZ}} = U_0 \frac{R_{\text{iV}}}{R_{\text{iV}} + R_i}$$

Aus der ersten Messung ergibt sich:

$$U_0 = U_{\text{ANZ1}} \frac{(R_i + R_{i1})}{R_{i1}} = 8 \text{ V} \frac{(R_i + 100 \text{ k}\Omega)}{100 \text{ k}\Omega} \tag{9.3}$$

Aus der zweiten Messung ergibt sich:

$$U_0 = U_{\text{ANZ2}} \frac{(R_i + R_{i2})}{R_{i2}} = 10 \text{ V} \frac{(R_i + 250 \text{ k}\Omega)}{250 \text{ k}\Omega} \tag{9.4}$$

Ein Gleichsetzen der beiden Gleichungen Gl. (9.3) und Gl. (9.4) ergibt:

$$R_i = 50 \text{ k}\Omega \quad \text{und} \quad U_0 = 12 \text{ V}$$

b) Zunächst muss allgemein die Gleichung für U_0 aus den Gleichungen Gl. (9.3) und Gl. (9.4) hergeleitet werden. Dazu wird Gl. (9.4) von Gl. (9.3) abgezogen und man erhält:

$$R_i = \frac{U_{\text{ANZ2}} - U_{\text{ANZ1}}}{\dfrac{U_{\text{ANZ1}}}{R_{i1}} - \dfrac{U_{\text{ANZ2}}}{R_{i2}}}$$

Für U_0 gilt:

$$U_0 = U_{\text{ANZ1}} \left(1 + \frac{R_i}{R_{i1}}\right)$$

$$U_0 = \frac{U_{\text{ANZ1}} \, U_{\text{ANZ2}} \, (R_{i1} - R_{i2})}{U_{\text{ANZ2}} \, R_{i1} - U_{\text{ANZ1}} \, R_{i2}} \tag{9.5}$$

Zur Bestimmung des Fehlers für U_0 muss zunächst das totale Differential gebildet werden:

$$|\Delta U_0| = \left|\frac{\partial U_0}{\partial U_{ANZ1}}\right| \cdot |\Delta U_{ANZ1}| + \left|\frac{\partial U_0}{\partial U_{ANZ2}}\right| \cdot |\Delta U_{ANZ2}|$$

Die einzelnen Fehlerbeiträge sind von der Klassengenauigkeit und der angezeigten Spannung abhängig:

$$\Delta U_{ANZ1} = 0,5\ \% \cdot U_{E1} = 0,05\ \mathrm{V} \cdot \Delta U_{ANZ2} = 0,5\ \% \cdot U_{E2} = 0,125\ \mathrm{V}$$

Den relativen Fehler erhält man nach Anwendung der Quotientenregel und unter Verwendung der Gl. (9.5) aus den Einzeltermen:

$$\left(\frac{u}{v}\right)' = \frac{u'v - v'u}{v^2}$$

$$\frac{\partial U_0}{\partial U_{ANZ1}} = \frac{U_{ANZ2}^2\, R_{i1}\,(R_{i1} - R_{i2})}{(U_{ANZ2}\, R_{i1} - U_{ANZ1}\, R_{i2})^2}$$

$$\frac{\partial U_0}{\partial U_{ANZ2}} = \frac{U_{ANZ1}^2\, R_{i2}\,(R_{i1} - R_{i2})}{(U_{ANZ2}\, R_{i1} - U_{ANZ1}\, R_{i2})^2}$$

Damit wird:

$$f = \left|\frac{\Delta U_0}{U_0}\right| = \left|\frac{U_{ANZ2}^2\, R_{i1}}{(U_{ANZ2}\, R_{i1} - U_{ANZ1}\, R_{i2})\, U_{ANZ1} U_{ANZ2}}\right| \cdot |\Delta U_{ANZ1}| + \ldots$$

$$\ldots \left|\frac{U_{ANZ1}^2\, R_{i2}}{(U_{ANZ2}\, R_{i1} - U_{ANZ1}\, R_{i2})\, U_{ANZ1} U_{ANZ2}}\right| \cdot |\Delta U_{ANZ2}|$$

Und der relative Fehler ergibt sich als Zahlenwert zu:

$$f = |-0,125| \cdot |0,05 \cdot 100\ \%| + |-0,2| \cdot |0,125 \cdot 100\ \%| = \pm\, 3,125\ \%$$

9.2.2 Lösung zur Aufgabe 2.4.2

a) Der Strom im Messwerk berechnet sich über einen Spannungsteiler:

$$I_{Sp} = I_x \frac{R_1}{R_i + R_1 + R_2} \quad \text{mit} \quad I_x = \frac{U}{R_x + \frac{R_1(R_i+R_2)}{R_i+R_1+R_2}}$$

Damit ergibt sich allgemein der Messgerätestrom zu:

$$I_{Sp} = U \frac{R_1}{R_x(R_i + R_1 + R_2) + R_1(R_i + R_2)} \tag{9.6}$$

b) Der Widerstand R_2 wird zum einen als Vorwiderstand (R_{2k}) zum Schutz des Messwerks verwendet und zum anderen, um mit dem variablen Teil des Widerstands R_{2v} die Messgeräteanzeige für $R_x = 0\ \Omega$ auf Vollausschlag zu kalibrieren. Vor jeder Widerstandsmessung muss demnach die Anzeige auf Grund der nicht konstanten Spannung U der Batterie neu kalibriert werden. Für Vollausschlag und $R_x = 0\ \Omega$ muss jetzt der Widerstand R_2 dimensioniert werden, und es ergibt sich nach Gl. (9.6):

$$I_{Sp} = I_0 = \frac{U}{R_i + R_2} \qquad \text{oder} \qquad R_2 = \frac{U}{I_0} - R_i$$

Wird diese Bedingung für R_2 in Gl. (9.6) eingesetzt, so kann man für den Messwerkstrom I_{Sp} schreiben:

$$I_{Sp} = U \frac{R_1}{R_1 R_x + \frac{U}{I_0}(R_1 + R_x)} \tag{9.7}$$

c) Der Widerstand R_1 dient als sogenannter Shunt, d. h., ein Teil des Stroms wird am Messwerk vorbeigeleitet, und es wird somit eine Messbereichswahl der Anzeigeskala des Messgeräts möglich. Setzt man in Gl. (9.7) die Bedingung ($R_H = R_x/2$) und halben Vollausschlag ($I_{Sp}=I_0/2$) ein, ergibt sich für den Widerstand R_1:

$$2U \cdot \frac{R_1}{I_0} = R_1 R_H + \frac{U}{I_0}(R_1 + R_x)$$

$$R_1 = U \frac{R_H}{I_0(\frac{U}{I_0} - R_H)} = \frac{R_H}{1 - \frac{I_0}{U} R_H} \tag{9.8}$$

d) Der auf Vollausschlag bezogene Messstrom I_{Sp}/I_0 soll in Abhängigkeit des unbekannten Widerstands R_x berechnet werden. Das Stromverhältnis I_{Sp}/I_0 wird somit zu einem Maß für den angezeigten Widerstandswert des Messgeräts für die zuvor dimensionierten Widerstände R_1 und R_2. Das Ergebnis der Gl. (9.8) wird unter Zuhilfenahme von Gl. (9.7) wie folgt verwendet:

$$\frac{I_{Sp}}{I_0} = U \frac{R_1}{I_0 R_1 R_x + U(R_1 + R_x)}$$

$$\frac{I_{Sp}}{I_0} = \frac{1}{1 + \frac{R_x}{R_1} + \frac{I_0}{U} R_x} \qquad \text{mit} \quad R_1 = \frac{R_H}{1 - \frac{I_0}{U} R_H}$$

$$\frac{I_{Sp}}{I_0} = \frac{1}{1 + \frac{R_x}{R_H}} \tag{9.9}$$

Mit Hilfe von Gl. (9.9) läßt sich jetzt die Skala für die verschiedenen Widerstandswerte berechnen und tabellieren (**Tabelle 9.1**).

Für Vollausschlag wird das Widerstandsverhältnis zu null und für sehr große Widerstände wird das Messgerät keinen Ausschlag anzeigen. Man erkennt aus **Bild 9.2**, dass sich die Anzeige im Endbereich deutlich staucht. Dies liegt daran, dass die Messgeräteanzeige mit $f(x) = 1/x$ für große Widerstände abnimmt.

I_{Sp}/I_0	1	0,91	0,83	0,67	0,5	0,33	0,17	0,09	0
R_x/R_H	0	0,1	0,2	0,5	1	2	5	10	∞

Tabelle 9.1 $I_{Sp}/I_0 = f(R_x/R_H)$

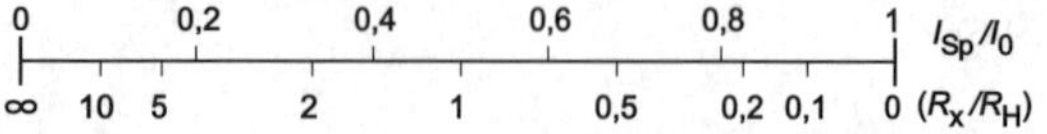

Bild 9.2 Skala eines direkt anzeigenden Widerstandmessgeräts

e) Gesucht ist der relative Widerstandsfehler des vom Messgerät angezeigten Wertes. Dazu wird Gl. (9.9) umgeformt:

$$\frac{R_x}{R_H} = \frac{I_0}{I_{Sp}} - 1 = \frac{1}{\frac{I_{Sp}}{I_0}} - 1 \tag{9.10}$$

Zwecks Vereinfachung erfolgt die Substitution:

$$R' = \frac{R_x}{R_H} \quad \text{und} \quad I' = \frac{I_{Sp}}{I_0}$$

Damit wird aus Gl. (9.10):

$$R' = \frac{1}{I'} - 1 \tag{9.11}$$

Der Widerstandsfehler berechnet sich wie folgt:

$$\Delta R' = \frac{\partial R'}{\partial I'} \cdot \Delta I'$$

Nach Differentiation der Gl. (9.11)

$$\Delta R' = \frac{-1}{I'^2} \cdot \Delta I'$$

ergibt sich für den relativen Widerstandsfehler:

$$\frac{\Delta R'}{R'} = \frac{-\frac{1}{I'^2}}{\frac{1}{I'} - 1} \cdot \Delta I' = -\frac{1}{1 - I'} \cdot \frac{\Delta I'}{I'}$$

Mit einem maximalen absoluten Stromfehler von $\Delta I' \leq \pm 1\,\%$ und nach Rücksubstitution kann der relative Widerstandsfehler der Anzeige angegeben werden:

$$\frac{\Delta \frac{R_x}{R_H}}{\frac{R_x}{R_H}} \leq \frac{\mp 1\,\%}{\frac{I_{Sp}}{I_0}\left(1 - \frac{I_{Sp}}{I_0}\right)} \tag{9.12}$$

140

Auch hier wird zunächst mit Hilfe von Gl. (9.12) die **Tabelle 9.2** berechnet. **Bild 9.3** zeigt betragsmäßig den relativen Fehler bei der Widerstandmessung, als Funktion des auf I_0 bezogenen Messwerkstroms. Man erkennt deutlich, dass bei solchen Geräten eine Widerstandsmessung so durchzuführen ist, dass das mittlere Skalendrittel verwendet wird. Die Vorteile des direktanzeigenden Widerstandsmessgeräts im Gegensatz zu den digitalen Geräten besteht in seiner Robustheit, der Einfachheit und der guten elektromagnetischen Verträglichkeit. Nachteilig ist die vor jeder neuen Messung notwendige Kalibrierung des Widerstandmessbereichs sowie die ungewöhnliche Skaleneinteilung, da diese weder linear noch, wie sonst bei Drehspulinstrumenten für Strom und Spannungsmessungen üblich, von links nach rechts abzulesen ist.

I_{Sp}/I_0	$\frac{\Delta(R_x/R_H)}{(R_x/R_H)}/\%$	I_{Sp}/I_0	$\frac{\Delta(R_x/R_H)}{(R_x/R_H)}/\%$
0	∞	0,6	$\pm 4,16$
0,1	$\pm 11,1$	0,7	$\pm 4,76$
0,2	$\pm 6,25$	0,8	$\pm 6,25$
0,3	$\pm 4,76$	0,9	$\pm 11,1$
0,4	$\pm 4,16$	1	∞
0,5	$\pm 4,00$		

Tabelle 9.2 Wertetabelle für den relativen Widerstandsfehler

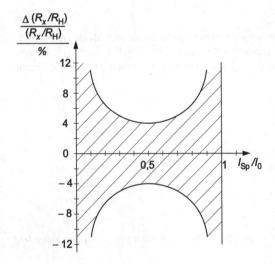

Bild 9.3 Relativer Widerstandsfehler des direkt anzeigenden Widerstandmessgeräts

9.2.3 Lösung zur Aufgabe 2.4.3

a) Eine sehr einfache Möglichkeit besteht darin, einen Nebenwiderstand R_N parallel zum Messwerk nach **Bild 9.4** zu schalten. Dieser läßt sich mit Hilfe der Stromteilerregel berechnen:

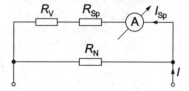

Bild 9.4 Strommessbereichserweiterung für ein Drehspulmessgerät mit einem Nebenwiderstand R_N

$$I_{Sp} = I\frac{R_N}{R_N + R_V + R_{Sp}}$$

Damit folgt für den Nebenwiderstand:

$$R_N = \frac{I_{Sp}}{I - I_{Sp}}(R_V + R_{Sp}) = \frac{0,2\ \mathrm{mA}}{0,8\ \mathrm{mA}} \cdot (400\ \Omega) = 100\ \Omega$$

b) Auf die in a) angegebene Weise lassen sich einfach Widerstände zum Messwerk parallelschalten, um dieses für andere Messbereiche zu erweitern. Die Parallelwiderstände können wie in **Bild 9.5** abgebildet über einen Umschalter gewechselt werden. Diese nahe liegen-

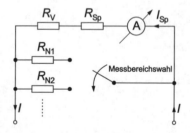

Bild 9.5 Strommessbereichserweiterung für ein Drehspulmessgerät mit mehreren Nebenwiderständen

de Lösung ist bei genauerer Betrachtung jedoch ungeeignet. Die Übergangswiderstände an den Schaltkontakten liegen bei dieser Lösung in Reihe mit dem jeweiligen Nebenwiderstand und verfälschen das zuvor berechnete Stromteilerverhältnis beträchtlich. Dies gilt insbesondere für hohe Messströme. Vielmehr bietet sich die Schaltung aus **Bild 9.6** an, da hier die

Kontaktübergangswiderstände, welche in der Größenordnung von einigen mΩ liegen, die Stromaufteilung nicht beeinflussen. Der Kontaktübergangswiderstand addiert sich bei dieser Schaltungsvariante lediglich zum Innenwiderstand des Messgeräts. Für Hochstrommessungen muss die Strommessung mit vierpoligen Hochstromnebenwiderständen mit seperaten Strom- und Spannungsklemmen (Potentialklemmen) erfolgen.

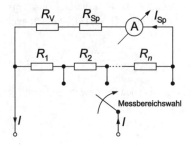

Bild 9.6 Verbesserte Strommessbereichserweiterung für ein Drehspulmessgerät

c) Zunächst wird die Strommessbereichserweiterung vorgenommen. Es wird dazu von der Schaltung aus **Bild 9.7** ausgegangen. Die drei unbekannten (Widerstände R_V, R_1 und R_2) müssen dazu ermittelt werden. Dazu nötig sind die zwei Strommessbereichsangaben sowie die notwendige Bedingung, dass der kleinste Strommessbereich zugleich für den kleinsten Spannungsmessbereich verwendet werden soll. Die Auslegung der Widerstände für den Messbereichsendwert bedeutet, dass das Drehspulmessgerät immer Vollausschlag anzeigt, d. h. $I_{Sp} = I_0 = 1$ mA.

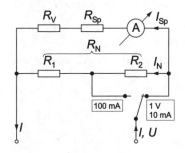

Bild 9.7 Schaltung zur Bestimmung des Messwerkvorwiderstandes R_V

143

Nach Bild 9.7 gilt für den Stromteiler:

$$\frac{I_{Sp}}{I} = \frac{R_N}{R_N + R_V + R_{Sp}} = \frac{1\,\text{mA}}{10\,\text{mA}} = 0,1 \qquad (9.13)$$

$$\frac{I_N}{I} = \frac{R_V + R_{Sp}}{R_N + R_V + R_{Sp}} = \frac{I - I_{Sp}}{I} = \frac{9\,\text{mA}}{10\,\text{mA}} = 0,9 \qquad (9.14)$$

Für Vollausschlag in diesem Strommessbereich muss nach Gl. (9.14) 90 % des Gesamtstroms am Messwerk vorbeigeleitet werden. Dividiert man Gl. (9.13) durch Gl. (9.14), so erhält man folgende Verhältnisgleichung:

$$\frac{I_{Sp}}{I_N} = \frac{I_{Sp}}{I - I_{Sp}} = \frac{R_N}{R_V + R_{Sp}} = \frac{1\,\text{mA}}{9\,\text{mA}} \quad \rightarrow \quad R_N = \frac{R_V + R_{Sp}}{9} \qquad (9.15)$$

Um den Widerstand R_V richtig zu dimensionieren, benötigt man den Eingangswiderstand R_E der Schaltung:

$$R_E = \frac{U}{I} = \frac{1\,\text{V}}{10\,\text{mA}} = \mathbf{100\,\Omega}$$

Allgemein läßt sich der Eingangswiderstand R_E nach Bild 9.7 in Abhängigkeit von R_V ausdrücken Gl. (9.16), um diesen anschließend zu bestimmen:

$$R_E = \frac{R_N(R_V + R_{Sp})}{R_N + R_V + R_{Sp}} \qquad (9.16)$$

R_N wird nach Gl. (9.15) eingesetzt:

$$R_E = \frac{\frac{1}{9} \cdot (R_V + R_{Sp})^2}{(R_V + R_{Sp})(1 + \frac{1}{9})} = \frac{R_V + R_{Sp}}{10} \qquad (9.17)$$

Man erhält somit den gesuchten Wert für den Vorwiderstand R_V :

$$R_V = 10 R_E - R_{Sp} = \mathbf{800\,\Omega}$$

Der Vorwiderstand R_V läßt sich auch auf einfache Weise nach Gl. (9.18) berechnen:

$$R_V = \frac{U - U_{Sp}}{I_{Sp}} = \frac{U - I_{Sp} R_{Sp}}{I_{Sp}} = \frac{U}{I_{Sp}} - R_{Sp} = \mathbf{800\,\Omega} \qquad (9.18)$$

Zur Bestimmung der Widerstände R_1 und R_2 wird der Messbereich umgeschaltet, wie in **Bild 9.8** abgebildet. Analog zu Gl. (9.13) und Gl. (9.14), wird die nachfolgende Gleichung ermittelt:

$$\frac{I_{Sp}}{I_N} = \frac{I_{Sp}}{I - I_{Sp}} = \frac{R_1}{R_2 + R_V + R_{Sp}} = \frac{1\,\text{mA}}{99\,\text{mA}}$$

mit $R_2 = R_N - R_1$ berechnet sich der Widerstand R_1 zu:

$$99 R_1 = R_N - R_1 + R_V + R_{Sp}$$

$$R_1 = \frac{R_N + R_V + R_{Sp}}{100} = \frac{(R_V + R_{Sp})\left(1 + \frac{1}{9}\right)}{100} = \mathbf{11,11\,\Omega}$$

144

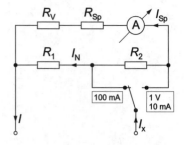

Bild 9.8 Schaltung zur Bestimmung der Nebenwiderstände R_1 und R_2

Da $R_N = R_1 + R_2$ gilt, kann jetzt der Widerstand R_2 bestimmt werden:

$$R_2 = \frac{R_V + R_{Sp}}{9} - R_1 = 100\ \Omega$$

Für die Widerstände des Strommessbereiches kann jetzt die maximale Verlustleistung pro Widerstand bestimmt werden:

$$P_{R_V} = I_{max}^2 R_V = I_{Sp}^2 R_V = I_0^2 R_V = (1\ \text{mA})^2 \cdot 800\ \Omega = \mathbf{800\ \mu W}$$

$$P_{R_1} = I_N^2 R_1 = (I - I_{Sp})^2 R_1 = (99\ \text{mA})^2 \cdot 11{,}11\ \Omega = \mathbf{110\ mW}$$

$$P_{R_2} = I_N^2 R_2 = (I - I_{Sp})^2 R_2 = (9\ \text{mA})^2 \cdot 100\ \Omega = \mathbf{8{,}1\ mW}$$

Die Auslegung des Vorwiderstands R_3 für den Spannungsmessbereich 10 V erfolgt an Hand von **Bild 9.9**. Der Strom im Messwerk muss bei 10 V (Vollausschlag) $I_{Sp} = 1$ mA betragen. Wie in Gl. (9.14) gezeigt, fließt durch den bereits dimensionierten Nebenwiderstand R_N, 90 % des Gesamtstroms von $I = 10$ mA. Bei Vollausschlag beträgt der Strom am Spannungseingang $I = 10$ mA. R_3 läßt sich nun auslegen:

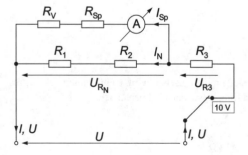

Bild 9.9 Schaltung zur Spannungsmessbereichserweiterung

145

$$R_3 = \frac{U_{R3}}{I} = \frac{U - U_{R_N}}{I} = \frac{U - R_N \cdot 0, 9I}{I}$$

$$= \frac{10\ \mathrm{V}}{10\ \mathrm{mA}} - 0,9 \cdot 111,11\ \Omega = \mathbf{900\ \Omega}$$

Für die im Widerstand R_3 umgesetzte Verlustleistung gilt:

$$P_{R_3} = I^2 R_3 = (10\ \mathrm{mA})^2 \cdot 900\ \Omega = \mathbf{90\ mW}$$

d) Nach Gl. (9.17) ergibt sich für den 10-mA-Strommessbereich der Eingangswiderstand zu:

$$R_E\bigg|_{10\,\mathrm{mA}} = \frac{R_V + R_{Sp}}{10} = \frac{1\ \mathrm{k}\Omega}{10} = \mathbf{100\ \Omega}$$

Für den 100-mA-Strommessbereich läßt sich der Eingangswiderstand mit Hilfe von Bild 9.8 ermitteln:

$$R_E\bigg|_{100\,\mathrm{mA}} = \frac{R_1\,(R_2 + R_V + R_{Sp})}{R_1 + R_2 + R_V + R_{Sp}} = \frac{11,11 \cdot (1\ \mathrm{k}\Omega)}{1111,11} = \mathbf{11\ \Omega}$$

Die Größe „R'" des Messgeräts ist physikalisch kein Widerstand, sondern es ist der Kehrwert des bei Vollausschlag angenommenen Stroms:

$$R' = \frac{1}{I_{Sp}} = \frac{1}{I_0} = \frac{R_E}{U_E} = \mathbf{100\frac{\Omega}{V}}$$

Man kann also R' beispielsweise für die Spannungsmessbereiche ebenso mit Hilfe des analytisch berechneten Eingangswiderstands Gl. (9.17) ermitteln:

$$R'\bigg|_{1\,\mathrm{V}} = \frac{R_E}{U_E} = \frac{\frac{R_V + R_{Sp}}{10}}{U_E} = \frac{100\ \Omega}{1\ \mathrm{V}} = \mathbf{100\frac{\Omega}{V}}$$

oder aber

$$R'\bigg|_{10\,\mathrm{V}} = \frac{R_E}{U_E} = \frac{\frac{R_V + R_{Sp}}{10} + R_3}{U_E} = \frac{1\ \mathrm{k}\Omega}{10\ \mathrm{V}} = \mathbf{100\frac{\Omega}{V}}$$

Da in der Regel „R'" auf der Messgeräteskala mit angegeben wird, kann man umgekehrt für alle Spannungsmessbereiche bequem den Eingangswiderstand berechnen:

$$R_E = R' \cdot U_{E\,\mathrm{Bereich}}$$

$$R_E\bigg|_{1\,\mathrm{V}} = \mathbf{100\ \Omega} \quad \text{und} \quad R_E\bigg|_{10\,\mathrm{V}} = \mathbf{1\ k\Omega}$$

e) Der Messstrom I_{Sp} ist direkt proportional zur Anzeige des Messgeräts. Weiterhin gilt $\Delta R = \Delta R_1 = \Delta R_2 = \Delta R_3 = \Delta R_V$ und $\Delta R_{Sp} = 0\,\Omega$, da der Spulenwiderstand ja genaustens bekannt ist, wie der Aufgabenstellung zu entnehmen ist. Zunächst wird allgemein der Messgerätestrom I_{Sp} nach Bild 9.9 berechnet. Der Widerstand R_3 spielt bei der Stromaufteilung keine Rolle:

$$I_{Sp} = I \frac{R_1}{R_1 + R_2 + R_V + R_{Sp}} \tag{9.19}$$

Der relative Fehler ergibt sich allgemein zu:

$$\frac{\Delta I_{Sp}}{I_{Sp}} = \left(\frac{\frac{\partial I_{Sp}}{\partial R_1}}{I_{Sp}}\right) \cdot \Delta R_1 + \left(\frac{\frac{\partial I_{Sp}}{\partial R_2}}{I_{Sp}}\right) \cdot \Delta R_2 + \cdots$$

$$\cdots + \left(\frac{\frac{\partial I_{Sp}}{\partial R_V}}{I_{Sp}}\right) \cdot \Delta R_V + \left(\frac{\frac{\partial I_{Sp}}{\partial R_{Sp}}}{I_{Sp}}\right) \cdot \underbrace{\Delta R_{Sp}}_{=0}$$

Unter Anwendung der Produkt- und der Kettenregel für die Differentiation auf Gl. (9.19) folgt auszugsweise für die Einzelterme:

$$\frac{\partial I_{Sp}}{\partial R_1} = I \left(1 \cdot \frac{1}{R_1 + R_2 + R_V + R_{Sp}} + R_1 \cdot \frac{-1}{(R_1 + R_2 + R_V + R_{Sp})^2}\right)$$

$$= I \left(\frac{R_2 + R_V + R_{Sp}}{(R_N + R_V + R_{Sp})^2}\right)$$

$$\frac{\partial I_{Sp}}{\partial R_2} = I \left(\frac{-R_1}{(R_N + R_V + R_{Sp})^2}\right) \qquad \text{usw.}$$

Wie man erkennen kann, besitzen die Fehlerterme verschiedene Vorzeichen. Dies kann unter günstigen Bedingungen, z. B. bei gleichartigem Vorzeichen der Toleranzwerte der verwendeten Widerstände, zu einer Kompensation der Fehler führen. Um jedoch den ungünstigsten Fall zu erfassen, müssen die Betäge der relativen Fehler aufsummiert werden:

$$f_e = \left|\frac{\Delta I_{Sp}}{I_{Sp}}\right| = \left|\frac{R_2 + R_V + R_{Sp}}{R_N + R_V + R_{Sp}}\right| \cdot \left|\frac{\Delta R_1}{R_1}\right| + \left|\frac{-R_2}{R_N + R_V + R_{Sp}}\right| \cdot \left|\frac{\Delta R_2}{R_2}\right| +$$

$$\left|\frac{-R_V}{R_N + R_V + R_{Sp}}\right| \cdot \left|\frac{\Delta R_V}{R_V}\right|$$

$$= \left|\frac{1100\,\Omega}{1111,11\,\Omega}\right| \cdot \pm 1\,\% + \left|\frac{-100\,\Omega}{1111,11\,\Omega}\right| \cdot \pm 1\,\% +$$

$$\left|\frac{-800\,\Omega}{1111,11\,\Omega}\right| \cdot \pm 1\,\%$$

$$= \pm\,(0,99\,\% + 0,09\,\% + 0,72\,\%) = \pm\,\mathbf{1,80\,\%} \tag{9.20}$$

Die nächste genormte Geräteklassengenauigkeit ist die Klasse: Kl. 2,5.

9.3 Lösungen zum Kapitel 3: Messgeräte

9.3.1 Lösung zur Aufgabe 3.2.1

a) Am Eingang der Schaltung liegt eine Mischspannung an. Die mittelwertbildenden Drehspulgeräte V_1, A_1 zeigen nur den Gleichanteil der Mischspannung an. Es gilt daher für den Gleichstromwiderstand:

$$R = \frac{U_{\text{ANZ}}(V_1)}{I_{\text{ANZ}}(A_1)} = 125\ \Omega$$

b) Das Wattmeter zeigt die Wirkleistung an! Damit ergibt sich als Anzeigewert:

$$P = R \cdot I_{\text{eff}}^2 = R \cdot (I_{\text{ANZ}}(A_2))^2 = 31,25\ \text{W}$$

c) Da der überlagerte Wechselspannungsanteil sinusförmig ist, kann man den Scheitelwert der Spannung U_1 aus dem Effektivwert bestimmen. Diesen wiederum erhält man aus dem geometrischen Mittel aller Spannungen:

$$U_{\text{ANZ}}(V_2) = \sqrt{\left(\frac{\hat{u}_1}{\sqrt{2}}\right)^2 + (U_{\text{ANZ}}(V_1))^2}$$

$$\longrightarrow\ \hat{u}_1 = \sqrt{2} \cdot \sqrt{(U_{\text{ANZ}}(V_2))^2 - (U_{\text{ANZ}}(V_1))^2} = \sqrt{2} \cdot 120\ \text{V}$$

d) Das Voltmeter V_3 zeigt den Effektivwert der Spannung über der Induktivität L an:

$$U_{\text{ANZ}}(V_3) = \sqrt{(U_{\text{ANZ}}(V_2))^2 - (I_{\text{eff}} \cdot R)^2}$$

$$= \sqrt{(U_{\text{ANZ}}(V_2))^2 - (I_{\text{ANZ}}(A_2) \cdot R)^2} = 114\ \text{V}$$

9.3.2 Lösung zur Aufgabe 3.2.2

a) Nur das Dreheiseninstrument kann für die Spannungs- bzw. Leistungsmessung verwendet werden, weil es unabhängig von der Kurvenform den „echten" Effektivwert anzeigt!

$$P = \frac{U_{\text{eff}}^2}{R}$$

b)

$$U_{\text{eff}} = \sqrt{\frac{1}{T} \int\limits_0^T u(t)^2 \, dt} \quad \text{mit:} \quad u(t) = \hat{u} \sin \omega t; \quad \omega t = \varphi; \quad \omega T = 2\pi$$

$$= \sqrt{\frac{1}{\pi} \int\limits_\alpha^\pi (\hat{u} \sin \omega t)^2 \, d\omega t} = \hat{u} \sqrt{\frac{1}{\pi} \int\limits_\alpha^\pi \left(\frac{1}{2} - \frac{\cos 2\omega t}{2} \right) d\omega t}$$

$$= \hat{u} \sqrt{\frac{1}{\pi} \left[\frac{1}{2}\omega t - \frac{\sin 2\omega t}{4} \right]_\alpha^\pi} = \hat{u} \sqrt{\frac{1}{2} - \frac{\alpha}{2\pi} + \left(\frac{1}{4\pi} \cdot \sin 2\alpha \right)} \qquad (9.21)$$

c) Die gemessene Leistung ergibt sich damit nach Gl. (9.22). **Tabelle 9.3** zeigt die gemessenen Werte für verschiedene Zündwinkel α.

$$P = \frac{\hat{u}^2 \left(\frac{1}{2} - \frac{\alpha}{2\pi} + \left(\frac{1}{4\pi} \cdot \sin 2\alpha \right) \right)}{R} \qquad (9.22)$$

α/rad	0	$\frac{\pi}{4}$	$\frac{\pi}{2}$	π
P/W	50	45,45	25	0

Tabelle 9.3 Leistungsmessung in Abhängigkeit des Zündwinkels α

d) Der Formfaktor F für die Doppelweggleichrichtung muss bei der Anzeige des Drehspulmessgeräts berücksichtigt werden. Das Drehspulmessgerät zeigt damit den folgenden Wert an:

$$U_{\text{ANZ}} = F \cdot \frac{1}{T} \int\limits_0^T |u(t)| \, dt = \frac{\pi}{2\sqrt{2}} \cdot \frac{1}{T} \int\limits_0^T |u(t)| \, dt$$

$$= \frac{\pi}{2\sqrt{2}} \cdot \frac{1}{\pi} \int\limits_\alpha^\pi \hat{u} \sin \omega t \, d\omega t = \frac{\pi}{2\sqrt{2}} \cdot \frac{\hat{u}}{\pi} \Big[\cos \omega t \Big]_\alpha^\pi$$

$$U_{\text{ANZ}} = \frac{\hat{u}}{2\sqrt{2}} (1 + \cos \alpha) \qquad (9.23)$$

Für $\alpha = 0$ ergibt sich nach Gl. (9.23):

$$U_{\text{ANZ}} = \underbrace{\frac{\pi}{2\sqrt{2}} \cdot \frac{\hat{u}}{\pi} \cdot 2 = 7,071 \text{ V}}_{A} \overset{!}{=} \underbrace{\frac{\hat{u}}{\sqrt{2}}}_{W}$$

$$f\Big|_U = \frac{A - W}{W} \cdot 100 \% = 0 \quad \text{und} \quad f\Big|_P = 0$$

149

Für den Spezialfall $\alpha = 0$ ergibt sich kein Messfehler, da ein rein sinusförmiger Spannungsverlauf vorliegt und somit die Anzeige des Drehspulmessgeräts richtig ist.

Für $\alpha = \pi/2$ ergibt sich nach Gl. (9.23) für die angezeigten Werte:

$$U_{\text{ANZ}} = \underbrace{\frac{\pi}{2\sqrt{2}} \cdot \frac{\hat{u}}{\pi}}_{A} = 3,54 \text{ V} \quad \longrightarrow \quad P = 12,50 \text{ W}$$

Die wahren Werte lassen sich aus Gl. (9.21) und Gl. (9.22) berechnen:

$$U_{\text{eff}} = \underbrace{\sqrt{\frac{1}{4}}}_{W} = 5 \text{ V} \quad \longrightarrow \quad P = 25 \text{ W}$$

Damit berechnen sich die relativen Fehler zu:

$$f\Big|_U = \frac{A - W}{W} \cdot 100 \text{ \%} = -29,29 \text{ \%} \quad \text{und} \quad f\Big|_P = -50 \text{ \%}$$

9.3.3 Lösung zur Aufgabe 3.2.3

a) Bei dem in beiden Schaltungen (Bild 3.7, Bild 3.8) verwendeten Messgerät handelt es sich um ein Dreheisenmessgerät. Da es sich bei der Schaltung 1 (Bild 3.7) um eine belastete Scheitelwertmessschaltung handelt, muss geprüft werden, wie sich die Belastung während der Diodensperrzeit auswirkt:

$$\tau = R_i C = 2 \text{ s}$$

Da nach dem Aufladen auf den Spitzenwert bei als gering angenommener Entladung des Speicherkondensators etwa eine Periode T vergeht, gilt:

$$\tau \gg T\Big|_{f = 50 \text{ Hz}} = 20 \text{ ms}$$

was auch erfüllt ist. Damit beträgt die Anzeige des Messgeräts:

$$U_{\text{ANZ1}} = \hat{u}_E = 300 \text{ V}$$

b) In Schaltung 2 liegt am Dreheisenmessgerät, das den Effektivwert mißt, eine einweggleichgerichtete Sinusspannung an. Unter der Bedingung

$$R_i \gg \frac{1}{\omega C}\Big|_{f = 50 \text{ Hz}} \quad \text{(unbelasteter Teiler)}$$

ergibt der komplexe Spannungsteiler die Spannung an dem Kondensator:

$$\underline{\hat{u}}_C = \hat{u}_E \cdot \frac{1}{1 + j\omega RC} \tag{9.24}$$

Das Messgerät zeigt an:

$$
U_{\text{ANZ2}} = \sqrt{\frac{1}{T} \int_0^T u(t)^2 \, dt} = \sqrt{\frac{1}{T} \int_0^{\frac{T}{2}} \hat{u}_C^2 \sin^2 \omega t \, dt}
$$

$$
= \sqrt{\frac{1}{2T} \int_0^{\frac{T}{2}} \hat{u}_C^2 (1 - \cos 2\omega t)^2 \, dt} = \sqrt{\frac{1}{2T} \, \hat{u}_C^2 \left[t - \underbrace{\frac{\sin 2\omega t}{2\omega}}_{=0} \right]_0^{\frac{T}{2}}}
$$

$$
= \sqrt{\frac{1}{2T} \cdot \frac{T}{2} \hat{u}_C^2}
$$

$$
U_{\text{ANZ2}} = \frac{\hat{u}_C}{2} = \mathbf{93\ V} \tag{9.25}
$$

Damit ergibt sich für die Kondensatorspannung unter Zuhilfenahme von Gl. (9.24) und des Ergebnisses aus Gl. (9.25) sowie anschließender Betragsbildung:

$$
\left| \frac{\hat{u}_C}{\hat{u}_E} \right| = \sqrt{\frac{1}{1 + (\omega RC)^2}} \quad \text{mit} \quad \omega = 2\pi f
$$

$$
\left(\left| \frac{\hat{u}_E}{\hat{u}_C} \right| \right)^2 = 1 + (2\pi f RC)^2 \tag{9.26}
$$

Aus Gl. (9.26) folgt die Frequenz der angelegten Spannung:

$$
f = \frac{1}{2\pi RC} \sqrt{\left(\left| \frac{\hat{u}_E}{\hat{u}_C} \right| \right)^2 - 1} = \mathbf{100\ Hz}
$$

9.3.4 Lösung zur Aufgabe 3.2.4

a)

$$
\hat{U}_V \overset{!}{=} 1\ \text{V} = \hat{u}_1 \frac{R_i}{R_v + R_i} \quad \longrightarrow \quad \mathbf{R_v = 40\ k\Omega}
$$

b)

$$
U_{\text{ANZ}} = \frac{1}{T} \int_0^{\frac{T}{2}} \hat{u}_1 \cdot \frac{1}{5} \cdot \sin \omega t \, dt = \frac{\hat{u}_1}{5\omega T} \left[- \cos \omega t \right]_0^{\frac{T}{2}}
$$

$$
= \frac{\hat{u}_1}{10\pi} (1 - (-1)) = \mathbf{0{,}318\ V}
$$

c) Auf Grund der vorgegebenen Kennlinie muss zunächst der Spannungsverlauf am Drehspulinstrument, unter Berücksichtigung der Diodendurchlassspannung U_S, ermittelt werden:

$$U_{\text{ANZ}} = \begin{cases} \hat{u}_1 \sin \omega t - U_S & \text{für } t_0 + n \cdot T \leq t \leq t_1 + n \cdot T \\ 0 & \text{für } n \cdot T \leq t \leq t_0 + n \cdot T; \\ & \text{und } t_1 + n \cdot T \leq t \leq n \cdot T; \end{cases} \qquad n = 0, 1, 2, \ldots$$

Die Zeiten t_0 und t_1 müssen anschließend berechnet werden:

$$U_S \overset{!}{=} \hat{u} \sin \omega t_0 \quad \longrightarrow \quad t_0 = \frac{1}{\omega} \arcsin \frac{U_S}{\hat{u}_1} = 0,224 \text{ ms}$$

Auf Grund der Symmetrie des Signals gilt somit für die Zeit t_1:

$$t_1 = \frac{T}{2} - t_0 = 5 \text{ ms} - 0,223 \text{ ms} = 4,776 \text{ ms}$$

Somit errechnet sich die Anzeige des Voltmeters zu:

$$U_{\text{ANZ}} = \frac{1}{T} \int_{t_0}^{t_1} \frac{1}{5} (\hat{u}_1 \sin \omega t - U_S) \, dt = -\frac{1}{5T} \left[\frac{\hat{u}_1}{\omega} \cos \omega t + U_S \right]_{t_0}^{t_1}$$

$$= - \left(\frac{\hat{u}_1}{5\omega T} (\cos \omega t_1 - \cos \omega t_0) + \frac{U_S}{5T} (t_1 - t_0) \right) \tag{9.27}$$

$$= - (-0,315 \text{ V} + 0,064 \text{ V}) = \mathbf{0,251 \text{ V}}$$

d) Wie aus Gl. (9.27) abgelesen werden kann, ist die Anzeige des Messgeräts U_{ANZ} unabhängig von der Frequenz, da gilt:

$$\omega T = 2\pi = \text{konstant} \neq f(\omega) \quad \text{und}$$

$$\cos \omega t_0 \neq f(\omega), \text{ da gilt: } \cos \left(\arcsin \frac{U_S = 0}{\hat{u}_1} \right) = \text{konstant}$$

$$\cos \omega t_1 \neq f(\omega), \text{ da gilt: } \cos \left(\frac{\omega T}{2} - \arcsin \frac{U_S = 0}{\hat{u}_1} \right) = \text{konstant}$$

$$\frac{t_1 - t_0}{5T} = \frac{\frac{T}{2} - 2t_0}{5T} = \frac{1 - 4\frac{t_0}{T}}{10} = \frac{1}{10} - \frac{\arcsin \frac{U_S = 0}{\hat{u}_1}}{5T} = \text{konstant} \quad \neq f(\omega)$$

Der Fehler der, bei Verwendung des idealen Diodenmodells gemacht wird, berechnet sich zu:

$$f = \frac{A - W}{W} \cdot 100 \,\% = \frac{0,318 \text{ V} - 0,251 \text{ V}}{0,251 \text{ V}} \cdot 100 \,\% = \mathbf{26,7 \,\%}$$

e) Um das Messgerät zu schützen, kann man eine Zenerdiode in Sperrrichtung parallel zum Messgerät schalten, die eine Zenerspannung von größer 4,7 V hat. Oder man kann eine Diodenkette mit mindestens acht Dioden (z. B. vom Typ 1N4148, $U_S = 0,7$ V) in Reihe, parallel zum Messgerät schalten, die beim Überschreiten der Summenschwellspannungen das Messgerät überbrücken. Beide Varianten sind in **Bild 9.10** abgebildet.

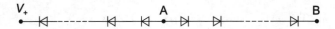

Bild 9.10   Schutzschaltungen für Messgeräte

153

9.4 Lösung zum Kapitel 4: Operations- und Rechenverstärker

9.4.1 Lösung zur Aufgabe 4.4.1

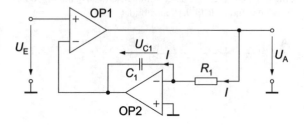

Bild 9.11 Invertierender Differentiator

a) Da der invertierende Eingang des Operationsverstärkers OP2 (**Bild 9.11**) virtuell auf Masse liegt, kann man u_A als Spannungsfall über R_1 bestimmen:

$$u_A = R_1 I = R_1 C_1 \frac{du_C}{dt} \quad \text{mit} \quad u_C = -u_E$$

$$u_A = -R_1 C_1 \frac{du_E}{dt}$$

Die Ausgangsspannung ist also die Ableitung der Eingangsspannung. Es handelt sich um ein Differenzierglied (Invertierender Verstärker mit einem Integrierverstärker im Gegenkoppelungszweig). Diese Schaltung hat zudem im Vergleich zu dem im Abschnitt 4.3.2 behandelten Differenzierglied den Vorteil eines hochohmigen Eingangs.

b)

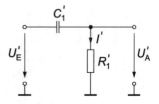

Bild 9.12 Analoge Differenzierschaltung

$$u_A' = R_1' I' = R_1' C_1' \frac{du_C}{dt} \quad \text{mit} \quad u_C = u_E' - u_A'$$

$$u_A' = R_1' C_1' \frac{d(u_E' - u_A')}{dt}$$

c) Während es sich bei der Schaltung in Bild 9.11 um ein „ideales" Differenzierglied handelt, stellt die Schaltung in **Bild 9.12** einen RC-Differentiator dar, der einen Fehlerterm $(\cdots - u'_A)$ erzeugt. Die Schaltung in Bild 9.12 ist nur für kleine Ausgangsspannungen $u'_A \ll u'_E$ näherungsweise als Differenzierer anzusehen.

9.4.2 Lösung zur Aufgabe 4.4.2

a)

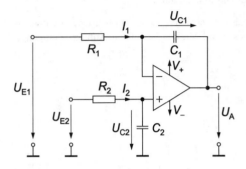

Bild 9.13 Integrator mit Differenzbildung

Umlauf 1: $\qquad u_A = u_{E1} - R_1 I_1 - u_{C1}$ $\qquad$ mit $\quad I_1 = I_{C1} = C_1 \dfrac{du_{C1}}{dt}$

Umlauf 2: $\qquad u_A = u_{E2} - R_2 I_2 - u_{C1}$ $\qquad$ mit $\quad I_2 = I_{C2} = C_2 \dfrac{du_{C2}}{dt}$

Umlauf 3: $\qquad u_A = u_{C2} - u_{C1}$

Aus dem Umlauf 1 folgt:

$$u_{E1} - u_A = u_{C1} + R_1 C_1 \frac{du_{C1}}{dt} \qquad (9.28)$$

Aus Umlauf 2 folgt:

$$u_{E2} - u_A = u_{C1} + R_2 C_2 \frac{du_{C2}}{dt} \qquad (9.29)$$

Unter Verwendung von Gl. (9.29) und Gl. (9.28) folgt:

$$u_{E2} - u_{E1} = R_2 C_2 \frac{du_{C2}}{dt} - R_1 C_1 \frac{du_{C1}}{dt} \qquad (9.30)$$

Mit der Bedingung $R_1 = R_2 = R$ und $C_1 = C_2 = C$ vereinfacht sich Gl. (9.30) zu:

$$u_{E2} - u_{E1} = RC \left(\frac{du_{C2}}{dt} - \frac{du_{C1}}{dt} \right)$$

Aus Umlauf 3 folgt :

$$\frac{du_A}{dt} = \frac{du_{C2}}{dt} - \frac{du_{C1}}{dt} \quad \text{und somit}$$

$$RC\frac{du_A}{dt} = u_{E2} - u_{E1}$$

$$\implies u_A = \frac{1}{RC} \int (u_{E2} - u_{E1})\, dt + K$$

Das ist die Gleichung eines Integrators mit Differenzbildung!

b) Zunächst muss die Gleichung für die Ausgangsspannung bestimmt werden. Anschließend wird dann die Integrationskonstante K bestimmt. Mit den bekannten Anfangsbedingungen ergibt sich **Bild 9.14**.

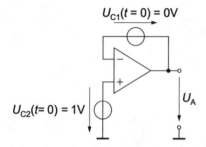

Bild 9.14   Berücksichtigung der Anfangsbedingungen

$$u_A = \frac{1}{RC} \int\limits_0^t u_{E2}\, dt + K = \frac{1}{RC} \int\limits_0^t \frac{1\,\text{V}}{40\,\text{ms}} t\, dt + K$$

$$= \frac{1}{1\,\text{ms}} \cdot \frac{1\,\text{V}}{40\,\text{ms}} \left[\frac{t^2}{2}\right]_0^t + K$$

$$= \frac{1}{1\,\text{ms}} \cdot \frac{1\,\text{V}}{40\,\text{ms}} \cdot \frac{t^2}{2} + K \tag{9.31}$$

Die Integrationskonstante wird unter Verwendung der Anfangsbedingungen und mit der Gl. (9.31) bestimmt:

$$u_A(t = 0) \overset{!}{=} 1\,\text{V} = \frac{1}{1\,\text{ms}} \cdot \frac{1\,\text{V}}{40\,\text{ms}} \cdot \frac{t^2}{2}\bigg|_{t=0} + K \implies K = 1\,\text{V}$$

Damit ergibt sich die Gleichung für die Ausgangsspannung zu:

$$u_A = \frac{1\,\text{V}}{80 \cdot (1\,\text{ms})^2}(t/\text{ms})^2 + 1\,\text{V} \tag{9.32}$$

Einige Stützwerte sind in der **Tabelle 9.4** tabelliert. **Bild 9.15** zeigt den entsprechenden Ausgangsspannungsverlauf.

156

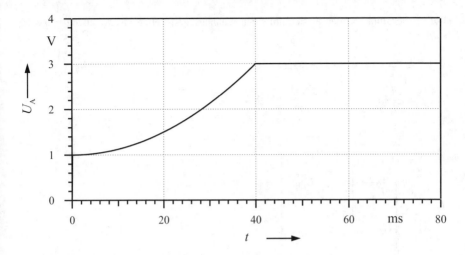

Bild 9.15 Ausgangsspannung u_A des Operationsverstärkers nach Tabelle 9.4

Zeitpunkt t/ms	0	10	20	30	40	50
Ausgangsspannung u_A/V	1,00	1,125	1,50	2,125	3,00	3,00

Tabelle 9.4 Stützwerte zum Zeichnen der Ausgangsspannung u_A

9.4.3 Lösung zur Aufgabe 4.4.3

a)

$$r_{DS} = \frac{U_p^2}{2I_0'\,(U_{st} - U_p)} = \frac{(1\text{ V})^2}{2 \cdot 1\text{ mA}\,(4\text{ V} + 1\text{ V})} = 100\ \Omega$$

b)

$$V' = \frac{U_A}{U_E} \quad\longrightarrow\quad U_A = -I_{DS}R_2 = -\frac{U_E}{r_{DS}}\,R_2 \tag{9.33}$$

Damit folgt für die Verstärkung V':

$$V' = -\frac{R_2}{r_{DS}} = -\frac{500\ \Omega}{100\ \Omega} = -5$$

c) Der FET dient als spannungsgesteuerter Widerstand. Eine Änderung der Steuerspannung U_{st} bewirkt eine Änderung des Verstärkungsfaktors V des invertierenden Messverstärkers.

157

Bei der Schaltung handelt es sich um einen spannungsgesteuerten invertierenden Messverstärker.

$$V' = \frac{U_A}{U_E} \quad \longrightarrow \quad r_{DS} = 500\ \Omega$$

$$U_{st} = \frac{U_p^2}{2I_0' r_{DS}} + U_p = \frac{(1\ V)^2}{2 \cdot 1\ mA} - 1\ V = 0\ V$$

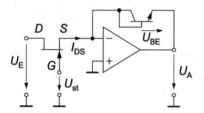

Bild 9.16 Logarithmierverstärker

d) Es ergibt sich die Schaltung nach **Bild 9.16**. Hierbei handelt es sich um einen Logarithmierverstärker mit veränderbarer Verstärkung:

$$I_{DS} = I_C = \frac{U_E}{r_{DS}} = I_0 e^{U_{BE}/U_T}$$

$$U_A = -U_{BE} = -U_T \ln\left(\frac{U_E}{r_{DS} I_0}\right)$$

Weiterhin muss gelten:

$$U_A = 0 \quad \longrightarrow \quad \ln\left|\frac{U_E}{r_{DS} I_0}\right| = \ln 1 \quad \longrightarrow \quad r_{DS} I_0 = 1\ V \tag{9.34}$$

Somit muss sich unter Berücksichtigung des Ergebnisses aus Gl. (9.34) ergeben:

$$U_A = -U_T \ln\left(\frac{U_E}{1\ V}\right) \tag{9.35}$$

$$U_{st} = \frac{U_p^2 I_0}{2I_0' \cdot 1\ V} + U_p$$

e) Um die inverse Kennlinie zu erhalten, muss man zunächst beachten, dass die neue Eingangsspannung nach Gl. (9.35) negativ ist. Um eine Delogarithmierung richtig durchführen

158

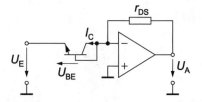

Bild 9.17 Delogarithmierverstärker oder e-Funktionsgenerator

zu können, muss auf die richtige Anordnung der Basis-Emitter-Spannung U_{BE} geachtet werden (**Bild 9.17**):

$$U_E = -U_{BE} \qquad I_C \gg I_B$$

$$I_C = \frac{U_A}{r_{DS}} = I_0 e^{-U_E/U_T} \qquad\qquad U_{BE} > 0 \text{ bzw. } U_E < 0$$

$$U_A = r_{DS} I_0 e^{-U_E/U_T} = 1 \text{ V} \cdot e^{-U_E/U_T} \qquad\qquad U_E > 0$$

Eine Multiplikation erfolgt durch Anwendung der Logarithmierregel: $\ln x + \ln y = \ln(xy)$.

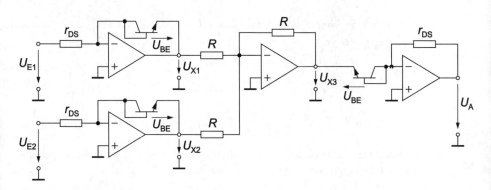

Bild 9.18 Multiplikationsschaltung für Spannungen mit Rechnenverstärkern

Dazu werden wie in **Bild 9.18** dargestellt zunächst die Eingangsspannungen U_{E1} und U_{E2} logarithmiert, dann addiert und anschließend delogarithmiert. Die Delogarithmierung erfolgt mit dem gleichen Widerstandswert r_{DS} wie die Logarithmierung!

$$U_{X3} = -(U_{X1} + U_{X2}) = \left[U_T \ln\left(\frac{U_{E1}}{1 \text{ V}}\right) + U_T \ln\left(\frac{U_{E2}}{1 \text{ V}}\right) \right] = U_T \ln\left(\frac{U_{E1}\, U_{E2}}{(1 \text{ V})^2}\right)$$

$$U_A = 1 \text{ V} \cdot e^{-U_{X3}/U_T} = \frac{U_{E1}\, U_{E2}}{1 \text{ V}} \qquad\qquad U_{E1},\ U_{E2} > 0$$

159

9.4.4 Lösung zur Aufgabe 4.4.4

a)

$$U_{X1} = -U_T \ln \left(\frac{I_1}{I_0} \right) \quad \text{mit} \quad I_1 = \frac{U_E}{R}$$

$$= -U_T \ln \left(\frac{U_E}{R I_0} \right) = U_{X2}$$

Die Spannung U_{X3} am Ausgang des Addierverstärkers ergibt sich zu:

$$U_{X3} = -R_5 \left(\frac{U_{X1}}{R_3} + \frac{U_{X2}}{R_4} \right) = -(U_{X1} + U_{X2})$$

$$= + \left[U_T \ln \left(\frac{U_E}{R I_0} \right) + U_T \ln \left(\frac{U_E}{R I_0} \right) \right]$$

Unter Anwendung der Logarithmierregel $\ln x + \ln y = \ln (xy)$ folgt:

$$U_{X3} = U_T \ln \left(\frac{U_E^2}{R I_0^{\,2}} \right)$$

b)

$$U_{X4} = -R_6 I_C = -R_6 I_0 e^{U_{BE}/U_T} \quad \text{mit} \quad U_{BE} = U_{X3}$$

$$= -R_6 I_0 e^{U_{X3}/U_T}$$

c)

$$U_{X4} = -R_6 I_0 e^{\ln \left(\frac{U_E^2}{(R I_0)^2} \right)} = -\frac{R_6 I_0}{(R I_0)^2} U_E^2 = -k_1 U_E^2 \tag{9.36}$$

Es handelt sich um eine Quadrierung (englisch: square, abgekürzt: S) der Eingangsspannung U_E. Aus Gl. (9.36) kann man die Konstante k_1 bestimmen:

$$k_1 = \frac{R_6 I_0}{(R I_0)^2}$$

d) Der Integrierverstärker bildet den arithmetischen Mittelwert (englisch: mean, abgekürzt: M) über der anliegenden Spannung. Durch die periodische Entladung des Kondensators wird über genau eine Periode der Spannung U_{X4} gemittelt:

$$U_{X5} = -\frac{1}{RC} \int_0^\tau U_{X4}\, dt + \underbrace{u_C(t = 0)}_{=0}$$

e)

$$U_{X5} = -\frac{1}{RC} \int_0^\tau -k_1 U_E^2 \, dt = \frac{k_1}{\tau} \int_0^\tau U_E^2 \, dt \qquad (9.37)$$

f)

$$U_{X6} = -U_T \ln \left(\frac{U_{X5}}{R_7 I_0} \right) ; \qquad U_{X7} = -\frac{1}{2} U_{X6}$$

g) Erneutes Anwenden der Logaritmierregeln ($k \ln x = \ln x^k$) ergibt:

$$U_{X7} = +\frac{U_T}{2} \ln \left(\frac{U_{X5}}{R_7 I_0} \right) = U_T \ln \left(\sqrt{\frac{U_{X5}}{R_7 I_0}} \right)$$

h)

$$U_{X8} = -R I_0 e^{U_{X7}/U_T} = -R I_0 e^{\ln \left(\sqrt{\frac{U_{X5}}{R_7 I_0}} \right)}$$

$$= -R I_0 \sqrt{\frac{U_{X5}}{R_7 I_0}} \qquad (9.38)$$

Der letzte Funktionsblock zieht die Wurzel (englisch: root, abgekürzt: R) aus der Spannung U_{X5}.

i) Ein Zusammenfügen der Gleichungen Gl. (9.38) und Gl. (9.37) führt zu dem Endergebnis:

$$U_{X8} = -R I_0 \sqrt{\frac{k_1}{R_7 I_0 \tau} \int_0^\tau U_E^2 \, dt} = -\sqrt{\frac{1}{\tau} \int_0^\tau U_E^2 \, dt}$$

Der Effektivwert einer beliebigen Wechselspannungsform (also auch nichtsinusförmigen Spannungen) wird demnach durch das DVM angezeigt. Der englische Ausdruck lautet: true RMS (Root-Mean-Square) measurement, also die Anzeige des genauen Effektivwerts einer Wechselspannung. Dies ist der elektronische Ersatz eines Dreheisenmessinstruments!

9.4.5 Lösung zur Aufgabe 4.4.5

a) Im Falle einer Eingangsspannung größer null wird durch den invertierenden Verstärker die Ausgangsspannung negativ und Diode D_2 leitet, während die Diode D_1 sperrt. Die Schaltung arbeitet, wie in **Bild 9.19** dargestellt, als invertierender Verstärker:

$$U_E > 0 \qquad U_{X1} = -\frac{R_2}{R_1} U_E$$

Im Falle einer Eingangspannung kleiner null wird die Diode D_1 leitfähig, während Diode D_2 sperrt. Damit ergibt sich das Ersatzschaltbild nach **Bild 9.20**. Man erkennt, dass der Gegenkopplungswiderstand R_2 nicht mehr in dem Gegenkopplungzweig des Operationsverstärkers OP1 liegt, und somit kein mehr Strom mehr durch den Widerstand R_2 fließt. Daraus folgt:

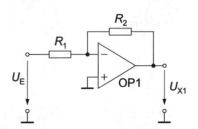

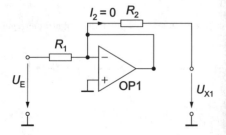

Bild 9.19 Ersatzschaltbild für $U_E^* > 0$ **Bild 9.20** Ersatzschaltbild für $U_E < 0$

$$U_E < 0 \qquad U_{X1} = -\underbrace{I_2}_{=0} R_2 + \underbrace{U_-}_{=U_+=0} = 0$$

Das Ergebnis läßt sich zusammenfassen, und man kann $U_{X1} = f(U_E)$, wie in **Bild 9.21** dargestellt, zeichnen:

$$U_{X1}(U_E) = \begin{cases} -\dfrac{R_2}{R_1} U_E & \text{für} \quad U_E > 0 \\ 0 & \text{für} \quad U_E < 0 \end{cases}$$

b) Es handelt sich beim Operationsverstärker OP2 um einen invertierenden Addierverstärker:

$$U_A = -\left(\frac{R_5}{R_4} U_E + \frac{R_5}{R_3} U_{X1} \right) \tag{9.39}$$

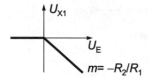

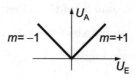

Bild 9.21 Kennlinie nach dem ersten Operationsverstärker OP1

Bild 9.22 Kennlinie eines Zweiweggleichrichters

c) Verwendet man die Gl. (9.39) und das Ergebnis aus Aufgabenteil a), so erhält man die Gleichung eines Zweiweggleichrichters , um die in **Bild 9.22** abgebildete Kennlinie zu konstruieren:

$$U_A(U_E) = \begin{cases} U_A = -[U_E + (-2U_E)] = +U_E & \text{für} \quad U_E > 0 \\ U_A = -[-U_E - 0\ \text{V}] = +U_E & \text{für} \quad U_E < 0 \end{cases}$$

d) **Bild 9.23** zeigt die unterschiedlichen Spannungsverläufe am Zweiweggleichrichter.

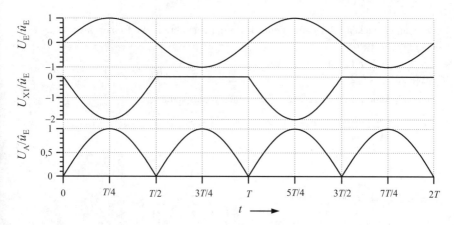

Bild 9.23 Spannungsverläufe des idealen Doppelweg-Gleichrichters

9.5 Lösungen zum Kapitel 5: Gleich- und Wechselstrombrücken

9.6 Lösungen zum Abschnitt 5.2: Gleichstrombrücken

9.6.1 Lösung zur Aufgabe 5.2.1

a)

$$U_d = U_2 - U_1 = U_0 \left(\frac{R_2}{R_2 + R_4} - \frac{R_1}{R_1 + R_3} \right)$$

b)

$$U_d = U_0 \left(\frac{1}{2} - \frac{R \pm \Delta R}{2R \pm \Delta R} \right) = U_0 \left(\frac{1}{2} - \frac{1 \pm \frac{\Delta R}{R}}{2 \pm \frac{\Delta R}{R}} \right) = -\frac{U_0}{2} \frac{\pm \frac{\Delta R}{R}}{2 \pm \frac{\Delta R}{R}} \qquad (9.40)$$

c) Für kleine Widerstandsänderungen ΔR kann man zwei Lösungsansätze verfolgen. Eine Möglichkeit besteht im Vergleich der Größenordnungen der Widerstandsverhältnisse:

$$2 \gg \frac{\Delta R}{R}$$

oder man entwickelt Gl. (9.40) in eine Taylorreihe und bricht die Reihenentwicklung nach dem linearen Glied ab:

$$\frac{X}{2 + X} = X \left(\frac{1}{2} - \frac{1}{2} X + \cdots \right) \longrightarrow \frac{X}{2 + X} \approx \frac{X}{2} \quad \text{für} \quad X \ll 1$$

und erhält somit für die angenäherte Brückendiagonalspannung:

$$U_d' = -\frac{U_0}{4} \frac{\pm \Delta R}{R}$$

d)

$$F = \frac{A - W}{W} \cdot 100 \ \%$$

$$= \frac{-\dfrac{U_0}{4} \dfrac{\pm \Delta R}{R} + \dfrac{U_0}{2} \dfrac{\pm \frac{\Delta R}{R}}{2 \pm \frac{\Delta R}{R}}}{-\dfrac{U_0}{2} \dfrac{\pm \frac{\Delta R}{R}}{2 \pm \frac{\Delta R}{R}}} \cdot 100 \ \%$$

$$= -\frac{\pm \frac{\Delta R}{R}}{4 \pm \frac{\Delta R}{R}} \ 2 \left(2 + \frac{\pm \Delta R}{R} - 1 \right) \cdot 100 \ \%$$

$$= -\frac{1}{2} \frac{\pm \Delta R}{R} \cdot 100 \ \%$$

e) Ein zweiter DMS mit dem selben Temperaturkoeffizienten wie der des Widerstands R_1 kann an Stelle von R_2 oder R_3 gesetzt werden.

9.6.2 Lösung zur Aufgabe 5.2.2

a)

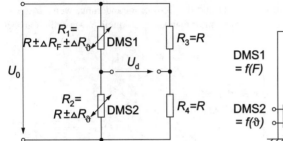

Bild 9.24 Brückenschaltung mit 2 DMS auf dem Balken zur Kraftmessung

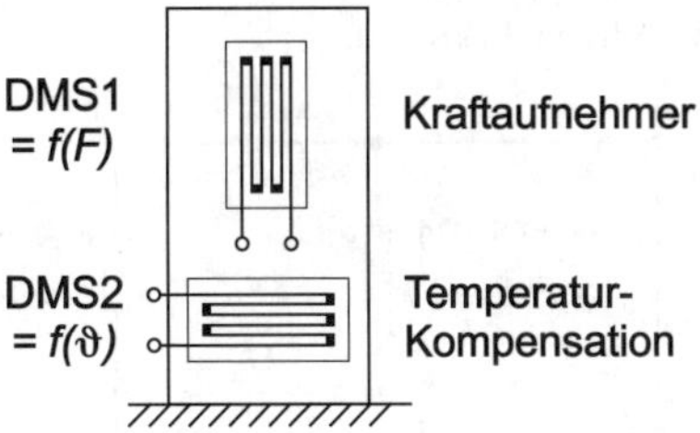

Bild 9.25 Anordnung der beiden DMS auf dem Balken

b)

$$U_d = U_2 - U_4 = U_0 \frac{R_2 R_3 - R_1 R_4}{(R_1 + R_2)(R_3 + R_4)}$$

mit

$$R_1 = R \pm \Delta R_F \pm \Delta R_\vartheta,\ R_2 = R \pm \Delta R_\vartheta \text{ und } R_3 = R_4 = R$$

folgt dann:

$$U_d = U_0 \frac{\mp \Delta R_F}{4R \pm 2\Delta R_F \pm 4\Delta R_\vartheta} \tag{9.41}$$

c) Die Empfindlichkeit S der Brücke bestimmt sich mit Hilfe der Quotientenregel zu:

$$S = \frac{dU_d}{d(\Delta R_F)} = U_0 \frac{\mp (4R \pm 4\Delta R_\vartheta)}{(4R \pm 2\Delta R_F \pm 4\Delta R_\vartheta)^2} \tag{9.42}$$

d) Der Zähler der Gl. (9.41) ist direkt proportional zur Widerstandsänderung ΔR_F und ohne Temperatureinfluss. Allerdings ist noch im Nenner der Temperatureinfluss zu erkennen. Dieser hat, wie man nach Berechnung der Empfindlichkeit in Gl. (9.42) sehen kann, zur Folge,

165

dass die Brückenempfindlichkeit nicht konstant (nichtlineare Terme) ist. Deshalb muss man Gl. (9.41) durch geeignete Bauteilewahl näherungsweise linearisieren. Mit der Bedingung $\Delta R_F \ll R$ und $\Delta R_\vartheta \ll R$ ergibt sich:

$$U_d \approx \mp \frac{\Delta R_F}{4R} U_0 \quad \xrightarrow{\frac{dU_d}{d(\Delta R_F)}} \quad S \approx \mp \frac{1}{4R} U_0 \qquad (9.43)$$

Es erfolgt kein Ausschlag der Brücke auf Grund der Temperaturänderung, wenn R_{DMS} so dimensioniert wird, dass der kraft- und temperaturunabhängige Anteil R wesentlich größer als ΔR_F und ΔR_ϑ ist.

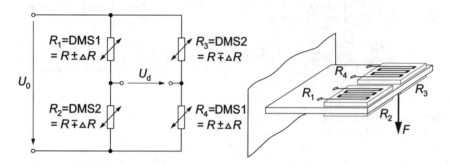

Bild 9.26 Anordnung der DMS zu einer Vollbrücke

Bild 9.27 Anordnung der vier DMS auf dem Balken

e) Eine Anordnung der DMS erfolgt nach **Bild 9.26** und **Bild 9.27**.Es gilt:

$$R_1 = R_4 = R \pm \Delta R_F \pm \Delta R_\vartheta, \ R_2 = R_3 = R \mp \Delta R_F \pm \Delta R_\vartheta$$

$$U_d = U_0 \frac{\mp 4\Delta R_F R \mp 4\Delta R_F \Delta R_\vartheta}{4R^2 \pm 8\Delta R_\vartheta R \pm 4(\Delta R_\vartheta)^2} \qquad (9.44)$$

Um Gl. (9.44) zu linearisieren, muss $\Delta R_\vartheta \ll R$ gelten. Somit vereinfacht sich diese zu:

$$U_d \approx U_0 \cdot \left(\mp \frac{\Delta R_F}{R} \right) \quad \xrightarrow{\frac{dU_d}{d(\Delta R_F)}} \quad S = \frac{dU_d}{d(\Delta R_F)} \approx U_0 \cdot \left(\mp \frac{1}{R} \right)$$

Vergleicht man das Ergebnis mit der Empfindlichkeit der Viertelbrücke nach Gl. (9.43), so hat sich diese bei der Vollbrücke vervierfacht! Weiterhin kann man aus Gl. (9.44) erkennen, dass der Brückenausschlag sowie die Empfindlichkeit der Vollbrücke ohne Temperatureinflüsse (zusätzlicher Einbau der Brücke in einen Thermostat!) genau linear ist!

166

9.6.3 Lösung zur Aufgabe 5.2.3

a) Bestimmung der Brückendiagonalspannung U_d in Abhängigkeit der Drucksensoren:

$$U_d = U_0 \left(\frac{R_4}{R_2 + R_4} - \frac{R_3}{R_1 + R_3} \right) = U_0 \frac{R_1 R_4 - R_2 R_3}{(R_1 + R_3)(R_2 + R_4)}$$

mit $R_1 = R_4 = R_p = R_{p0} \pm \Delta R_p$ und $R_2 = R_3 = R_{p0}$ folgt:

$$U_d = U_0 \frac{(R_{p0} \pm \Delta R_p)^2 - R_{p0}^2}{(2R_{p0} \pm \Delta R_p)^2} = U_0 \frac{\pm 2\frac{\Delta R_p}{R_{p0}} + \left(\pm \frac{\Delta R_p}{R_{p0}}\right)^2}{4 \pm 4\frac{\Delta R_p}{R_{p0}} + \left(\pm \frac{\Delta R_p}{R_{p0}}\right)^2}$$

Mit $\Delta R_p / R_{p0} \ll 1$ folgt dann :

$$U_d = U_0 \cdot \left(\pm \frac{\Delta R_p}{2R_{p0}} \right) \overset{!}{=} \pm \frac{U_0}{2} K_p \cdot \Delta p$$

Damit errechnet sich die Empfindlichkeit der Brücke zu:

$$S = \frac{dU_d}{dp} = \pm \frac{U_0}{2} K_p = 5 \cdot 10^{-7} \frac{V}{Pa}$$

b) Der Messverstärker muss berechnet werden:

Knoten: $I_{R7} = I_{R5} + I_{R6}$

sowie: $U_A = -I_{R7} R_7$; $I_{R5} = \frac{U_1}{R_5}$; $I_{R6} = \frac{U_{ref}}{R_6}$

ergibt: $U_A = - \left(\frac{R_7}{R_6} U_{ref} + \frac{R_7}{R_5} U_1 \right)$

c) Die Ausgangsspannung ist eine lineare Funktion des Drucks (Geradengleichung):

$$U_A = \underbrace{-\frac{R_7}{R_6} U_{ref}}_{c} + \underbrace{\frac{R_7}{R_5} \frac{U_0}{2} K_p}_{m} \cdot \Delta p$$

d)

$h = 0\,\text{m}$ $U_A(h) = 0\,\text{V} = c - m p_0$ $\longrightarrow$ $c = m p_0$

$h = 2000\,\text{m}$ $U_A(h) = 2\,\text{V} = c - m\Delta p$ $\longrightarrow$ $2\,\text{V} = m p_0 - m\Delta p$

$$\longrightarrow \quad m = \frac{2\,\text{V}}{p_0 - \Delta p} = 8,925 \cdot 10^{-5}\,\frac{\text{V}}{\text{Pa}}; \quad c = mp_0 = 9,04\,\text{V}$$

$$\longrightarrow \quad R_5 = \frac{U_0}{2}\,\frac{R_7}{m}\,K_\text{p} = \mathbf{560,2\,\Omega}$$

$$\longrightarrow \quad R_6 = -U_\text{ref}\frac{R_7}{c} = -U_\text{ref}\frac{R_7}{mp_0} = \mathbf{55,3\,k\Omega}$$

e) Der neue Übertragungsfaktor ergibt sich zu $K'_\text{p} = K_\text{p}(1 + \alpha\Delta\vartheta)$, und somit errechnet sich die Spannung U_1:

$$U_1 = U_0 \cdot \left(\pm\frac{\Delta R_\text{p}}{2R_\text{p0}}\right) \overset{!}{=} \pm\frac{U_0}{2}\,K_\text{p}(1 + \alpha\Delta\vartheta) \cdot \Delta p$$

Damit läßt sich nun der Einfluss der Temperaturänderung bei der entsprechenden Höhe ermitteln:

$$U_\text{A} = -\frac{R_7}{R_6}\,U_\text{ref} - \left(\frac{R_7}{R_5}\,\frac{U_0}{2}\,K_\text{p} \cdot \Delta p + \underbrace{\frac{R_7}{R_5}\,\frac{U_0}{2}\,K_\text{p}\,\alpha\,\Delta\vartheta}_{m'} \cdot \Delta p\right)$$

$$\Delta U_\text{A}\bigg|_{h\,=\,0\,\text{m}} = m'\Delta p = m\,\alpha\,\Delta\vartheta\,\Delta p = \mathbf{0,18\,V} \,\hat{=}\, \mathbf{180\,m}$$

$$\Delta U_\text{A}\bigg|_{h\,=\,2000\,\text{m}} = m'\Delta p = m\,\alpha\,\Delta\vartheta\,\Delta p = \mathbf{0,14\,V} \,\hat{=}\, \mathbf{140\,m}$$

9.7 Lösungen zum Abschnitt 5.4: Wechselstrombrücken

9.7.1 Lösung zur Aufgabe 5.4.1

a) Zur Prüfung auf Abgleichbarkeit der Brücken wird die Winkelbedingung aufgestellt:

$$\varphi_1 + \varphi_4 = \varphi_2 + \varphi_3$$

Brücke 1:

$$-\frac{\pi}{2} + \frac{\pi}{2} = 0 + 0 \quad \longrightarrow \quad \text{abgleichbar}$$

Brücke 2:

$$\underbrace{\frac{\pi}{2} + \frac{\pi}{2}}_{\text{wird niemals 0}} = 0 + 0 \quad \longrightarrow \quad \text{nicht abgleichbar}$$

Brücke 3:

$$\underbrace{\frac{\pi}{2} + \left(0 < \varphi_4 < \frac{\pi}{2}\right)}_{\text{wird niemals 0}} = 0 + 0 \quad \longrightarrow \quad \text{nicht abgleichbar}$$

168

Brücke 4:

$$\left(-\frac{\pi}{2} < \varphi_1 < 0\right) + 0 = 0 + \left(-\frac{\pi}{2} < \varphi_2 < 0\right) \quad \longrightarrow \quad \text{abgleichbar}$$

Abgleichbar sind somit nur die Brücken 1 und Brücke 4.

b) Abgleichbedingung für die Brücken:

$$\underline{Z}_1\underline{Z}_4 = \underline{Z}_2\underline{Z}_3$$

Abgleichbedingung für Brücke 1:

$$\frac{L_4}{C_1} = R_2R_3 \quad \longrightarrow \quad \text{Abgleich frequenzunabhängig}$$

Abgleichbedingung für Brücke 4:

$$R_4\left(R_1 + \frac{1}{j\omega C_1}\right) = R_3\left(\frac{R_2}{1 + j\omega C_2 R_2}\right)$$

$$\underbrace{R_1R_4 + \frac{R_2R_4C_2}{C_1} - R_2R_3}_{\Re} + \underbrace{j\omega R_1 R_4 C_2 - j\frac{R_4}{\omega C_1}}_{\Im} = 0$$

Realteil:
$$R_1R_4 + \frac{R_2R_4C_2}{C_1} = R_2R_3 \qquad (9.45)$$

Imaginärteil:
$$\omega^2 = \frac{1}{R_1R_2C_1C_2} \qquad (9.46)$$

Nach Bestimmung von Realteil und Imaginärteil erkennt man aus Gl. (9.46), dass der Brückenabgleich von Brücke 4 frequenzabhängig ist.

c) Auf Grund der Symmetrie der Brückenanordnung hat ein Vertauschen der Null- und Speisediagonale keinen Einfluß auf die Abgleichbarkeit der Brücken.

169

9.7.2 Lösung zur Aufgabe 5.4.2

a) Die Schering-Brücke verwendet man zur Bestimmung der dielektrischen Materialkonstanten ε_r sowie zur Bestimmung der dielektrischen Verluste von Isolierstoffproben bei Hochspannungsbeanspruchung. Man kann sie aber auch einfach zur Bestimmung der Kapazität C_x von unbekannten Kondensatoren verwenden, die für hohe Spannungen gedacht sind, da sich bei der Schering-Brücke die Brückenabgleichelemente auf einer „Brückenhälfte" (nämlich der Niederspannungsseite, siehe auch **Bild 9.28**) der Brücke befinden.

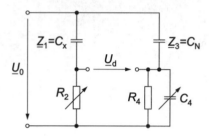

Bild 9.28 Schering-Brücke

b) Man wählt einen Plattenkondensator, um auf einfache Weise ein homogenes Feld zu erhalten. In den Kondensator wird anschließend die Isolierstoffprobe eingeschoben. Um Randfeldeffekte bei der Messung von C_x zu vermeiden, ist die erdseitige Elektrode des Plattenkondensators nach **Bild 9.29** mit einem Schirmring umgeben, der dann über das Zuleitungskabel von C_x geerdet wird.

Bild 9.29 Elektrodenanordnung zur Bestimmung der Materialkonstanten ε_r (Schutzringkondensator)

c) Grundsätzlich läßt sich das Reihen- oder das Parallel-Ersatzschaltbild zur Berechnung des $\tan \delta$ heranziehen. Physikalisch zutreffender ist die Parallel-Ersatzschaltung mit $\underline{Z}_x = R_x/(1 + j\omega C_x R_x)$. Aus der Abgleichbedingung $\underline{Z}_1 \underline{Z}_4 = \underline{Z}_2 \underline{Z}_3$ folgt:

$$\left(\frac{R_x}{1 + j\omega C_x R_x} \right) \left(\frac{R_4}{1 + j\omega C_4 R_4} \right) = \frac{R_2}{j\omega C_N}$$

170

Eine Aufspaltung in Realteil und Imaginärteil ergibt:

Realteil: $\qquad \dfrac{C_4}{C_N}R_4 + \dfrac{C_x}{C_N}R_x - \dfrac{R_xR_4}{R_2} = 0$ $\qquad\qquad$ (9.47)

Imaginärteil: $\qquad \dfrac{1}{\omega C_N} - \dfrac{\omega C_x C_4 R_x R_4}{C_N} = 0$ $\qquad\qquad$ (9.48)

d) Der Verlustfaktor einer Isolierstoffprobe bestimmt sich für das Parallelersatzschaltbild der Kapazität zu:

$$\tan\delta_x = \frac{P_W}{P_B} = \frac{|U^2/R_x|}{|U^2 j\omega C_x|}$$

$$\tan\delta_x = \frac{1}{\omega R_x C_x} \qquad\qquad (9.49)$$

Unter Verwendung von Gl. (9.48) erhält man aus Gl. (9.49):

$$\tan\delta_x = \omega R_4 C_4 \qquad\qquad (9.50)$$

Um C_x als Funktion von $\tan\delta_x$ zu berechnen, setzt man Gl. (9.50) und Gl. (9.49) in Gl. (9.47) ein und erhält dann:

$$\frac{C_4 R_4}{R_x} + C_x = C_N\frac{R_4}{R_2}$$

$$\frac{\tan\delta_x}{\omega}\cdot\omega C_x\tan\delta_x + C_x = C_N\frac{R_4}{R_2}$$

und man erhält für den unbekannten Kondensator C_x:

$$C_x = C_N\frac{R_4}{R_2}\frac{1}{1+\tan^2\delta_x} \qquad\qquad (9.51)$$

e) Es müssen zwei Messungen vorgenommen werden. Zum einen für die Bestimmung von C_{x0} (Kondensator in Luft) und zum anderen zur Bestimmung von C_x (Kondensator mit Isolierstoffprobe):

$$C_{x0} = \varepsilon_0\frac{A}{d},\ C_x = \varepsilon_0\varepsilon_r\frac{A}{d}$$

Daraus folgt die von der Elektrodengeometrie unabhängige Bestimmungsgleichung für ε_r :

$$\varepsilon_r = \frac{C_x}{C_{x0}}$$

Für das Parallel-Ersatzschaltbild ergibt sich unter Einbeziehungvon Gl. (9.51) die dielektrische Elektrizitätskonstante zu:

$$\varepsilon_r = \frac{R_{20}\left(1+\tan^2\delta_{x0}\right)}{R_2\left(1+\tan^2\delta_x\right)}$$

171

9.7.3 Lösung zur Aufgabe 5.4.3

a)

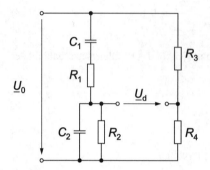

Bild 9.30 Wien-Robinson-Brücke zur Frequenzmessung

Aus der Abgleichbedingung $\underline{Z}_1\underline{Z}_4 = \underline{Z}_2\underline{Z}_3$ folgt:

$$\left(R_1 + \frac{1}{j\omega C_1}\right)R_4 = \left(\frac{R_2}{1 + j\omega C_2 R_2}\right)R_3$$

Eine Aufspaltung in Realteil und Imaginärteil ergibt :

Realteil : $\qquad \frac{R_1}{R_2} + \frac{C_2}{C_1} - \frac{R_3}{R_4} = 0 \qquad\qquad (9.52)$

Imaginärteil : $\qquad \omega^2 = \frac{1}{R_1 R_2 C_1 C_2} \qquad\qquad (9.53)$

b) Der Ausdruck für die Frequenz nach Gl. (9.53) vereinfacht sich dann so weit wie möglich, wenn $C_1 = C_2 = C$ und $R_1 = R_2 = R$ gilt. Weiterhin wählt man $R_3 = 2R_4$. Für den Brückenabgleich wird damit der Realteil nach Gl. (9.52) immer zu null. Der Abgleich erfolgt in einem Schritt durch gleichzeitiges Verändern der mechanisch direkt verbundenen Widerstände $R_1 = R$ und $R_2 = R$. Im Abgleichfall bestimmt sich damit die Frequenz der Brückenspeisespannung zu:

$$f = \frac{1}{2\pi RC}$$

172

c) Zunächst muss man die Brückendiagonalspannung für die ermittelten Bauteilewerte bestimmen:

$$\underline{U}_\mathrm{d} = \left(\frac{\underline{Z}_2}{\underline{Z}_2 + \underline{Z}_1} - \frac{R_4}{R_3 + R_4} \right) \underline{U}_0 = \left(\frac{\frac{R_2}{1+j\omega R_2 C_2}}{\frac{R_2}{1+j\omega R_2 C_2} + R_1 + \frac{1}{j\omega C_1}} - \frac{1}{3} \right) \underline{U}_0$$

$$= \left(\frac{1}{3 + j\frac{(\omega RC)^2 - 1}{\omega RC}} - \frac{1}{3} \right) \underline{U}_0 = \left(-\frac{1}{3 + j9\left(\frac{\omega RC}{1-\omega^2 R^2 C^2} \right)} \right) \underline{U}_0 \qquad (9.54)$$

Mit dem Ergebnis aus Gl. (9.54) läßt sich im ersten Schritt der Kehrwert der Brückendiagonalspannung $1/\underline{U}_\mathrm{d}(\omega)$ wie in **Bild 9.31** dargestellt, als eine einfache Gerade konstruieren. Anschließend wird die Gerade in der komplexen Ebene invertiert, um die Ortskurve $\underline{U}_\mathrm{d}(\omega)$ der Gl. (9.54) zu erhalten. Dadurch ergibt sich ein Kreis (**Bild 9.32**), der durch den Ursprung geht. Anschließend muss dieser auf Grund des negativen Vorzeichens noch an der imaginären Achse gespiegelt werden. Wie man aus Bild 9.32 erkennen kann, wechselt die Spannung $\underline{U}_\mathrm{d}(\omega)$ nur die Phasenlage, aber nicht das Vorzeichen. Es findet also ein Ausschlag des Nullindikators nur in eine Richtung statt.

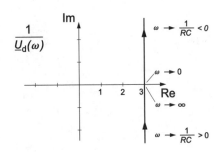

Bild 9.31　Ortskurve $1/\underline{U}_\mathrm{d}(\omega)$

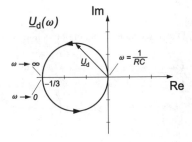

Bild 9.32　Ortskurve $\underline{U}_\mathrm{d}\omega)$

9.7.4　Lösung zur Aufgabe 5.4.4

a) Aus der Abgleichbedingung $\underline{Z}_1 \underline{Z}_3 = \underline{Z}_2 \underline{Z}_4$ folgt:

$$R_1 \left(R_3 + \frac{1}{j\omega C_3} \right) = R_4 \left(R_2 + \frac{1}{j\omega C_2} \right)$$

$$R_1 R_3 - j\frac{R_1}{\omega C_3} = R_2 R_4 - j\frac{R_4}{\omega C_2}$$

Eine Aufspaltung in Realteil und Imaginärteil ergibt die Lösung :

Realteil:　　　　　　　　$R_3 = R_4 \dfrac{R_2}{R_1}$

Imaginärteil:　　　　　　$C_3 = C_2 \dfrac{R_1}{R_4}$

173

b) **Bild 9.33** zeigt das Zeigerdiagramm für die abgeglichene Brücke.

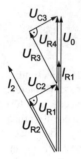

Bild 9.33 Abgeglichene Wechselstrombrücke für $R_1 = R_2 = R_3 = R$ und $C_2 = C$

c) Die Brückendeterminante berechnet sich wie folgt:

$$\frac{\underline{U}_d}{\underline{U}_0} = \frac{\underline{Z}_2\underline{Z}_4 - \underline{Z}_1\underline{Z}_3}{(\underline{Z}_1 + \underline{Z}_4)(\underline{Z}_2 + \underline{Z}_3)} = \frac{\underline{D}}{\underline{N}}$$

$$\underline{D} = R_1R_3 - R_2R_4 + j\left(\frac{R_4}{j\omega C_2} - \frac{R_1}{j\omega C_3}\right)$$

mit Werten ergibt sich:

$$\underline{D} = \underbrace{RR_3 - R^2}_{A} + j\underbrace{\left(\frac{R}{j\omega C} - \frac{R}{j\omega C_3}\right)}_{B}$$

d) Berechnung der Kurvenschar bei Variation von C_3:

$$\underline{D}(C_3)\Big|_{R_3 = 4\cdot R} \qquad = 3R^2 + j\left(\frac{R}{\omega C} - \frac{R}{\omega C_3}\right)$$

$$\underline{D}(C_3)\Big|_{R_3 = R} \qquad = \quad 0 + j\left(\frac{R}{\omega C} - \frac{R}{\omega C_3}\right) \qquad \text{Abgleich!}$$

$$\underline{D}(C_3)\Big|_{R_3 = 0} \qquad = -R^2 + j\left(\frac{R}{\omega C} - \frac{R}{\omega C_3}\right)$$

Berechnung der Kurvenschar bei Variation von R_3:

$$\underline{D}(R_3)\Big|_{C_3 = 4 \cdot C} = RR_3 - R^2 + j\frac{3R}{4\omega C}$$

$$\underline{D}(R_3)\Big|_{C_3 = C} = RR_3 - R^2 + j\,0 \qquad\qquad \text{Abgleich!}$$

$$\underline{D}(R_3)\Big|_{C_3 = 0,5 \cdot C} = RR_3 - R^2 - j\frac{R}{\omega C}$$

Die Bereichsgrenzen werden festgelegt durch $R_3 = 0$ und $C_3 = \infty$, da hierfür jeweils eine Geradengleichung existiert (endlicher Wert der Determinante bei der Grenzwertbildung). **Bild 9.34** zeigt den Verlauf der Ortskurve von Punkt 1 bis Punkt 3 für die gegebenen Werte.

e) Die Ortskurvenscharen in Bild 9.34 stehen immer senkrecht zueinander und entsprechen Geradengleichungen. Somit ist immer auch ein Abgleich in nur zwei Schritten möglich.

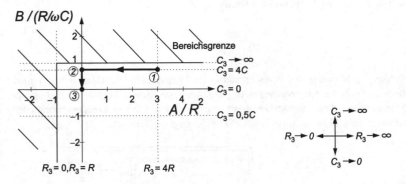

Bild 9.34 Ortskurve der Wechselstrombrücke bei Variation von R_3 bzw. C_3

9.8 Lösungen zum Kapitel 6: Oszilloskop

9.8.1 Lösung zur Aufgabe 6.2.1

a) Die Anstiegszeit wird definiert [20] als die Zeitdifferenz, die das Signal benötigt, um von 10 % auf 90 % des Spannungsendwerts anzuwachsen. Für den Tiefpass erster Ordnung (Aufladevorgang eines Kondensators) gilt:

$$T_a = 2,2\,\tau; \qquad \tau = RC \tag{9.55}$$

Die Grenzfrequenz ist wie folgt definiert:

$$f_c = \frac{1}{2\pi\tau} \tag{9.56}$$

Gl. (9.55) und Gl. (9.56) kann man zu einer Gleichung zusammenfassen, mit deren Hilfe aus dem Zeitverhalten des Oszilloskops auf das Frequenzverhalten geschlossen werden kann, sofern sich dieses wie ein Tiefpass erster Ordnung verhält:

$$f_c = \frac{0,35}{T_a} \tag{9.57}$$

b) Möglichkeit 1: Messung des Ampliudenfalls im Frequenzbereich. Dazu benötigt man einen HF-Sinusgenerator mit konstanter Ausgangsspannung, dessen höchste Signalfequenz über der Grenzfrequenz des Oszilloskops liegt. In unserem Fall wäre ein Frequenzbereich des Generators von 0 bis 30 MHz ausreichend. **Bild 9.35** zeigt die Messschaltung.

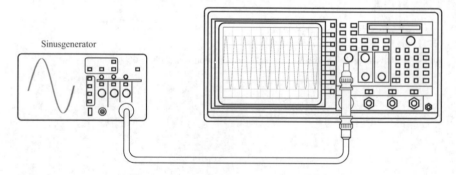

Bild 9.35 Messschaltung zur Bestimmung der Grenzfrequenz eines Oszilloskops

Es ist darauf zu achten, dass Signalgeneratoren in der Regel einen Innenwiderstand von $R_i = 50\,\Omega$ besitzen. Damit es bei den hohen Signalfrequenzen zu keinen Reflexionen kommt, muss auch das Zuleitungskabel einen Wellenwiderstand von $50\,\Omega$ besitzen. Ebenso muss das Messkabel am Oszilloskop mit einem $50\text{-}\Omega$-Widerstand abgeschlossen werden (BNC-T-Stück).

Bei kleinen Signalfrequenzen ($f \ll f_c$) ist das Übertragungsverhalten konstant. Die hier gemessene Signalamplitude entspricht dem 100-%-Wert. Verändert man die Generatorfrequenz zu höheren Frequenzen, so nimmt auf Grund des Tiefpassverhaltens des Oszilloskops die Signalamplitude ab. Bei Abnahme der Signalamplitude auf 70,7 % mann man die Genzfrequenz f_c direkt an dem Signalgenerator ablesen.

Möglichkeit 2: Berechnung der Grenzfrequenz aus der gemessenen Anstiegszeit. Benötigt wird dazu ein Impulsgenerator, der die Impulse mit sehr kleiner Anstiegszeit erzeugt. Die Anstiegszeit des Impulsgenerators muss kleiner als die des Oszilloskops sein. Als praxis naher Richtwert gilt:

$$T_{a\,Imp} \leq \frac{T_{a\,Osz}}{5}$$

Der Anschluss des Impulsgenerators an das Oszilloskop erfolgt ebenso wie der des Frequenzgenerators (zuvor beschrieben). Anschließend wählt man die kleinste Zeitbasis des Oszilloskops (evtl. X-Magnification, was einer Dehnung der Zeitbasis um den Faktor 10 entspricht) und liest dann die Anstiegszeit des Impulses am Bildschirm ab. Ist die Anstiegszeit des Impulsgenerators genügend klein, so wird die Anstiegszeit allein durch das Oszilloskop bestimmt. Die Grenzfrequenz läßt sich anschließend mit Gl. (9.57) berechnen. **Bild 9.36** zeigt die zu verwendende Messschaltung.

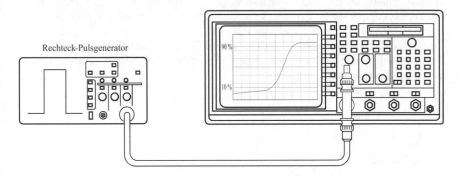

Bild 9.36   Messschaltung zur Bestimmung der Anstiegszeit eines Oszilloskops

c) Vorteile des abgelichenen Tastkopfs:
Man kann je nach Teilerverhältnis a (10:1-Standard, 100:1-Hochspannungstastkopf) höhere Spannungen messen. Messungen in elektrischen Schaltungen sind oft überhaupt nur durch Verwendung eines Tastkopfs möglich. Dieser erlaubt einen Anschluss des Oszilloskops unmittelbar am gewünschten Messpunkt.
Alle Frequenzen bis zur oberen Grenzfrequenz des Gesamtsystems (Tastkopf und Oszilloskop) werden übertragen (Frequenzunabhängigkeit des abgeglichenen Tastkopfs).

177

Der wichtigste Vorteil des Tastkopfs: Geringe Belastung des Messobjekts, vor allem wichtig bei Messungen von sehr hohen Frequenzen:

$$R_b = a R_e \quad \text{und} \quad C_b = \frac{C_e}{a}$$

Nachteile des Tastkopfs:
Bei Anschluss des Tastkopfs an ein anderes Oszilloskop oder mit einem anderen Messkabel muss dieser erneut abgeglichen werden.
Bei hohen Teilerverhältnissen a nimmt die kleinste mögliche Spannungsauflösung ab.
Bei hohen Teilerverhältnissen (z. B. Hochspannungstastkopf) beeinflussen die äußeren Dimensionen des Tastkopfs die obere Grenzfrequenz. Diese wird mit zunehmender Baugröße sinken.

d) Für den abgeglichenen Tastkopf ergibt sich auf dem Bildschirm des Oszilloskops der gleiche rechteckförmige Verlauf, der am Eingang des Tastkopfs anliegt. Allerdings ist die angezeigte Amplitude des Rechtecks, bedingt durch das Teilerverhältnis, um den Faktor 10 kleiner.
Wird das Kabel zwischen Tastkopf und Oszilloskop-Eingang verkürzt, so fällt ein Teil der Kabelkapazität parallel zum Eingang des Oszilloskops weg. Der Tastkopf ist nun frequenzabhängig geworden. Das kapazitive Teilerverhältnis hat sich nun so geändert, dass für hohe Frequenzen auf Grund der kleiner gewordenen Kapazität am Oszilloskop-Eingang eine höhere Messspannung abfällt. Somit kommt es auf der ansteigenden und der abfallenden Flanke des Rechtecksignals (kleine Zeiten entsprechen hohen Frequenzen) zu einer Spannungsüberhöhung im Vergleich zum abgeglichenen Fall.
Da das ohmsche Teilerverhältnis sich nicht verändert hat, muss für lange Zeiten („Dach" des Rechtecks!) die Kurve auf 1 V abfallen. **Bild 9.37** zeigt das Schirmbild für den abgeglichenen und den nicht abgeglichen Tastkopf.

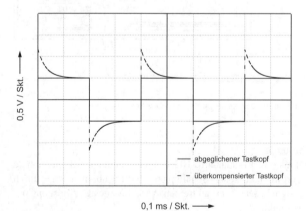

Bild 9.37 Schirmbild des Oszilloskops bei abgeglichenem und bei überkompensiertem Tastkopf

178

9.8.2 Lösung zur Aufgabe 6.2.2

a) Ein Problem stellt die gemeinsame Masse des X- und Y-Eingangs des Oszilloskops dar. Um den Prüfling bei der Messung nicht zu überbrücken, muss die gemeinsame Masse des Oszilloskops wie in **Bild 9.38** auf den Punkt M gelegt werden. Dies ist möglich, da die Spannungsquelle erdfrei ist. Verwendet man keine erdfreie Spannungsquelle, dann muss die Masse des Oszilloskops von der des Sinusgenerators getrennt werden. Dies kann z. B. durch Anschluss des Oszilloskops oder des Sinusgenerators über einen Trenntransformator erfolgen. Weiterhin muss der X-Kanal invertiert werden, um die in Bild 6.8 abgebildete Kennlinie zu erhalten.

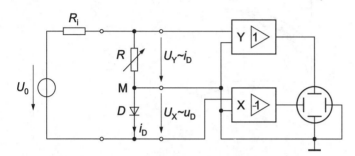

Bild 9.38   Messschaltung zur Ermittlung der Diodenkennlinie

b) Der Sinusgenerator liefert bei Leerlauf einen Scheitelwert der Spannung von:

$$\hat{u}_0 = 3 \text{ V} \cdot \sqrt{2} \approx 4,25 \text{ V}$$

R wird nun so bestimmt, dass der äußerste Kennlinienpunkt erreicht wird, ohne die Diode zu überlasten. In diesem Fall ist das der „rechte" Kennlinienpunkt mit $i_D = i_{Dmax} = 5$ mA, $u_{Dmax} = 1$ V:

$$R = \frac{\hat{u}_0 - u_{Dmax}}{i_{Dmax}} - R_i = 600 \ \Omega$$

Probe, ob auch der „linke" Kennlinienpunkt $(-0,2 \text{ mA}; \ -4 \text{ V})$ erreicht wird:

$$U_{Xmax} = -(\hat{u}_0 - 0,2 \text{ mA} (R_i + R)) = -4,13 \text{ V}$$

Somit wird auch der „linke" Kennlinienpunkt auf dem Bildschirm dargestellt. Mit $R = 600 \ \Omega$ ist der Widerstand richtig dimensioniert.

Einstellung der Ablenkempfindlichkeit für die maximale horizontale Ablenkung (X-Kanal):

$$U_{Xmax} \approx -4,13 \text{ V} \,\hat{=}\, 5 \text{ Skt.} \quad \longrightarrow \quad S_h = \mathbf{1 \ V/ \ Skt.}$$

Einstellung der Ablenkempfindlichkeit für die maximale vertikale Ablenkung (Y-Kanal):

$$U_{Ymax} = i_{Dmax} R = 5 \text{ mA} \cdot 600 \ \Omega = 3 \text{ V} \,\hat{=}\, 4 \text{ Skt.} \quad \longrightarrow \quad S_v = \mathbf{1 \ V/ \ Skt.}$$

9.8.3 Lösung zur Aufgabe 6.2.3

a) Da das Eisen nicht vormagnetisiert ist, beginnt die Hysteresekurve (**Bild 9.39**) im Urspung des Koordinatensystems mit der Neukurve. Bei großen Erregerströmen geht die magnetische Flussdichte B in die Sättigung (①, ④). Ohne magnetische Erregung verweilt die Kurve auf der sogenannten Remanenzflussdichte B_r (②, ⑤). Die Flussdichte wird bei der Koerzitivfeldstärke H_c gerade null (③, ⑥). Remanenzflussdichte und Koerzitivfeldstärke sind Materialparameter.

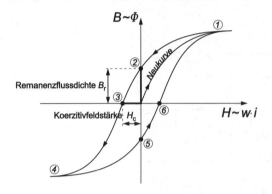

Bild 9.39   Hysteresekurve eines ferromagnetischen Materials

b) **Bild 9.40** zeigt den zu verwendenden Messaufbau zur Messung der Hysteresekurve. Nachweis der Proportionalitäten zwischen H und i_1 bzw. B und u_2 an Hand der physikalischen Grundgesetze für den magnetischen Kreis:

$$\Theta = \oint_{l_{Fe}} \vec{H}\,d\vec{l} = \oint_{l_{Fe}} H\,dl$$

$$\Theta = H \oint_{l_{Fe}} dl = H l_{Fe} \overset{!}{=} w_1 i_1 = w_1 \left(i_2' + i_\mu \right), \; H = \text{konst.} \tag{9.58}$$

Da der Transformator sekundärseitig im Leerlauf betrieben wird (auf eine geringe Belastung ist zu achten), magnetisiert der Primärstrom den Eisenkern:

$$i_2' \approx 0 \quad \longrightarrow \quad i_1 = i_\mu$$

Die Vektoren H und dl stehen orthogonal zueinander und dürfen daher als Beträge geschrieben werden (Skalarprodukt $\vec{A}\vec{B}\sin(\varphi = 90°) \overset{!}{=} AB$. Der X-Kanal des Oszilloskops zeigt somit den primärseitigen Strom an, welcher proportional zu H ist.

$$\boldsymbol{u_X = i_1 R_1 \sim H} \quad \text{q. e. d.}$$

180

Weiterhin gilt für die sekundärseitig induzierte Spannung u_2

$$u_2 = u_{ind} = -w_2 \frac{d\Phi}{dt} \tag{9.59}$$

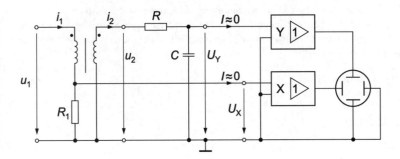

Bild 9.40 Messschaltung Hysteresekurve

Der magnetische Fluss bestimmt sich aus der Maxwellschen Grundgleichung:

$$\Phi = \int_A \vec{B} \, d\vec{A} = \int_A B \, dA = B \int_A dA = \boldsymbol{BA}, \ B = \text{konst.} \tag{9.60}$$

Aus Gl. (9.59) und Gl. (9.60) läßt sich nun der magnetische Fluss bestimmen:

$$u_2 = -w_2 \frac{d\,(BA)}{dt} = -w_2 A \frac{dB}{dt}$$

Nach Trennung der Variablen und anschließender Integration folgt:

$$u_2 \, dt = -w_2 A \, dB \quad \longrightarrow \quad B \sim \int u_2 \, dt$$

Die Bauteile sind nun so anzuordnen, dass das Integral über die Sekundärspannung u_2 gebildet wird. Dies ist mit einer einfachen RC-Tiefpassschaltung (nicht idealer Integrator) möglich, die in Bild 9.40 verwendet wird. Da man auf der Sekundärseite des Transformators eine genügend hohe Spannung zur Verfügung hat, kann der bei der Integration gemachte Fehler vernachlässigt werden ($u_Y \ll u_2$). Berücksichtigt man zusätzlich, dass in das Oszilloskop ein vernachlässigbar kleiner Strom fließt und bildet man Umlauf- und Knotengleichung, so folgt:

$$u_2 = i_2 R + u_Y \tag{9.61}$$

$$i_2 = C \frac{du_Y}{dt} \tag{9.62}$$

dann erhält man aus Gl. (9.61) und Gl. (9.62) die Differentialgleichung für den einfachen RC-Tiefpass:

$$u_2 = RC\frac{\mathrm{d}u_Y}{\mathrm{d}t} + u_Y \tag{9.63}$$

Damit man diese Gleichung integrieren kann, muss zuächst der Fehlerterm u_Y eleminiert werden. Die Spannung u_Y muss klein gegenüber u_2 sein, dazu ist die Zeitkonstante $\tau = RC$ groß gegenüber der Periodendauer $T(u_2)$ der sekundärseitigen Spannung zu wählen, damit sich der Kondensator C niemals vollkommen auflädt. Unter dieser Voraussetzung und Integration der Gl. (9.63) folgt:

$$u_Y = \frac{1}{RC}\int u_2\, \mathrm{d}t \sim B \quad \text{q. e. d.} \tag{9.64}$$

c) Aus Gl. (9.58) folgt:

$$H = \frac{w_1 i_1}{l_{\mathrm{Fe}}}$$

d) Der Strommessshunt R_1 muss nach der vorangegangenen Gleichung dimensioniert werden:

$$R_1 = \frac{w_1}{l_{\mathrm{Fe}}} \cdot \underbrace{\frac{u_X}{H}}_{\dfrac{100\ \mathrm{mV}/\mathrm{Skt.}}{0,50\ (\mathrm{A}/\mathrm{cm})/\mathrm{Skt.}}} = 1\,\Omega$$

e) Unter Verwendung von Gl. (9.59), Gl. (9.60) und Gl. (9.64) läßt sich jetzt die magnetische Flussdichte B berechnen:

$$u_Y = \frac{1}{RC}\int_{B_1}^{B_2}\left(-w_2 A\frac{\mathrm{d}B}{\mathrm{d}t}\right)\mathrm{d}t \quad\longrightarrow\quad \Delta B = -\frac{RC}{w_2 A}u_Y$$

f) Bei der Messung mit dem Y-Kanal des Oszilloskops ist zu beachten, dass dieser invertierend verstärkt!

$$\left|\frac{\Delta B}{u_Y}\right| = \frac{RC}{w_2 A} = \frac{0,2\ \left(\mathrm{Vs}/\mathrm{m}^2\right)/\mathrm{Skt.}}{10\ \mathrm{mV}/\mathrm{Skt.}} \quad\longrightarrow\quad RC = 320\ \mathrm{ms}$$

g) Es muss überprüft werden, ob die Periodendauer der Sekundärspannung klein gegenüber der Integrationszeitkonstante τ ist:

$$T(u_2) << RC \quad\longrightarrow\quad T(50\ \mathrm{Hz}) = 20\ \mathrm{ms} << 320\ \mathrm{ms}$$

Damit ist die korrekte Dimensionierung des RC-Tiefpassglieds für die Messung nachgewiesen.

182

9.8.4 Lösung zur Aufgabe 6.2.4

a) Mit dem Oszilloskop können nur Spannungen gemessen werden. Wie in **Bild 9.41** gezeigt, wird der Widerstand R als Messshunt verwendet, um den Strom auf dem X-Kanal darzustellen. Es ist zu beachten, dass der X-Kanal invertiert werden muss, um u_x vorzeichenrichtig darzustellen. Die X-Y-Darstellung von zwei Spannungen nennt man Lissajous-Figuren.

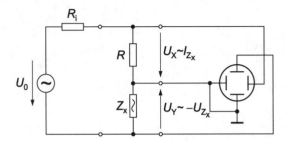

Bild 9.41 Messschaltung um den Phasenwinkel zwischen Strom und Spannung einer unbekannten Impedanz Z_x mit dem Oszilloskop zu bestimmen.

b) Am besten kann man bei Lissajousfiguren den Schnittpunkt mit einer der Achsen ablesen. Für $u_y = 0$ gilt demnach:

$$u_y = \hat{u}_y \sin \omega t = 0 \quad \longrightarrow \quad t = 0$$

$$u_x \big|_{t=0} = \hat{u}_x \sin (\omega t + \varphi) = \hat{u}_x \sin \varphi \tag{9.65}$$

$$\varphi = \arcsin \left(\frac{u_x \big|_{u_y = 0}}{\hat{u}_x} \right) = \arcsin \left(\frac{800 \text{ mV}}{1 \text{ V}} \right) = \mathbf{53,13°}$$

Da der Winkel der Spannung u_x positiv und wesentlich kleiner als 90 ° (der Strom eilt damit vor) ist, muss es sich bei der Impedanz Z_x um einen Kondensator C handeln, dem noch ein Widerstand R_x in Serie oder parallel geschaltet ist.

c) Für den Gesamtfehler gilt:

$$|\Delta \varphi| = \left| \frac{\partial \varphi}{\partial \hat{u}_x} \right| \cdot |\Delta \hat{u}_x| + \left| \frac{\partial \varphi}{\partial u_x} \right| \cdot |\Delta u_x|$$

mit

$$30° = \varphi = \arcsin \left(\frac{u_x \big|_{u_y = 0}}{\hat{u}_x} \right) \quad \longrightarrow \quad \frac{u_x}{\hat{u}_x} = \mathbf{0,5}$$

Da für das Auswerten der Lissajous-Figur die beiden Werte $u_x\big|_{t=0}$ und $\hat{u}_x\big|_{t=0}$ abgelesen werden müssen, folgt:

$$\frac{\Delta \hat{u}_x}{\hat{u}_x} = \frac{\Delta u_x}{u_x} = 0,05$$

Damit beträgt der Fehler unter Verwendung der Kettenregel für die Differentiation:

$$|\Delta \varphi| = \left| -\frac{u_x}{\hat{u}_x^{\,2}} \frac{1}{\sqrt{1 - \left(\frac{u_x}{\hat{u}_x}\right)^2}} \right| \cdot |\Delta \hat{u}_x| + \left| \frac{1}{\hat{u}_x} \frac{1}{\sqrt{1 - \left(\frac{u_x}{\hat{u}_x}\right)^2}} \right| \cdot |\Delta u_x|$$

$$|\Delta \varphi| = \left| -\frac{u_x}{\hat{u}_x} \frac{1}{\sqrt{1 - \left(\frac{u_x}{\hat{u}_x}\right)}} \right| \cdot \left| \frac{\Delta \hat{u}_x}{\hat{u}_x} \right| + \left| \frac{1}{\sqrt{1 - \left(\frac{u_x}{\hat{u}_x}\right)^2}} \right| \cdot \left| \frac{\Delta u_x}{2u_x} \right|$$

$$|\Delta \varphi| = \left| -0,5 \cdot \frac{1}{\sqrt{1 - 0,25}} \right| \cdot 0,05 + \left| \frac{1}{\sqrt{1 - 0,25}} \right| \cdot 0,025 = 0,05774$$

Der relative Gesamtfehler ergibt sich demnach zu:

$$\left| \frac{\Delta \varphi}{\varphi} \right| = \frac{0,05774}{\pi/6} \cdot 100\ \% = \mathbf{11,03\ \%}$$

d) Für ganzzahlige Frequenzverhältnisse kann man das Frequenzverhältnis wie folgt ermitteln:

$$\frac{u_y}{u_x} = \frac{\text{Berührpunkte horizontal}}{\text{Berührpunkte vertikal}} \overset{!}{=} \frac{\mathbf{4}}{\mathbf{1}}$$

Damit beträgt das gesuchte Frequenzverhältnis 4:1.

9.9 Lösungen zum Kapitel 7: Digitales Messen

9.10 Lösungen zum Abschnitt 7.3: Digitale Schaltungen

9.10.1 Lösung zur Aufgabe 7.3.1

a) Die Kippschwellen U_K ergeben sich aus der Bedingung, dass zum Umschaltzeitpunkt beide Spannungen am Komparator gleich sind ($U_- = U_+$). Die Spannung U_- am Kondensator bestimmt das zeitliche Schaltverhalten der Schaltung. Für den Fall wachsender Spannung U_- ergibt sich aus Gl. (7.1):

$$U_{K1} = U_0 \cdot \frac{R_2}{R_1 + R_2} = 2,5 \text{ V}$$

Für den Fall sinkender Spannung U_- ergibt sich aus Gl. (7.1):

$$U_{K2} = 0,1 \cdot U_0 \cdot \frac{R_2}{R_1 + R_2} = 0,25 \text{ V}$$

Unter Berücksichtigung der Schwellenwerte U_{K1} und U_{K2} kann man die Hysterekennlinie des beschalteten Komparators nach **Bild 9.42** konstruieren.

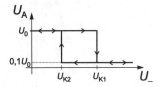

Bild 9.42 Hysteresekennlinie

b) Es handelt sich um einen einfachen Oszillator, der durch periodisches Auf- und Entladen des Kondensators C_1 schwingt. Da der Kondensator C_1 am Anfang einer neuen Schwingungsperiode ($t = 0 = t_0$) entladen sein muss (sonst könnte der Komparator nicht schalten!), gilt für die Ausgangsspannung $U_A = U_0$. Die Diode sperrt somit, und der Kondensator wird über den Widerstand R_3 aufgeladen:

$$u_-(t) = U_0 \left(1 - e^{-t/(R_3 C_1)}\right) + \underbrace{u_C(t = t_0, \, t_2 + T)}_{= \, 0 \text{ nur anfangs! sonst } 0, 1 \cdot U_0} \quad \text{für} \quad t_0 < t < t_1$$

$$\tau_1 = R_3 C_1 = 100 \text{ μs}$$

Sobald die Kondensatorspannung $U_C = 2,5 \text{ V} = U_{K1}$ erreicht, schaltet der Komparator seine Ausgangsspannung zum Zeitpunkt $t = t_1$ auf $U_A = 0,1 \cdot U_0$ um. Der Entladevorgang findet nun über die jetzt leitende Diode D statt. Die Entladezeitkonstante wird durch den

185

differentiellen Diodenwiderstand R_D bestimmt. Dieser ist aus dem **Bild 9.43** zu entnehmen und beträgt:

$$R_D = \frac{\Delta U_D}{\Delta I_D} = \frac{0,45 \text{ V}}{170 \text{ mA}} = 2,65 \, \Omega$$

Damit bestimmt sich die Formel für die Entladung:

$$u_-(t) = u_C(t = t_1 + T) \cdot e^{-t_1/(R_D C_1)} = \frac{U_0}{2} \cdot e^{-t/(R_D C_1)} \quad \text{für} \quad t_1 \leq t < t_2$$

mit der Zeitkonstante τ_2 für die Entladung (vernachlässigbar!):

$$\tau_2 = R_D C_1 = 2,65 \text{ ns}$$

Die Diode D bleibt während des gesamten Entladevorgangs in Vorwärtsrichtung durch-

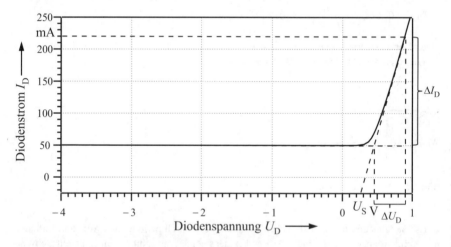

Bild 9.43 Bestimmung des differentiellen Widerstands R_D aus der Diodenkennlinie

geschaltet, da kein Polaritätswechsel stattfindet (unipolare Spannungsversorgung der Schaltung) und somit kein Stromnulldurchgang stattfinden kann! Die Schwellenspannung U_S der Diode D hat damit keinen Einfluss auf das Kippverhalten der Schaltung, da die Ausgangsspannung U_A vom Komparator eingeprägt ist. **Bild 9.44** zeigt die zeitlichen Spannungsverläufe $u_-(t)$ und $u_A(t)$ der Kippschaltung. Das monostabile Flip-Flop triggert auf die fallende Flanke der Ausgangsspannung U_A und löst einen Impuls mit der Eigenverweilzeit τ aus.

c) Die Schaltung aus R_4 und C_2 stellt einen mittelwertbildenden Tiefpass (Integrator) dar. Im Idealfall (für kleine Eingangsspannungen) wird der arithmetische Mittelwert der eingangsseitigen Spannung gebildet. Das DVM zeigt somit das arithmetische Mittel der Rechteckspannung an.

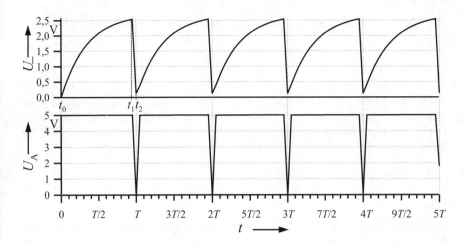

Bild 9.44 Spannungsverläufe der Kippschaltung

d) Die Periodendauer T der Ausgangsspannung U_A berechnet sich aus der Summe von Lade- ($t_0 \leq t < t_1 = \Delta t_1$) und Entladezeit ($t_1 \leq t < t_2 = \Delta t_2$) im eingeschwungenen Zustand:

$$T = \Delta t_1 + \Delta t_2$$

Nach Verstreichen des Zeitraums Δt_1 erhält man:

$$u_-(t_1) = U_{K1} = U_0 \cdot \frac{R_2}{R_1 + R_2} \overset{!}{=} u_C(t = t_2) + U_0 \left(1 - e^{-\Delta t_1/(R_3 C_1)}\right)$$

$$= 0,1 U_0 + U_0 \left(1 - e^{-\Delta t_1/(R_3 C_1)}\right)$$

daraus folgt für die Zeit Δt_1:

$$\Delta t_1 = R_3 C_1 \ln \frac{R_1 + R_2}{1,1 \cdot R_2} = \boldsymbol{R_3 C_1 \ln \frac{2}{1,1}}$$

Nach Verstreichen des Zeitraums $\Delta t_2 = t_2 - t_1$ erhält man:

$$u_-(t_2) = U_{K2} = 0,1 \cdot U_0 \cdot \frac{R_2}{R_1 + R_2} \overset{!}{=} u_C(t = t_1) \cdot e^{-\Delta t_2/(R_D C_1)}$$

$$= \frac{U_0}{2} \cdot e^{-\Delta t_2/(R_D C_1)}$$

daraus folgt für die Zeit Δt_2:

$$\Delta t_2 = R_D C_1 \ln \frac{1}{2} \cdot \frac{R_1 + R_2}{0,1 \cdot R_2} = \boldsymbol{R_D C_1 \ln 10}$$

187

Die Periodendauer der Schwingung wird praktisch nur durch den Aufladevorgang bestimmt:

$$T = \Delta t_1 + \Delta t_2 = C_1 \left(R_\mathrm{D} \cdot \ln 10 + R_3 \cdot \ln 2 \right) \tag{9.66}$$

e) Die Periodendauer T darf maximal genau so lang sein wie die Eigenverweilzeit τ des monostabilen Flip-Flops, damit der Messbereichsendwert erreicht wird (keine Pulspausen). Der kleinste Wert von T ergibt sich bei dem kleinsten Kapazitätswert C_min, d. h. bei leerem Behälter. Weiterhin gilt $R_\mathrm{D} \ll R$, und somit vereinfacht sich Gl. (9.66) zu:

$$T \approx \Delta t_2 = C_1 R_3 \cdot \ln 1,82 \approx 60\ \mu\mathrm{s} \stackrel{!}{=} \tau$$

f) Das DVM zeigt den arithmetischen Mittelwert der Ausgangsspannung des monostabilen Flip-Flop für den größten Kapazitätswert C_max an. Da die Periodendauer proportional zur Kapazität ist, muss sich diese bei Vernachlässsigung des Entladevorgangs verfünffachen, da sich auch der Kapazitätswert bei vollem Behälter verfünffacht:

$$U_\mathrm{ANZ} = \frac{\tau}{5T} \cdot U_0 \approx \frac{1}{5} \cdot U_0 = 1\ \mathrm{V}$$

9.10.2 Lösung zur Aufgabe 7.3.2

a) **Bild 9.45** zeigt den zeitlich zugeordneten Verlauf der verschiedenen Spannungen. Für $\underline{Z}_\mathrm{x} = \mathrm{j}\,\Omega$ (ideale Induktivität) eilt der Strom gegenüber der Spannung um $90°$ nach, d. h es wird mit:

$$-\cos \omega t \stackrel{\varphi = -\pi/2}{\longleftarrow} \sin \left(\omega t + \varphi \right) \stackrel{\varphi = +\pi/2}{\longrightarrow} \cos \omega t$$

Liegt die Spannung $\underline{U}_\mathrm{x} = \hat{u}_\mathrm{x} \sin \omega t$ an der Impedanz an, so fließt am Strommesswiderstand der Strom $U_\mathrm{R}/R = -\left(\hat{u}_\mathrm{R}/R \right) \cdot \cos \omega t$.

b) Die Auflösung der Anzeige soll für eine halbe Periode T_E der angelegten Spannung $0,1°$ sein:

$$\frac{T_\mathrm{E}}{2} \,\hat{=}\, 180° \quad \longrightarrow \quad z = \frac{180°}{0,1°} = 1800 \tag{9.67}$$

Um kapazitive und induktive Impedanzen zu bestimmen, benötigt man eine halbe Periodendauer $T_\mathrm{E}/2$ als Torzeit T_Tor. Damit errechnet sich für die oben bestimmte Auflösung die Taktfrequenz f_T zu:

$$z = f_\mathrm{T} \cdot T_\mathrm{Tor} \quad \longrightarrow \quad f_\mathrm{T} = \frac{z}{\frac{T_\mathrm{E}}{2}} = \frac{1800}{10\ \mathrm{ms}} = 180\ \mathrm{kHz}$$

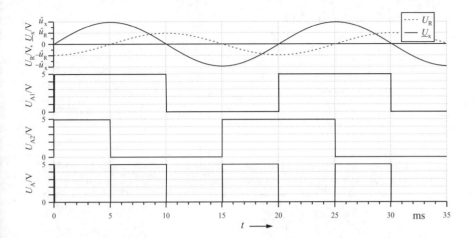

Bild 9.45 Spannungsverläufe der digitalen Impedanzmessschaltung

c) Auswertung der Phasenbedingung ergibt:

$$z_x = 450 \mathrel{\widehat{=}} +45° = \varphi \quad \longrightarrow \quad \tan\varphi = 1 = \frac{X_x}{R_x} \tag{9.68}$$

Eine Auswertung der Amplitudenbedingung mit dem DVM, welches den Effektivwert des Wechselstroms anzeigt, ergibt:

$$\frac{U_{E\,\text{eff}}}{I_{E\,\text{eff}}} = |\underline{Z}_E| = \sqrt{(R_i + R + R_x)^2 + (X_x)^2} = \frac{\frac{\hat{u}_E}{\sqrt{2}}}{I_{ANZ}} = \frac{5\ \text{V}}{1\ \text{A}} = 5\ \Omega \tag{9.69}$$

Setzt man das Ergebnis aus Gl. (9.68) in Gl. (9.69) ein, so erhält man nachfolgende quadratische Gleichung:

$$|\underline{Z}_E|^2 = (R_i + R + R_x)^2 + R_x^2$$
$$25\ \Omega^2 = (1\ \Omega + R_x)^2 + R_x^2$$
$$0 = R_x^2 + R_x - 12\ \Omega^2$$

Die Lösung muss demnach lauten:

$$R_{x1,2} = -\frac{1}{2}\ \Omega \pm \frac{7}{2}\ \Omega \quad \longrightarrow \quad R_x = 3\ \Omega$$

Nur die eine Lösung $R_x = 3\ \Omega$ macht hier Sinn, da es keine negativen Widerstände ohne Verwendung aktiver Bauelemente gibt. Mit Hilfe von Gl. (9.68) gilt damit $X_x = \text{j}\ 3\ \Omega$.

189

9.10.3 Lösung zur Aufgabe 7.3.3

a)

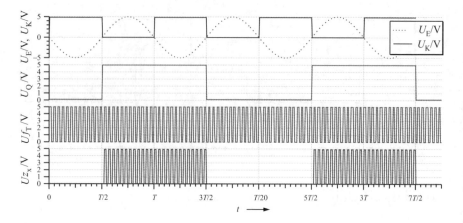

Bild 9.46   Zeitliche Spannungsverläufe der digitalen Messschaltung

b) Aus der Kurve U_{z_x} kann man erkennen, dass diese proportional zur Periodendauer T_x des angelegten Eingangssignals U_x ist:

$$z_x = f_T \cdot T_x = \frac{f_T}{f_x}$$

c) Der Quantisierungsfehler ist ein systematischer Fehler und kann bei allen digitalen Messungen bzw. Anzeigen immer mit plus **oder** minus einem Digit angegeben werden. Hier wird das Zählerergebnis $\Delta z_x = \pm 1$ quantisiert. Damit wird der relative Fehler f bei der Periodendauermessung mit der folgenden Geichung angegeben:

$$f = \left| \frac{\Delta f_T}{f_T} \right| + \left| \frac{\Delta z_x}{z_x} \right| = \left| \frac{\Delta f_T}{f_T} \right| + \left| \frac{f_x}{f_T} \right| \cdot |\Delta z_x| < 1\ \%$$

Mit $\Delta f_T / f_T = 0,1\ \%$ und $\Delta z_x = \pm 1$ ergibt sich dann die kleinste Taktfrequenz zu:

$$f_T > 111,11 \cdot f_x$$

9.10.4 Lösung zur Aufgabe 7.3.4

a) Der Kondensator C lädt sich beim Aufladevorgang auf einen Spannungswert unterhalb der Betriebsspannung V_+ auf, bzw. er wird während der Entladephase nicht 0 V erreichen. Das EXOR-Gatter gibt einen positiven Impuls ab, sobald die Kondensatorspannung $u_C < V_+/2$

ist und die Eingangsspannung gerade auf V_+ gewechselt hat. Die Ausgangsimpulsdauer t_1 wird von der Zeitkonstante des RC-Glieds bestimmt. Sobald der Kondensator den Schwellenwert $V_+/2$ erreicht hat, verschwindet der Ausgangsimpuls. Für jeden Auf- und Entladevorgang (steigende- und fallende Flanke der Rechteckspannung) wird ein Ausgangsspannungsimpuls erzeugt. Bild 7.14 läßt sich nun zu **Bild 9.47** ergänzen.

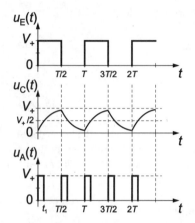

Bild 9.47 Zeitliche Spannungsverläufe der digitalen Messschaltung

b) Für die Kondensatoraufladung gilt:

$$u_C(t) = u_C(t = 0) + U_E \left(1 - e^{-t/\tau}\right) \quad \text{mit } \tau = RC \quad \text{und} \quad U_E = V_+$$

Da hier der eingeschwunge Zustand betrachtet wird, ist der Anfangswert $u_C(t = 0)$ bekannt, da ja genau für eine halbe Periode $T/2$ eine Entladung stattgefunden hat:

$$u_C(t = T/2) \overset{!}{=} \hat{u}_C = \underbrace{(V_+ - \hat{u}_C)\left(e^{-T/(2\tau)}\right)}_{\text{Entladung ab Zeitpunkt } t = -T/2} + \underbrace{V_+\left(1 - e^{-T/(2\tau)}\right)}_{\text{Aufladung bis zum Zeitpunkt } t = T/2}$$

Daraus folgt dann für den Scheitelwert der Kondensatorspannung in Abhängigkeit von den gegebenen Größen:

$$\hat{u}_C = V_+ \cdot \frac{1}{1 + e^{-T/(2\tau)}} \tag{9.70}$$

c) Die Berechnung der Zeit t_1 erfolgt z. B. für die Entladung nach Bild 9.47 und unter Zuhilfenahme von Gl. (9.70):

$$u_C(t = T/2 + t_1) = \frac{V_+}{2} = \hat{u}_C \cdot e^{-t_1/(2\tau)} = V_+ \cdot \frac{e^{-T/(2\tau)}}{1 + e^{-T/(2\tau)}}$$

191

Damit berechnet sich die Zeit t_1 zu:

$$t_1 = RC \cdot \ln\left(\frac{2}{1 + e^{-T/(2RC)}}\right) \tag{9.71}$$

d) Der Mittelwert einer Rechteckspannung beträgt unter Verwendung von Gl. (9.71):

$$\overline{U}_A = V_+ \cdot \frac{t_1}{T/2} = V_+ \cdot \frac{2RC}{T} \cdot \ln\left(\frac{2}{1 + e^{-T/(2RC)}}\right) \tag{9.72}$$

Unter der Annahme, dass $RC \ll T$ gilt, vereinfacht sich Gl. (9.72) zu:

$$\overline{U}_A \approx V_+ \cdot \frac{2RC}{T} \cdot \ln 2$$

Die Ausgangsspannung ist somit direkt proportional zur Zeitkonstante τ. Bei bekannter Eingangsspannung U_E läßt sich somit z. B. eine unbekannte Kapazität C bestimmen, bei bekannten Bauelementen ist die Schaltung auch als frequenzproportionales Messgerät ($f = 1/T$) verwendbar.

9.11 Lösungen zum Abschnitt 7.5: Datenwandler

9.11.1 Lösung zur Aufgabe 7.5.1

a) Die Zeit T_0 muss so ausgelegt sein, dass innerhalb dieser der maximale Anzeigewert des Zählers erreicht wird:

$$z_{max} = f_T T_0 \tag{9.73}$$

Setzt man die gegebenen Werte ein, so erhält man die Integrationszeit T_0 des Dual-Slope-Wandlers:

$$T_0 = \frac{999 + 1 \text{ (Überlauf)}}{f_T} = 10 \text{ ms}$$

b) Die Ausgangsspannung U_A entspricht genau der Spannung über dem Kondensator:

$$u_A(t) = u_C(t) = -\frac{1}{R_1 C} \int_0^{T_0} U_E \, dt = -\frac{U_E}{R_1 C} \cdot T_0 = \hat{u}_{Cmax} = -5 \text{ V}$$

Damit folgt für den Kondensator:

$$C = \frac{U_E}{\hat{u}_{Cmax} \, R_1} \cdot T_0 = 20 \text{ nF}$$

c) Nun muss die Störspannung U_{St} mit berücksichtigt werden:

$$U_A(t = T_0) = -\frac{1}{R_1 C} \int_0^{T_0} u_E(t)\, dt = -\frac{1}{R_1 C} \int_0^{T_0} U_{E0} + \hat{u}_{St} \sin(\omega_{St} t + \varphi)\, dt$$

$$U_A(t = T_0) = -\frac{U_{E0}}{R_1 C} \cdot T_0 - \frac{1}{R_1 C} \left[\frac{\hat{u}_{St}}{\omega_{St}} \cos(\omega_{St} t + \varphi) \right]_0^{T_0}$$

Nach der Integration über einer beliebigen Eingangsspannung U_E gilt demnach allgemein für die Ausgangsspannung U_A:

$$U_A(T_0) = -\frac{U_{E0}}{R_1 C} \cdot T_0 - \frac{1}{R_1 C} \left(\frac{\hat{u}_{St}}{\omega_{St}} (\cos(\omega_{St} T_0 + \varphi) - \cos\varphi) \right) \qquad (9.74)$$

Da in der Aufgabenstellung die Frequenz f_{St} der Störspannung U_{St} bekannt ist, läßt sich auch die Periodendauer T_{St} in Abhängigkeit von T_0 ermitteln:

$$\omega_{St} = 2\pi f_{St} = \frac{2\pi}{T_{St}} \qquad T_{St} = 20 \text{ ms} = 2T_0 \quad \longrightarrow \quad R_1 C = 20 \text{ ms} = 2T_0$$

Damit vereinfacht sich Gl. (9.74) zu:

$$U_A(T_0) = -\frac{U_{E0}}{2} - \frac{1}{2T_0} \left(\frac{T_0 \hat{u}_{St}}{\pi} (\cos(\pi + \varphi) - \cos\varphi) \right) \qquad (9.75)$$

Gl. (9.75) vereinfacht sich wiederum mit:

$$\cos(\pi + \varphi) = -\cos\varphi$$

zu dem Ergebnis:

$$U_A(T_0) = \underbrace{-\frac{U_{E0}}{2}}_{W} \underbrace{- \frac{\hat{u}_{St}}{2\pi} \cdot 2\cos\varphi}_{F}$$

Der Fehler durch die Störspannung U_{St} wird zu null, wenn gilt:

$$\cos\varphi_0 = 0 \quad \longrightarrow \quad \varphi_0 = 90° \quad \text{oder} \quad \varphi_0 = 270°$$

Der Fehler durch die Störspannung U_{St} wird maximal, wenn gilt:

$$\cos\varphi_{max} = \pm 1 \quad \longrightarrow \quad \varphi_{max} = 0° \quad \text{oder} \quad \varphi_0 = 180°$$

d) Soll der Fehler F durch die Störspannung wegfallen, muss nach Gl. (9.74) der zweite Term zu null werden:

$$0 \overset{!}{=} -\frac{1}{R_1 C} \underbrace{\left(\frac{\hat{u}_{St}}{\omega_{St}} \left(\cos\left(\omega_{St} T_0 + \varphi\right) - \cos\varphi \right) \right)}_{= 0}$$

Demnach gilt:

$$\cos\left(\omega_{St} T_0 + \varphi\right) \overset{!}{=} \cos\varphi \qquad \text{oder} \qquad \cos\left(2\pi n + \varphi\right) = \cos\varphi$$

Die Integrationszeit T_0 muss das ganzzahlige Vielfache der Periodendauer T_{St} der Störspannung U_{St} sein, damit die Eingangsspannung $u_e(t)$ fehlerfrei gemessen werden kann.

$$T_0 = n T_{St} \tag{9.76}$$

Aus Gl. (9.73) und Gl. (9.76) bestimmt sich dann die Taktfrequenz f_T in Abhängigkeit der Störspannung U_{St} zu:

$$f_T = \frac{z_{max}}{n T_{St}}$$

9.11.2 Lösung zur Aufgabe 7.5.2

a) Die Schaltung in **Bild 9.48** integriert die Summe der Ströme am invertierenden Eingang des Operationsverstärkers. Beim alleinigen Anliegen der Spannung U_E findet eine Integration der Messgröße und ein Anstieg der Spannung U_{x1} statt. Wird das monostabile Flip-Flop getriggert und gilt $I_{R2} > |I_E|$, findet eine Deintegration für die Eigenverweilzeit τ des monostabilen Flip-Flops statt.

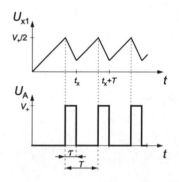

Bild 9.48 Zeitliche Spannungsverläufe des Spannungs-Frequenz-Wandlers

b) Für die Berechnung der Kippfrequenz muss der eingeschwungene Zustand betrachtet werden:

$$U_{x1}(t_x + T) = U_{x1}(t_x) - \frac{1}{C} \int\limits_{t_x}^{t_x+T} I_{R2} + I_E \, dt = U_{x1}(t_x)$$

mit den Strömen:

$$I_E = -\frac{U_E}{R_1}; \quad I_{R2} = \frac{U_A}{R_2}$$

Nach Umformung und unter Berücksichtigung der Äquivalenz der Spannungszeitflächen $V_+ \cdot \tau = U_A \cdot T$ (Bild 9.48) ergibt sich:

$$0 \overset{!}{=} \frac{1}{C} \int\limits_{t_x}^{t_x+T} \left(\frac{U_E}{R_1} - \frac{\tau}{T} \cdot \frac{V_+}{R_2} \right) dt = T \cdot \frac{U_E}{R_1} - \tau \cdot \frac{V_+}{R_2}$$

Somit berechnet sich die Frequenz f der Ausgangsspannung U_A zu:

$$f = \frac{1}{T} = \frac{U_E \cdot R_2}{V_+ \cdot R_1} \cdot \frac{1}{\tau}$$

Die maximale Frequenz der Ausgangsspannung f_{max} wird durch die Eigenverweilzeit τ des monostabilen Flip-Flops bestimmt:

$$f_{max} < \frac{1}{\tau}$$

c) Die Integrationsphase (Beginn bei $V_+/2$) darf nicht zu einem Unterschreiten der Spannungsnullinie führen, weshalb als Integrationsergebnis für die Zeit τ genau die Schwellenspannung des monostabilen Flip-Flops $V_+/2$ angesetzt werden muss :

$$\frac{V_+}{2} = -\frac{1}{C_{min}} \int\limits_0^\tau \left(\frac{U_E}{R_1} - \frac{V_+}{R_2} \right) dt = -\frac{1}{C_{min}} \left(\frac{U_E}{R_1} - \frac{V_+}{R_2} \right) \cdot \tau$$

Woraus sich nach einer kurzen Umformung der gesuchte minimale Kapazitätswert bestimmen läßt:

$$C_{min} = 2\tau \left(\frac{1}{R_2} - \frac{U_E}{V_+ R_1} \right)$$

195

9.11.3 Lösung zur Aufgabe 7.5.3

a) Innerhalb der Zeit $t_b - t_a = T/2$ wird über die Rechteckspannung integriert. Am Ausgang des Integrators muss während dieser Zeit die Ausgangsspannung U_1 von 10 V auf -10 V abfallen, bzw. im umgekehrten Fall um die Differenzspannung von 20 V ansteigen:

$$2 \cdot |U_1|_{\text{max}} = \left| -\frac{1}{R_1 C_x} \int_{t_a}^{t_b} U_E \, dt \right| = \left| -\frac{\hat{u}_E}{\tau} (t_b - t_a) \right| = 20 \text{ V}$$

Mit Berücksichtigung, dass innerhalb einer Periode der Rechteckspannung die Spannung $u_1(t)$ zweimal auf $U_{1\,\text{max}}$ aufgeladen wird, folgt:

$$t_b - t_a = \frac{T}{2} = 250 \text{ ms}$$

und es ergibt sich die resultierende Zeitkonstante τ des Integrators zu:

$$\tau = \frac{\hat{u}_E}{2 \, |U_1|_{\text{max}}} \cdot \frac{T}{2} = \frac{4 \text{ V}}{20 \text{ V}} \cdot \frac{500 \text{ ms}}{2} = \mathbf{50 \ ms}$$

b) **Bild 9.49** zeigt alle geforderten Spannungen des Kapazitätsmessgeräts.

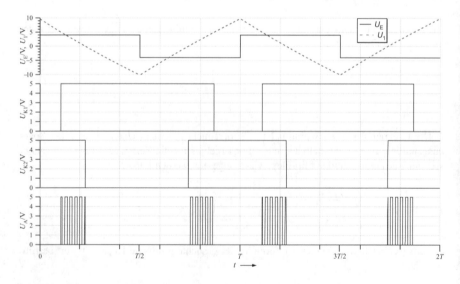

Bild 9.49 Impulsdiagramm und Spannungsverläufe des U/T-Umsetzers

c) Wie aus Bild 9.49 zu ersehen ist, wird innerhalb einer Periode T der Kapazitätsmessung zweimal eine zur Kapazität proportionale Pulsfolge gezählt. Die Anzeige des Zählers soll $z = 5000$ betragen. Da die Referenzspannung am Komparator K1, $U_{ref} = 5$ V, beträgt, gilt:

$$\frac{T_{Tor}}{T/2} = \frac{U_{ref}}{2\,|U_1|_{max}} = \frac{5\text{ V}}{20\text{ V}} = \frac{1}{4}$$

Der Zählerstand z ergibt sich zu:

$$z = 2T_{Tor} \cdot f_{Takt} \tag{9.77}$$

Daraus folgt für die Taktfrequenz:

$$f_{Takt} = \frac{z}{2T_{Tor}} = \frac{z}{2T/8} = \frac{4z}{10\tau} = \frac{4 \cdot 5000}{0,5\text{ s}} = \mathbf{40\ kHz}$$

d) Zur Berechnung der Anzeige z des Messgeräts zieht man Gl. (9.77) heran. Dazu muss die Torzeit T_{Tor} bestimmt werden. Diese bestimmt sich nach Bild 9.49 aus der Zeit, in der die Ausgangsspannung des Integrators U_1 von 0 V auf 5 V angestiegen oder von 5 V auf 0 V abgefallen ist:

$$U_1 = 5\text{ V} = \left| -\frac{1}{\tau} \int\limits_{t}^{t+T_{Tor}} U_E\,dt \right| = \frac{T_{Tor}}{\tau} \cdot \hat{u}_E \quad \longrightarrow \quad T_{Tor} = \frac{5\text{ V}}{\hat{u}_E} \cdot \tau$$

und damit folgt:

$$z = 2f_{Takt} \cdot \frac{\mathbf{5\ V}}{\hat{u}_E} \cdot R_1 C_x \tag{9.78}$$

e) Die Berechnung von R_1 erfolgt über Gl. (9.78). Dabei muss man beachten, dass der Zählerstand z bei der Anzeige von $C_x = 1$ pF, genau $z = 1$ ist:

$$R_1 = \frac{z \cdot \hat{u}_E}{2f_{Takt} \cdot 5\text{ V} \cdot \frac{C_x}{\text{pF}} \cdot 1 \cdot 10^{-12}} = \frac{1 \cdot 4\text{ V}}{2 \cdot 40\text{ kHz} \cdot 5\text{ V} \cdot 10^{-12}\text{ As}/\text{ V}} = \mathbf{10\ M\Omega}$$

9.11.4 Lösung zur Aufgabe 7.5.4

a) Der D/A-Wandler mit R-$2R$-Widerstandsnetzwerk wird nach **Bild 9.50** aufgebaut. Ein R-$2R$-Widerstandsnetzwerk ist ein stufenförmiger Stromteiler, der in jeder Stufe den Strom der vorherigen Stufe um den Faktor zwei teilt. Das R-$2R$-Widerstandsnetzwerk ist symmetrisch aufgebaut und hat den Vorteil, dass die Referenzspannungsquelle U_{ref} mit dem konstanten Gesamtwiderstand R des Netzwerks belastet wird (keine Lastschwankung an

U_ref und damit keine entsprechende Referenzspannungsänderung), unabhängig von der Stellung der Schalter! Dies ist Voraussetzung für eine exakte D/A-Wandlung. Mit einem R-$2R$-Widerstandsnetzwerk stellt man die digitale Eingangsgröße (hier Ströme) für einen nachgeschalteten Verstärker bereit, damit die Umsetzung in einen Analogwert ermöglicht wird. Dabei ist außerdem zu beachten, dass der nachgeschaltete (invertierende Verstärker) möglichst ideale Eigenschaften aufweist, damit die Netzwerkwiderstände auf einer „virtuellen Masse" liegen. Durch die hohe Verstärkung des Operationsverstärkers geht die Eingangsspannung U_e gegen null, und dadurch fliessen die zu gewichtenden Ströme scheinbar gegen Masse. Der Operationsverstärker wandelt anschließend den im Gegenkopplungszweig mit dem Widerstand R_g, fließenden Summenstrom in einen analogen Spannungswert um.

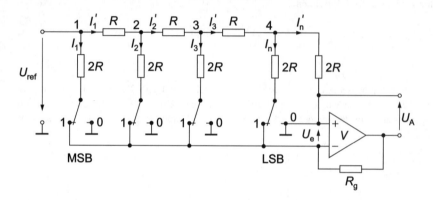

Bild 9.50 4-bit-Digital-Analog-Wandler mit R-$2R$-Widerstandsnetzwerk

b) Für den invertierenden Verstärker gilt unter Annahme eines 4-bit-Digital-Analog-Wandlers:

$$U_\text{A} = -R_\text{g} I_\text{max} \tag{9.79}$$

$$I_\text{max} = \frac{U_\text{ref}}{2R} + \frac{U_\text{ref}}{4R} + \frac{U_\text{ref}}{8R} + \frac{U_\text{ref}}{16R} \tag{9.80}$$

Aus Gl. (9.79) und Gl. (9.80) folgt:

$$U_\text{A max} = -\frac{U_\text{ref}}{16} \cdot \frac{R_\text{g}}{R} (8 + 4 + 2 + 1)$$

$$U_\text{A max} = -U_\text{ref} \frac{R_\text{g}}{R} \cdot \frac{1}{2^n} \left(2^{n-1} + 2^{n-2} + \cdots + 2^0\right)$$

$$= -U_\text{ref} \frac{R_\text{g}}{R} \cdot \frac{1}{2^n} \left(2^n - 1\right)$$

198

Für das LSB gilt allgemein bei Datenwandlern:

$$U_{\text{LSB}} = \frac{U_{\text{FS}}}{2^n - 1} \tag{9.81}$$

d. h., für einen n-bit Wandler ist die kleinste Spannungsstufengröße U_{LSB}. Es ergeben sich $2^n - 1$ Spannungsstufen, da 2^n Werte vorliegen. Bei U_{FS} sind alle Schalter gesetzt. Setzt man den Wert des Gegenkopplungswiderstands zu $R_g = R$, so bedeutet Fullscale (FS) in unserem Beispiel:

$$U_{\text{FS}} = U_{\text{ref}} \underbrace{\left(\frac{1}{2} + \frac{1}{4} + \frac{1}{8} + \frac{1}{16} + \dots \right)}_{\text{In geom. Reihe entwickeln !}} = U_{\text{ref}} \left(1 - \frac{1}{2^n} \right) = U_{\text{ref}} \frac{2^n - 1}{2^n} \tag{9.82}$$

Setzt man Gl. (9.81) in Gl. (9.82) ein, so erhält man die Definition des LSB für den D/A-Wandler mit R-$2R$-Widerstandsnetzwerk:

$$U_{\text{LSB}} = \frac{U_{\text{ref}}}{2^n}$$

Man muss also deutlich zwischen U_{FS} und U_{ref} bei der Berechnung von U_{LSB} unterscheiden.

c) Es wird der invertierende Verstärker gewählt. Nur der invertierende Verstärker erzeugt die notwendige „virtuelle Masse".

d) **Bild 9.51** zeigt den invertierenden Verstäker mit parasitärer Eingangskapazität C_1. Allgemein gilt:

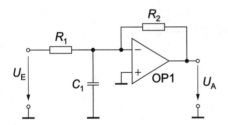

Bild 9.51 Schaltung aus Aufgabenteil d)

$$U_A = V(U_+ - U_-) \tag{9.83}$$

Über Superposition läßt sich U_- berechnen:

$$U_+ = 0,$$

$$U_- = U_- \Big|_{U_A = 0} + U_- \Big|_{U_E = 0}$$

$$U_- = \frac{1}{R_1 + R_2 + j\omega R_1 R_2 C_1} (U_E R_2 + U_A R_1) \tag{9.84}$$

Gl. (9.83) in Gl. (9.84) eingesetzt, ergibt nach der Ausgangsspannung aufgelöst:

$$U_A = -U_E \frac{V R_2}{V R_1 + R_1 + R_2 + j\omega R_1 R_2 C_1} \tag{9.85}$$

Bei sehr großer Verstärkung V kann man mit $R_1 \cdot V \gg R_1 + R_2$ die Gl. (9.85) vereinfachen und schreiben:

$$U_A = -U_E \frac{R_2}{R_1} \cdot \frac{1}{1 + \frac{j\omega R_2 C_1}{V}} \tag{9.86}$$

Unter Zuhilfenahme von Gl. (9.86) kann man die Bandbreite oder aber die 3-dB-Grenzfrequenz f_c des invertierenden Verstäkers angeben:

$$f_c = \frac{V}{2\pi R_2 C_1} \tag{9.87}$$

Wie man aus Gl. (9.87) erkennen kann, ist der Gegenkopplungswiderstand R_2 für den Verlauf des Frequenzgangs des Operationsverstärkers entscheidend. Wird die Verstärkung (R_2) der Messschaltung erhöht, dann sinkt die Grenzfrequenz. Wird der Ausgang des Operationsverstärkers gegen Masse, also auch gegen die „virtuelle Masse", belastet, so sinkt ebenso die Bandbreite des Operationsverstärkers, da dieser eine endliche Verstärkung V besitzt. Allerdings ist dies bei den heute verwendeten Operationsverstärkern nur bei starker Belastung des Ausgangs der Fall, z. B. bei niederohmigen Lasten (maximaler Ausgangsstrom der OPV) oder bei hohen Frequenzen und entsprechender kapazitiver Last (C_1).

9.12 Lösungen zum Abschnitt 7.7: Digitale Messgeräte

9.12.1 Lösung zur Aufgabe 7.7.1

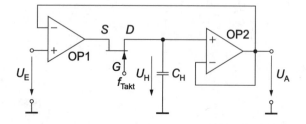

Bild 9.52 Schaltung einer Abtast- und Haltestufe mit guten dynamischen Eigenschaften

a) Die Grundschaltung einer Abtast- und Halteschaltung besteht aus einem Schalter und einem Energiespeicher, der ein Kondensator ist. Damit man die Spannung am Kondensator quasi belastungsfrei abgreifen kann, wählt man am besten einen Operationsverstärker, der als Impedanzwandler geschaltet ist. Somit wird gewährleistet, dass die Messspannung während der Wandlungszeit annähernd konstant bleibt, da der Eingangsstrom eines geeigneten Operationsverstärker kleiner als 1 pA ist. Schaltet man vor dem Schaltelement (hier ein Feldeffekttransistor) einen weiteren Operationsverstärker nach (**Bild 9.52**), so wird das dynamische Aufladeverhalten am Speicherkondensator C_H wesentlich verbessert: Tritt während eines Abtastvorgangs (Feldeffekttransistor leitet) eine Spannungsdifferenz zwischen der Spannung auf dem Haltekondensator $U_H = U_A$ und der Eingangsspannung U_E auf, so wird, bedingt durch die hohe Leerlaufverstärkung des vorgeschalteten Operationsverstärkers OP1, die Spannung auf dem Haltekondensator sehr schnell auf den Wert der Eingangsspannung U_E der Abtast- und Haltestufe eingestellt.

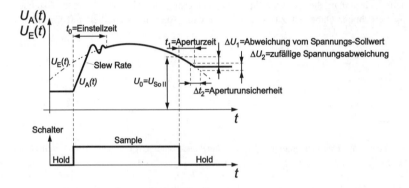

Bild 9.53 Kenndaten einer Abtast- und Halteschaltung

b) **Bild 9.53** zeigt den Ein- und Ausgangsspannungsverlauf der Abtast- und Halteschaltung während eines Abtastzyklus.

Einstellzeit t_0 (Acquisition time): Ist definiert als die Zeit, die vergeht, bis die Ausgangsspannung der Abtast- und Halteschaltung - nach Abklingen von Einschwingvorgängen - der Eingangsspannung innerhalb einer vorgegebenen Toleranz (z. B. < 1 % Abweichung) folgt.

Aperturzeit t_1 (Aperture Delay): Wenn man in den Halte-Zustand übergeht, kommt durch die Schaltzeit des verwendeten Schalters (hier der Feldeffekttransitor aus Bild 9.52) eine Verzögerung zustande, bis dieser ganz geöffnet ist.

Aperturunsicherheit Δt_2 (Aperture Jitter): Meist ist die Schaltverzugszeit t_1 des Schaltelements nicht exakt gleich, z. B. ist diese von der Höhe der Eingangsspannung abhängig. Die Differenz der kürzesten und der längsten Schaltverzugszeit nennt man die Aperturunsicherheit.

Sollspannung U_0: Spannungwert, der übernommen werden soll.

Systematische Spannungsabweichung ΔU_1 vom Sollwert: Die Spannungsabweichung vom Spannungs-Sollwert U_0, verursacht durch die (konstante) Aperturzeit t_1 . Da die Aperturzeit aber für eine Abtast- und Halteschaltung konstant ist, wird der Abtastwert jeweils um die gleiche Zeit verzögert aufgenommen. Es findet demnach trotzdem eine äquidistante Abtastung statt. Wird diese Verzögerung berücksichtigt, entsteht durch die systematische Spannungsabweichung ΔU_1 kein Fehler.

Zufällige Spannungsabweichung vom Istwert ΔU_2: Durch die Aperturunsicherheit schwankt der Spannungs-Istwert auf dem Haltekondensator. Wenn die Aperturzeit t_1 um die Aperturunsicherheit Δt_2 schwankt, entsteht ein Messfehler um ΔU_2. Dieser Messfehler läßt sich nicht korrigieren.

c) Eine Abtast- und Halteschaltung wird dann notwendig, wenn sich der zu messende Analogwert während der Wandlungszeit des A/D-Wandlers um mehr als $\pm\,1/2$ LSB ändert.

d) Zunächst muss man die gesamte Spannungsänderung am Haltekondensator C_H nach **Bild 9.54** berechnen. Dabei ist zu beachten, dass die Aperturunsicherheit auf Grund der

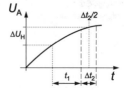

Bild 9.54 Spannungsfehlerbetrachtung ΔU_H am Haltekondensator C_H bei einer Abtast- und Halteschaltung

gleichmäßigen Verteilung zwischen minimaler und maximaler Zeitschwankung, nur mit der Hälfte der Aperaturunsicherheit $|\pm\Delta t_2/2|$ Berücksichtigung findet:

$$\Delta U_H = \hat{u}_E \left(\sin\omega\left(t + t_1 + t_2/2\right) - \sin\omega\left(t + t_1\right)\right) \tag{9.88}$$

Die Spannungsänderung auf dem Haltekondensator ΔU_H wird genau dann maximal, wenn die Steigung der Eingangsspannung maximal wird, d. h., es muss für die Ableitung der Funktion für die Eingangsspannung U_E gelten:

$$\frac{\mathrm{d}\Delta U_H}{\mathrm{d}t} = 0$$

$$\frac{\mathrm{d}\Delta U_H}{\mathrm{d}t} = \frac{\hat{u}_E}{\omega}\left(\cos\omega\left(t + t_1 + t_2/2\right) - \cos\omega t\right) = 0$$

$$\longrightarrow \quad \cos\omega\left(t + t_1 + t_2/2\right) = \cos\omega t \tag{9.89}$$

Um Gl. (9.89) nach der (maximal zulässigen) Zeit $t = t_{max}$ aufzulösen, folgt zunächst eine Symmetriebetrachtung nach **Bild 9.55**:

$$\cos\left(\alpha_1\right) = \cos\left(\alpha_2\right)$$
$$\cos\left(\alpha_1\right) = \cos\left(-\alpha_2\right)$$
$$\alpha_1 = -\alpha_2 \quad \longrightarrow \quad \alpha_1 + \alpha_2 = 0 \tag{9.90}$$

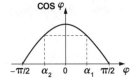

Bild 9.55 Symmetrische Winkelfunktion

Die Symmetrie der Winkel bedeutet u. a., dass die größte Spannungsänderung bei einem Sinussignal im Nulldurchgang der Sinusschwingung erfolgt. Daraus folgt nun mit den Gleichungen Gl. (9.89) und Gl. (9.90), die Zeit t_{max}, bei der die Spannungsänderung ΔU_H maximal wird:

$$t_{max} = -\left(\frac{t_1}{2} + \frac{t_2}{4}\right)$$

Dieses Ergebnis in Gl. (9.88) eingesetzt, und unter der Bedingung, dass eine maximale Spannungsänderung ΔU_H auf dem Haltekondensator von kleiner $\pm$ 1/2 LSB stattfinden darf, führt zur maximal möglichen Frequenz f_{max} der Sinusschwingung am Eingang der Abtast- und Haltestufe. Aus Gl. (9.88) und Gl. (9.90) folgt:

$$\Delta U_H = \hat{u}_E \left(\sin \omega \left(\frac{t_1}{2} + \frac{t_2}{4}\right) - \sin\left(-\omega \frac{t_1}{2} + \frac{t_2}{4}\right)\right) \leq \frac{1}{2} U_{LSB}$$

$$= 2\hat{u}_E \left(\sin \omega \left(\frac{t_1}{2} + \frac{t_2}{4}\right)\right) \leq \frac{1}{2} U_{LSB}$$

$$f_{max} = \frac{1}{2\pi} \arcsin \left(\frac{U_{LSB}}{4\hat{u}} \cdot \frac{1}{\frac{t_1}{2} + \frac{t_2}{4}}\right)$$

9.12.2 Lösung zur Aufgabe 7.7.2

a) Gesucht ist die Auflösung (U_{LSB}) des A/D-Wandlers gilt für den gegebenen Messfehler:

$$\frac{U_{LSB}}{U_{FS}} = \frac{1}{2^n - 1} \overset{!}{=} 0,5\,\% \quad \longrightarrow \quad n = \log_2 \frac{1,005}{0,005} = 7,65 \tag{9.91}$$

Aus Gl. (9.91) folgt, dass man einen 8-bit-Wandler verwenden muss, um den einen Messfehler von kleiner 0,5 % bei einer Messung zu erhalten.

b) Das Tiefpassfilter soll als Anti-Aliasing-Filter verwendet werden. Es soll verhindern, dass Frequenzen, die größer als die halbe Abtastfrequenz sind (Nyquist-Kriterium), an den Eingangs-A/D-Wandler des Oszilloskops gelangen, da ansonsten das Eingangssignal nach der A/D-Wandlung nicht mehr vollständig rekonstruierbar ist.

$$f_{max} \leq \frac{1}{2} f_{Abt} \tag{9.92}$$

Für die Spannungsamplitudendämpfung des Tiefpasses muss bei der halben Abtastfrequnez (Nyquistfrequenz) gelten:

$$|\underline{A}|\bigg|_{f\,=\,f_{\mathrm{Abt}}} = -20\log\frac{\hat{u}_{\mathrm{a}}}{\hat{u}_{\mathrm{e}}} = 20\log\frac{U_{\mathrm{FS}}}{4U_{\mathrm{LSB}}} = \mathbf{36\,dB}$$

Im Bode-Diagramm stellt der Tiefpass erster Ordnung ab der Grenzfrequenz f_{c} eine Gerade mit 45° negativer Steigung (größer werdende Dämpfung) dar. Der Schnittpunkt der Gerade mit dem Wert der errechneten Dämpfung $|\underline{A}|\big|_{f=f_{\mathrm{Abt}}}$ ermöglicht die Berechnung der Zeitkonstanten $\tau = RC$ des Filters:

$$|\underline{A}|\bigg|_{f\,=\,f_{\mathrm{Abt}}} = \frac{1}{64} \overset{!}{=} \left|\frac{1}{1+\mathrm{j}\omega RC}\right|$$

$$f_{\mathrm{c}} = \frac{1}{2\pi RC} = \frac{f_{\mathrm{Abt}}}{2\sqrt{4095}} = \mathbf{7,81\,MHz}$$

Damit bestimmt sich die Eigenanstiegszeit $T_{\mathrm{a}1}$ des vorgeschalteten Tiefpassfilters zu:

$$T_{\mathrm{a}1} \leq \frac{0,35}{f_{\mathrm{c}}} = \mathbf{45\,ns}$$

Eine Eingangseckfrequenz von nur 7,82 MHz ist vollkommen inakzeptabel für das DSO. Um die volle Abtastfrequenz auszunutzen, sollte der Eingangsteil des DSO eine Eckfrequenz von annähernd der halben Abtastfrequenz (in der Praxis liegt die Eckfrequenz etwa bei einem Viertel der Abtastfrequenz) besitzen. Dies setzt jedoch ein wesentlich steilflankigeres Filter voraus.

c) Wenn das Signal nach **Bild 9.56** abgetastet wird, liegt der ungünstigste Fall vor. Es werden dann drei Abtastwerte benötigt, um den Spannungsanstieg von 0 % auf 100 % festzustellen. Um die Anstiegszeit $T_{\mathrm{a}2}$ zu ermitteln, benötigt man 80 % der Gesamtzeit des Spannungsanstiegs:

$$T_{\mathrm{a}2} = 2 \cdot T_{\mathrm{Abt}} \cdot 80\,\% = \mathbf{1,6 \cdot T_{Abt}} = \mathbf{1,6\,ns}$$

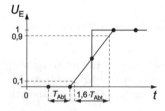

Bild 9.56   Abtastung eines Sprungimpulses (ungünstigster Fall)

d) Die Gesamtanstiegszeit ergibt sich in Näherung für eine Kettenschaltung von zwei Tiefpassgliedern erster Ordnung zu:

$$T_{a\,ges} = \sqrt{T_{a1}^2 + T_{a2}^2} = 1,75\ \text{ns}$$

Damit ergibt sich eine äquivalente Analogbandbreite von:

$$f_c = \frac{0,35}{T_{a\,ges}} = 200\ \text{MHz}$$

e) Pretriggerung von 20 % bedeutet, dass die Aufzeichung des DSO mit 20 % der Ereignisse vor dem Triggerzeitpunkt beginnt (**Bild 9.57**). Hier bedeutet das für eine Darstellung des gesamten Impulses mitsamt der Vorgeschichte, dass man folgende Einstellung der Zeitbasis benötigt:

$$\frac{T_b + 0,2 \cdot T_b}{10\ \text{Skt.}} = \frac{2,4\ \mu s}{\text{Skt.}} \approx \frac{2,5\ \mu s}{\text{Skt.}}$$

Um den vorhandenen Speicher mit 2000 Werten voll auszunutzen, ist die folgende Abtastzeit

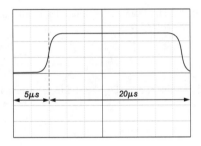

Bild 9.57   Messung des Zeitsignals mit 20 % Pretrigger

bzw. Abtastfrequenz zu wählen:

$$T_{Abt} = \frac{25\ \mu s}{2000} = 12,5\ \text{ns} \quad \longrightarrow \quad f_{Abt} = \frac{1}{T_{Abt}} = 80\frac{\text{Ms}}{\text{s}} = 80\ \text{MHz}$$

9.12.3   Lösung zur Aufgabe 7.7.3

a) Zunächst muss die Gesamtmesszeit und die durch den Speicher mögliche Abtastzeit berechnet werden:

$$T_{ges} = \frac{2\ \text{ms}}{\text{Skt.}} \cdot 10\ \text{Skt.} = 20\ \text{ms} \quad \longrightarrow \quad T_{Abt} = \frac{T_{ges}}{8 \cdot 1024} = 2,44\ \mu s$$

$$T_{stör} > 2,44\ \mu s$$

b) Die Auflösung des 8-bit-A/D-Wandlers bei einer maximalen Eingangsspannung von $U_{E\,max} = 2,5$ V bestimmt sich zu:

$$U_{LSB} = U_{E\,max} \left(\frac{1}{2^n - 1} \right) = 9,8\,\text{mV}$$

c) Die neue Abtastzeit muss zuerst berechnet werden:

$$T_{ges} = \frac{1\,\text{ms}}{\text{Skt.}} \cdot 10\,\text{Skt.} = 10\,\text{ms} \quad \longrightarrow \quad T_{Abt} = \frac{T_{ges}}{8 \cdot 1024} = 1,22\,\mu s$$

Das Nyquist-Kriterium muss für das Frequenzgemisch am Eingang des A/D-Wandlers erfüllt sein:

$$f_{E\,max} < \frac{f_{Abt}}{2} = \frac{1}{2T_{Abt}} = 409,60\,\text{kHz}$$

d) Die Abtastfrequenz aus c) beträgt $f_{Abt} = 819,20$ kHz. Damit erhält man das Frequenzverhältnis

$$\frac{f_E}{f_{Abt}} = 1,25$$

mit dem man nun **Bild 9.58** und **Bild 9.59** erhält. Verbindet man die Abtastpunkte miteinander, so erhält man die Ausgangsfrequenz f_{A1}:

$$f_A = f_{Abt} \pm f_{E\,max} \quad \longrightarrow \quad f_{A1} = 205\,\text{kHz} \quad \text{und} \quad f_{A2} = 1825\,\text{kHz}$$

Die beiden erhaltenen Frequenzen f_{A1} und f_{A2} nennt man die Spiegelfrequenzen des Mess-

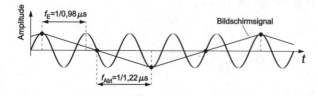

Bild 9.58   Entstehung der Spiegelfrequenz im Zeitbereich

signals am Eingang f_E. Offenbar wurde die Abtastfrequenz viel zu niedrig gewählt, deshalb wird die mit f_{Abt} modulierte Frequenz des Eingangssignals (hier f_E) wieder in das Basisbandspektrum hineingespiegelt. Da die Eingangsfrequenz f_E nahe der Abtastfrequenz f_{Abt} liegt, kommt es außer zur Frequenzbandüberlappung (Aliasing) noch zur Schwebung, wie Bild 9.58 zeigt.

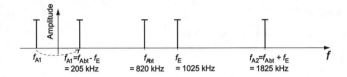

f_{A1} --- $f_{A1} = f_{Abt} - f_E$ f_{Abt} f_E $f_{A2} = f_{Abt} + f_E$ f
        = 205 kHz   = 820 kHz   = 1025 kHz   = 1825 kHz

Bild 9.59   ErzeugungEntstehung der Spiegelfrequenz(en) im Frequenzbereich

Man beachte in Bild 9.59, dass es keine negativen Frequenzen geben kann und somit die Frequenz f_{A1} im Basisband (Ursprüngliches Signal bzw. Signalgemisch) auftaucht. Dieser Fall tritt nur dann auf, wenn $f_{Abt} < f_{E\,max}$ ist. **Bild 9.60** verdeutlicht nochmals die Zusammenhän-

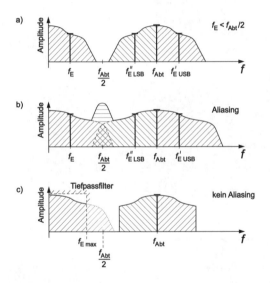

Bild 9.60   Einhalten des Abtasttheorems (a), Überlappung der Spektren (b), ideale Tiefpassfilterung (c) des Basisbandspektrums aus (b)

ge. Im ersten Fall (Bild 9.60 a) wird das Abtasttheorem ohnehin eingehalten, da die maximale Eingangsfrequenz $f_{E\,max}$ kleiner als die Abtastfrequenz T_{Abt} ist. Im zweiten Fall (Bild 9.60 b) wird das Abtasttheorem verletzt, und es kommt zu Aliasing. Im dritten Fall wird das Aliasing dadurch vermieden, dass das Eingangssignal zuvor durch ein ideales Tiefpassfilter auf $f_{E\,max}$ begrenzt wird (Bild 9.60 c). Man kann auch die Abtastfrequenz erhöhen, um ein breites Basisbandspektrum wandeln zu können. Beim DSO löst man das Problem, indem man zu einer kleineren Zeitbasis wechselt (die Abtastfrequenz wird dann automatisch erhöht), oder es wird, falls es das DSO ermöglicht, die Abtastfrequenz manuell erhöht.

9.12.4 Lösung zur Aufgabe 7.7.4

a) Die Diskrete-Fourier-Transformierte berechnet sich mit:

$$\underline{F}(j\omega) = \int\limits_{n=-\infty}^{n=\infty} f(t) \cdot e^{-j\omega \cdot t}\, dt$$

$$= \int\limits_{n=-\infty}^{n=\infty} \sum_{n=-\infty}^{n=\infty} f(n) \cdot \delta(t - nT_{\text{Abt}})\, e^{-j\omega \cdot t}\, dt$$

$$\underline{F}(j\omega) = \sum_{n=-\infty}^{n=\infty} \int\limits_{n=-\infty}^{n=\infty} f(n) \cdot \delta(t - nT_{\text{Abt}})\, e^{-j\omega \cdot t}\, dt \tag{9.93}$$

Aus der Definition der δ-Funktion:

$$\int\limits_{n=-\infty}^{n=\infty} \delta(t)\, dt = 1 \tag{9.94}$$

und Einsetzen in Gl. (9.93) ergibt sich damit:

$$\underline{F}(j\omega) = \sum_{n=-\infty}^{n=\infty} \underbrace{f_n}_{\text{Amplitude}} \cdot \underbrace{e^{-j\omega \cdot nT_{\text{Abt}}}}_{\text{Phase}}$$

Damit ergibt sich nun für $n = 5$ Abtastwerte:

$$\underline{F}(j\omega) = f(n = -2) \cdot e^{-j\omega \cdot 2T_{\text{Abt}}} + f(n = -1) \cdot e^{-j\omega \cdot T_{\text{Abt}}} + f(n = 0) \cdot 1 + \dots$$

$$\cdots + f(n = 1) \cdot e^{j\omega \cdot T_{\text{Abt}}} + f(n = 2) \cdot e^{j\omega \cdot 2T_{\text{Abt}}}$$

$$= e^{j\omega \cdot 2T_{\text{Abt}}} + e^{j\omega \cdot T_{\text{Abt}}} + 1 + e^{-j\omega \cdot 1 T_{\text{Abt}}} + e^{-j\omega \cdot 2T_{\text{Abt}}}$$

$$= \underbrace{e^{j\omega \cdot 2T_{\text{Abt}}} + e^{-j\omega \cdot 2T_{\text{Abt}}}}_{2\cos(\omega \cdot 2T_{\text{Abt}})} + \underbrace{e^{j\omega \cdot T_{\text{Abt}}} + e^{-j\omega \cdot T_{\text{Abt}}}}_{2\cos(\omega \cdot T_{\text{Abt}})} + 1$$

$$= 2\cos\left(\omega \cdot 2T_{\text{Abt}}\right) + 2\cos\left(\omega \cdot T_{\text{Abt}}\right) + 1$$

b) Die $m = 5$ Spektralwerte werden mit Hilfe des Hinweises (Gl. (7.9)) aus der Aufgabenstellung in die entsprechende Zeitfunktion $f(t)$ zurücktransformiert:

$$f(t) = \frac{1}{5} \sum_{|m| \leq \frac{5}{2}} F_{\text{m}}\, e^{j2\pi mt/(5T_{\text{Abt}})}$$

$$= \frac{1}{5}\Big[\underbrace{0 \cdot e^{-j2\pi \cdot 2t/(5T_{\text{Abt}})}}_{m = -2} + \underbrace{1 \cdot e^{-j2\pi \cdot 1t/(5T_{\text{Abt}})}}_{m = -1} + \underbrace{2 \cdot e^{j0}}_{m = 0} + \dots$$

$$+ \dots \underbrace{1 \cdot e^{j2\pi t/(5T_{\text{Abt}})}}_{m = 1} + \underbrace{0 \cdot e^{j2\pi 2t/(5T_{\text{Abt}})}}_{m = 2} \Big] \tag{9.95}$$

208

Unter Anwendung von:

$$2\cos\varphi = \left(e^{j\varphi} + e^{-j\varphi}\right)$$

vereinfacht sich Gl. (9.95) zu:

$$f(t) = \frac{2}{5} + \frac{2}{5}\cos\frac{4\pi t}{5T_{Abt}}$$

9.12.5 Lösung zur Aufgabe 7.7.5

a) Es handelt sich um einen unipolaren Aufladevorgang des Kondensators C. Dieser folgt nach Gl. (9.96):

$$u_C(t) = U_0\left(1 - e^{-t/(RC)}\right) \tag{9.96}$$

Der Aufladevorgang bricht dann ab, wenn der Komparator anspricht und das monostabile Flip-Flop triggert, und den Kondensator schlagartig entlädt. Nach Ablauf der Verweilzeit τ des monostabilen Flip-Flops beginnt der Aufladevorgang erneut. Die Schaltung oszilliert, wie in **Bild 9.61** abgebildet.

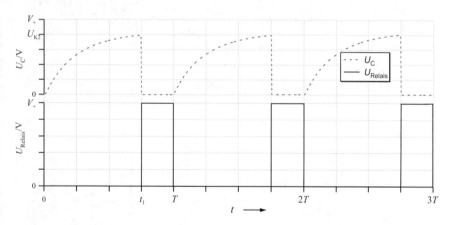

Bild 9.61 Spannungsverlauf am Kondensator C und am Ausgang der Schaltung

b) Zur Zeit $t = t_1$ erreicht die Kondensatorspannung den Wert der Ansprechspannung U_{K2} des Komparators:

$$u_C(t_1) = U_{K2} = U_0\left(1 - e^{-t_1/(RC)}\right) \quad \longrightarrow \quad t_1 = RC \cdot \ln\left(\frac{U_0}{U_0 - U_{K2}}\right)$$

209

Die Periodendauer einer Schwingung errechnet sich folgendermaßen:

$$T = t_1 + \tau = \tau + RC \cdot \ln \left(\frac{U_0}{U_0 - U_{K2}} \right)$$

c) Da das monostabile Flip-Flop den Kondensator vollständig entlädt, kommt die zweite Schwellenspannung des Komparators, die den Entladevorgang steuert (U_{K1}), nicht zur Wirkung! Man kann dies auch aus der Berechnung der Periodendauer der Schwingung erkennen. Somit besteht keine Abhängigkeit der Kippfrequenz von der Hysteresekennlinie des Komparators!

d) Das D-Flip-Flop muss vom Kippgenerator getaktet werden, damit ein Puls-Pausenverhältnis von 50 % erreicht wird. **Bild 9.62** zeigt die Schaltung.

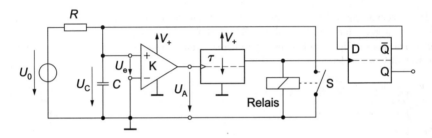

Bild 9.62   Kippgenerator mit 50-%-Puls-Pausenverhältnis

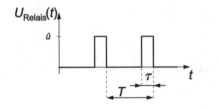

Bild 9.63   Spannungsverlauf an der Relaisspule   **Bild 9.64**   Spektrum des Spannungsverlaufs an der Relaisspule

e) An der Relaisspule liegt eine rechteckförmige Spannung nach **Bild 9.63**. Die Periodizität in T ergibt ein Linienspektrum mit $f_T = 1/T$. Die Einhüllende des Amplitudengangs wird durch die Pulsbreite τ der einzelnen Impulse bestimmt. Die Einhüllende ist, wie in **Bild 9.64** abgebildet, die Spaltfunktion ($\sin x/x$).

210

9.12.6 Lösung zur Aufgabe 7.7.6

a) Durch einen begrenzten Speicher bei digitalen Speicher-Oszilloskopen(DSO) kann nur ein bestimmter Zeitbereich des interessierenden Signals betrachtet werden. Jeder Messwert wird zunächst mit dem Wert der Abtastamplitude gewichtet. Durch die Fensterung wird ein Teil des ursprünglichen Signals unterdrückt. Das mit den Abtastwerten modulierte und gefensterte Eingangssignal wird anschließend mit der Periodendauer des Fenstersignals periodisch fortgesetzt. Dadurch wird eine Diskretisierung des Amplitudenspektrums bewirkt. Allerdings können durch das periodische Fortsetzen der Zeitfunktion zusätzliche Sprung- oder Knickstellen entstehen, was sich in zusätzlichen Spektralanteilen, die nicht im Orginalspektrum des Messsignals enthalten sind, widerspiegelt (der sogenannte „Leckeffekt").

b) Kohärente Abtastung : Die Periode der Fensterfunktion ist ein ganzzahliges Vielfache der Periode des Messsignals. Inkohärente Abtastung: Die Periode der Fensterfuktion ist kein ganzzahliges Vielfaches der Periode des Messsignals. Hierbei treten Diskontinuitäten auf, die zusätzliche, vorher nicht vorhandene Spektralanteile in das Orginalspektrum einbringen.

c) Durch die Wahl einer geeigneten Fensterfunktion kann der „Leckeffekt" bedämpft werden. Für die Fensterfunktion muss folgendes gelten: Amplitudentreue für den gesamten Spektralanteil der Messgröße und starker Amplitudenfall für darüber liegende Frequenzen.

d)

$$\underline{F}_1(\mathrm{j}\omega) = \int\limits_{-nT_{\mathrm{Abt}}}^{nT_{\mathrm{Abt}}} U_0 \cos\omega t \; \mathrm{d}t = 2\int\limits_{0}^{nT_{\mathrm{Abt}}} U_0 \cos\omega t \; \mathrm{d}t = \frac{2U_0}{\omega}\left[\sin\omega t\right]_0^{nT_{\mathrm{Abt}}}$$

$$\underline{F}_1(\mathrm{j}\omega) = 2U_0 \cdot nT_{\mathrm{Abt}} \; \frac{\sin\omega nT_{\mathrm{Abt}}}{\omega nT_{\mathrm{Abt}}} \tag{9.97}$$

Das Spektrum (Spaltfunktion) des Rechteckfensters nach Gl. (9.97) ist in **Bild 9.65** dargestellt.

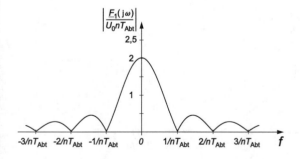

Bild 9.65 Spektrum $\underline{F}_1(\mathrm{j}\omega)$ des Rechteckfensters

211

Berechnung des Spektrums des Dreieckfensters:

$$\underline{F}_2(j\omega) = \int\limits_{-nT_{Abt}}^{nT_{Abt}} \frac{U_0}{nT_{Abt}} (-t + nT_{Abt}) \cos\omega t \, dt$$

$$= 2 \int\limits_{0}^{nT_{Abt}} \frac{U_0}{nT_{Abt}} (-t + nT_{Abt}) \cos\omega t \, dt$$

$$= -\frac{2U_0}{nT_{Abt}} \int\limits_{0}^{nT_{Abt}} t \cdot \cos\omega t \, dt + 2U_0 \cdot nT_{Abt} \int\limits_{0}^{nT_{Abt}} \cos\omega t \, dt$$

$$= -\frac{2U_0}{nT_{Abt}} \left[\frac{\cos\omega t}{\omega^2} - \frac{t \cdot \sin\omega t}{\omega} \right]_{0}^{nT_{Abt}} + \frac{2U_0 \cdot nT_{Abt}}{\omega} [\sin\omega t]_{0}^{nT_{Abt}}$$

$$\underline{F}_2(j\omega) = \frac{2U_0 \cdot nT_{Abt}}{(\omega nT_{Abt})^2} (1 - \cos\omega nT_{Abt}) \tag{9.98}$$

mit der Umformung:

$$1 - \cos\alpha = 2\sin^2\left(\frac{\alpha}{2}\right)$$

vereinfacht sich Gl. (9.98) zu:

$$\underline{F}_2(j\omega) = U_0 \cdot nT_{Abt} \frac{\sin^2 \frac{\omega nT_{Abt}}{2}}{\left(\frac{\omega nT_{Abt}}{2}\right)^2} \tag{9.99}$$

Das Spektrum des Dreieckfensters nach Gl. (9.99) ist in **Bild 9.66** dargestellt.

e)

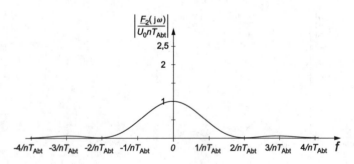

Bild 9.66 Spektrum $\underline{F}_2(j\omega)$ des Dreiecksfensters

f) Wie man aus den Betragsspektren aus Bild 9.65 und Bild 9.66 erkennen kann, liegt der Vorteil der Fensterfunktion in der starken Dämpfung der unerwünschten hohen Frequenzanteile. Im Beispiel findet die Dämpfung, verglichen mit dem Rechteckfenster, mit dem Quadrat der Spaltfunktion statt.

Dieser Vorteil muss jedoch mit folgenden Nachteilen erkauft werden:
Man bedämpft neben den unerwünschten Spektralanteilen auch Teile des Messsignals (in diesem Fall 50 % Amplitudenverlust). Zudem wird die Hauptkeule der Fensterfunktion breiter. Diese Unschärfe muss durch eine erhöhte Zahl von Abtastwerten kompensiert werden.

10 Übungen zu *PSpice DesignLab*

10.1 Frequenzanalyse (*AC Sweep*)

10.1.1 Beispielaufgabe zur Frequenzanalyse

Ein Versuchsingenieur hat hochfrequente Störungen auf einem Messleitung. Deshalb beschließt er, ein Tiefpassfilter (erster Ordnung) in seine Leitung einzubauen. Die Bauelemente besitzen folgende Werte:

$R = 10 \text{ k}\Omega; \quad C = 0,1 \text{ nF}$

a) Wie groß ist die 3-dB-Grenzfrequenz f_c des Tiefpasses?

b) Ein Amplitudenfall von 1 % kann hingenommen werden. Bis zu welcher Frequenz $f(1\%)$ können demnach Messsignale nach der vorgegebenen Spezifikation über die Messleitung übertragen werden?

c) Durch das Filter wird die Phasenlage φ der Ausgangsspannung U_A in Abhängigkeit von der angelegten Frequenz geändert. Berechnen Sie die Frequenzen, bei denen sich eine Phasenverschiebung von $\varphi = 1°$, $\varphi = 45°$ und $\varphi = 89°$ ergibt.

d) Überprüfen Sie Ihre Ergebnisse aus den Aufgabenteilen a) bis c) mit Hilfe des Schaltungs-Simulationsprogramms *PSpice DesignLab*.

Gehen Sie die Lösung der Aufgabe wie nachfolgend beschrieben an:

1) Überlegen und Abschätzen: Siehe Aufgabenteile a) bis c).

2) Aufruf von *PSpice DesignLab*. Eingabe des Schaltplans. Setzen Sie dazu die Bauteile:

   i.Widerstand R, *VALUE* $= 10 \text{ k}\Omega$

   ii.Kondensator C, *VALUE* $= 0,1 \text{ nF}$

   iii.Allgemeine Spannungsquelle *VSRC*, $AC = 10 \text{ V}$

   iv.Bezugsmasse *AGND* setzen und *Vmarker* am Kondensator C platzieren. Zum Schluß alle Bauteile mit *Wire* verbinden.

3) Prüfen der Verbindung der Bauteile mit *Electrical Rule Check*.

4) Einstellen der Parameter zur Frequenzanalyse (*AC Sweep*). Betrachten Sie dazu den Frequenzbereich von 1 kHz bis 10 MHz.

5) Mit der *F11*-Taste Schaltungssimulation starten.

6) Analysieren der Spannungs- und Phasenverläufe im Programm *Probe*.

10.1.2 Lösung der Beispielaufgabe zur Frequenzanalyse

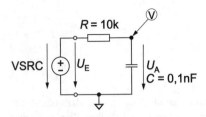

Bild 10.1 Tiefpass erster Ordnung

a) **Bild 10.1** zeigt den Schaltplan des Tiefpasses erster Ordnung. Betrags- und Phasengang des Tiefpasses lassen sich mit Gl. (10.1) bestimmen:

$$\frac{\underline{U}_A}{\underline{U}_E} = \frac{1}{1 + j\omega RC} = \underbrace{\frac{1}{\sqrt{1 + (\omega RC)}}}_{\text{Betrag}} \cdot e^{\overbrace{-\arctan \omega RC}^{\text{Phase}}} \tag{10.1}$$

Bei Erreichen der 3-dB-Grenzfrequenz ist der Betrag der Ausgangsspannung $|\underline{U}_A|$ auf das $1/\sqrt{2}$-fache der ursprünglichen Signalamplitude abgefallen:

$$\left|\frac{\underline{U}_A}{\underline{U}_E}\right| = \frac{1}{\sqrt{2}} \overset{!}{=} \frac{1}{\sqrt{1 + (2\pi f_c RC)}} \longrightarrow f_c = \frac{1}{2\pi RC} = \mathbf{159,15\ kHz} \tag{10.2}$$

b) Weiterhin ist gefragt, bei welcher Frequenz $f(1\%)$ die Amplitude der Ausgangsspannung um 1 % gefallen ist:

$$\left|\frac{\underline{U}_A}{\underline{U}_E}\right| = \frac{10\ V - 0,01\ V}{10\ V} \overset{!}{=} \frac{1}{\sqrt{1 + (2\pi f(1\%)RC)}} \tag{10.3}$$

Damit folgt für die maximal übertragbare Frequenz des Messsignals:

$$f(1\%) = \frac{0,1425}{2\pi RC} = \mathbf{22,68\ kHz}$$

c) Der Phasenverschiebungwinkel φ zwischen Ausgangsspannung $\underline{U}_A$ und Eingangsspannung $\underline{U}_E$ ergibt sich aus Gl. (10.1):

$$\varphi = |-\arctan \omega RC| \longrightarrow f = \frac{\tan \varphi}{2\pi RC} \tag{10.4}$$

Mit Gl. (10.4) lassen sich zu den gegebenen Phasenwinkeln die entsprechenden Frequenzen berechnen:

$$f\big|_{\varphi=1°} = 2,778 \text{ kHz}$$

$$f\big|_{\varphi=45°} = 159,15 \text{ kHz} = f_c$$

$$f\big|_{\varphi=89°} = 9,12 \text{ MHz}$$

d) Es soll nun der Tiefpass mit dem Simulationsprogramm *PSpice DesignLab* untersucht werden. Dabei sollen die Ergebnisse aus den vorangegangenen Aufgabenteilen verifiziert werden.

Weiterhin sollen in diesem ersten Beispiel die Vorgehensweise zur Erstellung des Schaltplans in *Schematics* und die Durchführung der Simulation mit *PSpice* ausführlich besprochen werden.

Nach dem Aufruf von *PSpice DesignLab* (siehe Abschnitt 8.3.3), muss der Anwender zunächst die Bauteile im Programmmodul *Schematics* setzen. Im Folgenden soll die Spannungsquelle für die Frequenz-Analyse aus der Bibliothek *Source.slb* in *Schematics* eingefügt und anschließend gesetzt werden. Die Wechselspannungs-Amplitude der Quelle soll 10 V betragen:

Strg-G-Taste⟶ *VSRC* eingeben, *Eingabe*-Taste⟶ ❶, ◯⟶ mit ❷ das Bauteil *VSRC* anwählen⟶ Parameter *AC* ❷ ⟶ Wert 10 V eingeben: *AC=10V*⟶ Ok ❶ ⟶ Ja ❶

Die anderen Bauteile werden analog gesetzt und die Bauteilewerte, so wie oben gezeigt, eingestellt. Entnehmen Sie die Bauteile aus den in Tabelle 11.4 angegebenen Bibliotheken und beachten Sie dabei auch die Angaben im Abschnitt 8.4. Der entsprechende Schaltplan ist in **Bild 10.2** dargestellt.

Sie finden die Schaltplandatei *ueb1.sch* auch auf der beiliegenden CD-ROM. Nachdem Sie den Schaltplan fertig gestellt haben, überprüfen Sie die fehlerfreie Verschaltung der Bauteile mit:

Analysis ❶ ⟶ *Electrical Rule Check*

Jetzt sollen im Rahmen dieses Übungsbeispiels die Eigenschaften der Analyseart *AC Sweep* kurz besprochen werden.

AC Sweep:

Diese Analyseart entspricht in der Funktionsweise eines Wobbelgenerators. Beginnend mit der eingestellten kleinsten Frequenz wird der zu untersuchende Frequenzbereich bis zu

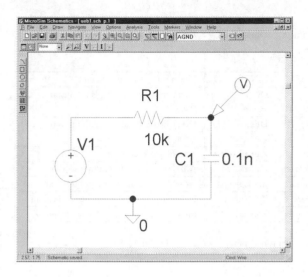

Bild 10.2 Tiefpass erster Ordnung

der höchsten, vom Anwender angegebenen Frequenz, überstrichen. Mit dieser Analyseart läßt sich das Kleinsignalverhalten von Schaltungen im Frequenzbereich untersuchen. Die Schaltung wird dazu um ihren Arbeitspunkt herum linearisiert. Dies ist besonders bei Aufgabenstellungen mit aktiven- bzw. mit Halbleiterbauelementen wichtig.

Darstellung in der Netzliste (*.*cir*):

.ac␣<**Frequenzdurchlauf**>␣<**Stützwerte**>␣<**Startfrequenz**>␣<**Endfrequenz**>

Beispiele für mögliche Eingaben und deren Schreibweise in der Netzliste:
** Analysis setup **
.ac DEC 101 1k 10meg
.ac OCT 10 100u 1k

Öffnen Sie mit einem beliebigen Texteditor (Wordpad, Winword, Editor) die Datei *ueb1.cir* von der beiliegenden CD und versuchen Sie die, im Beispiel zuerst gezeigte Textzeile zu finden. Nach einem Simulationslauf wird diese Datei automatisch in das gleiche Verzeichnis geschrieben, in der sich der Schaltplan *ueb1.sch* befindet. Die **Tabelle 10.1** zeigt die wählbaren Optionen für die Frequenzanalyse und erklärt diese kurz. Diese sind für die Windows-Darstellung sowie für die Netzlisteneingabe kurz erläutert.

217

Anweisung	Option im Windows-Fenster	Option in der Netzliste	Kurzerklärung
Frequenzdurchlauf	*Linear*	LIN	Linearer Frequenzdurchlauf
	Octave	OCT	Frequenzdurchlauf logarithmisch zur Basis 2
	Decade	DEC	Frequenzdurchlauf logarithmisch zur Basis 10
Stützwerte	*Total Pts.*	Zahlenwert	Anzahl der Rechenwerte
	Pts. / Octave	Zahlenwert	Anzahl der Rechenwerte pro Oktave
	Pts. / Decade	Zahlenwert	Anzahl der Rechenwerte pro Dekade
Anfangsfrequenz	*Start Freq.*	Zahlenwert	Frequenz, bei der die Simulation beginnt
Endfrequenz	*End Freq.*	Zahlenwert	Frequenz, bei der die Simulation endet

Tabelle 10.1 Erklärung der wichtigsten Einstellungen bei der Analyseart *AC Sweep*

Es ist aus Gründen der Rechenzeit ratsam, die Anzahl der Stützwerte bzw. die Bandbreite nur auf das unbedingt notwendige Maß zu beschränken. Je weiter die kleinste und die höchste zu untersuchende Frequenz auseinander liegen, desto größer wird aber auch das Frequenzraster. Weiterhin darf die kleinste Frequenz bei logarithmischer Darstellung der Ergebnisse nicht 0 sein, und die höchste darf nicht gleich der kleinsten Frequenz sein. Es wird angemerkt, dass für diese Analyseart nur Bauteile mit der *AC*, Spezifikation wie z. B. die allgemeine Spannungsquelle *VSRC* verwendbar sind. Die Sinus-Spannungsquelle *VSIN* ist beispielsweise nicht für diese Analyseart geeignet.

So gelangen Sie zum Eingabefeld der Frequenzanalyse *AC Sweep*:
Analysis ❶ —→ Setup ❶—→ *AC Sweep* ❷

Es soll nun die Wahl der Parameter für das Übungsbeispiel erfolgen: Zunächst empfiehlt sich eine logarithmische Abszisseneinteilung. Aus Aufgabenteil c) wird klar, dass eine Betrachtung für Frequenzen bis 10 MHz völlig ausreichend ist, da die maximale Phasenverschiebung zwischen Ausgangsspannung und Eingangsspannung bei einem Tiefpass $-\pi/2$ werden kann. **Bild 10.3** zeigt die vorgenommenen Einstellung für die Analyseart *AC Sweep*. Nachdem Sie die Eingabe mit **Ok ❶** beendet haben, kann die Schaltung simuliert werden. Damit bei der Simulation nicht zu viele Datensätze erzeugt bzw. gespeichert werden, soll nur der Spannungsverlauf am Kondensator mit Hilfe eines Spannungsmarkers (*Vmarker*) gespeichert und nach der Simulation angezeigt werden.

Dazu wird im Programmmodul *Schematics* folgende Voreinstellung für den automatischen Start des Programms *Probe* vorgenommen:
Analysis ❶ —→ Probe Setup ❶ —→ Tafel **Data Collection ❶ —→ At Markers Only ❶**

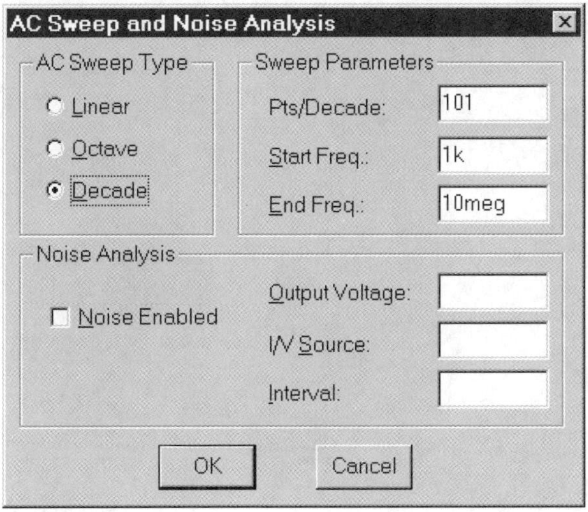

Bild 10.3 Einstellungen, um den Tiefpass erster Ordnung im Frequenzbereich zu simulieren

Es soll an dieser Stelle noch darauf hingewiesen werden, dass *PSpice DesignLab* die zur Simulation benötigten Modellbibliotheken (*.lib*) auch innerhalb des Dateisystems finden muss. Es kann vorkommen, dass eine von der Programm-CD-ROM kopierte Datei auf Ihrem Rechner nicht simuliert wird, da der Dateipfad zu der entsprechenden Modellbibliothek nicht richtig angegeben ist und somit nicht gefunden werden kann. Normalerweise (Standardinstallation) findet man die Modellbibliotheken in folgendem Verzeichnis: c:\programme\MSimEv\lib. Sie können den richtigen Dateipfad jedoch auch nachträglich einstellen:
Analysis ❶ ⟶ Library and Include Files... ❶ ⟶ Browse ❶ Pfad für die Bibliothek (*nom.lib*) suchen **Öffnen ❶ ⟶ Add Library* ❶ ⟶ Ok ❶**

Die Simulation der Schaltung und der automatische Aufruf von Probe erfolgt nun durch Drücken der *F11*-Taste, und es erscheint der typische Kurvenverlauf eines Tiefpasses nach **Bild 10.4**, allerdings ohne die dargestellten Cursoren.

Im Anschluss soll die Analyse der Ergebnisse im Programmmodul *Probe* genauer besprochen werden. Um die Spannungswerte mit den Cursoren ablesen zu können, muss man diese zunächst einblenden:
Tools ❶ ⟶ Cursor ❶ ⟶ Display ❶ Cursoren erscheinen auf der Kurve

Der Cursor läßt sich nun bei gedrückt gehaltener rechter Maustaste auf dem interessierenden Kurvenzug bewegen, der andere Cursor bei gedrückt gehaltener linker Maustaste.

219

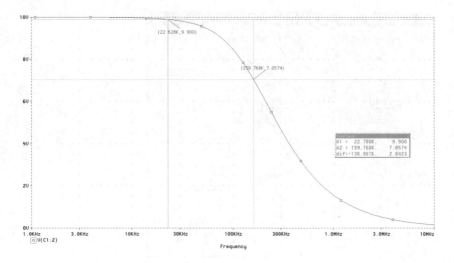

Bild 10.4 Amplitudengang des Tiefpasses erster Ordnung

Der akutelle Wert läßt sich in dem automatisch erscheinenden Cursor-Fenster ablesen (x, y) oder aber wie in Bild 10.4 mit einer Wertemarkierung versehen:

Tools ❶ ⟶ **Label ❶** ⟶ **Mark ❶** ⟶ x, y-Werte werden im Graph angezeigt

Als nächstes soll der Phasenverlauf der Spannung V(C1:2) betrachtet werden. Um diesen zu erhalten, muss man die Phase explizit im Programmmodul *Probe* berechnen lassen. Dies erfolgt mit den sogenannten *Funktionen*. Die *Funktionen* sind ein sehr nützliches und leistungsfähiges Mittel, um z. B. den Real- oder Imaginärteil, den Betrag oder die Phase von Spannungen oder Strömen zu ermitteln. **Tabelle 11.5** (Anhang) gibt eine Übersicht der wichtigsten im Programmmodul *Probe*, dem Anwender zur Verfügung stehenden *Funktionen*. Diese *Funktionen* lassen sich mit den sogenannten *Operatoren* **Tabelle 11.6** (Anhang) zu benutzerspezifischen Formeln verknüpfen, was aber an dieser Stelle nicht weiter vertieft werden soll. Zunächst wird ein neues Diagramm für den Phasengang benötigt:

Plot ❶ ⟶ **Add Plot ❶** ⟶ Ein neues Koordinatensystem erscheint

Dann wird mit Hilfe von Tabelle 11.5 der Phasengang des Tiefpasses in *Probe* ermittelt und in dem soeben erstellten Diagramm dargestellt:

Trace ❶ ⟶ **Add ❶** ⟶ *Funktion* P(x) auswählen **❶** ⟶ Ausgangsspannungs-Variable x=V(C1:2) auswählen **❶** ⟶ P(V(C1:2)) erscheint im Status-Fenster **Ok ❶**

Anschließend ergibt sich **Bild 10.5**. An Hand der Beziehungen von Gl. (10.4) und einer Analyse mit den Cursoren zeigt sich, dass die Simulation in Ordnung ist.

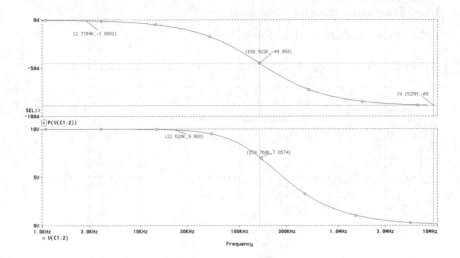

Bild 10.5 Amplituden- und Phasengang des Tiefpasses erster Ordnung

221

10.2 Transienten-Analyse (*Transient*)

10.2.1 Beispielaufgabe zur Transienten-Analyse

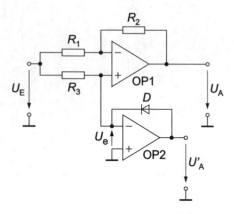

Bild 10.6   Idealer Zweiweggleichrichter mit nur einer Diode

Der Entwicklungsingenieur soll einen idealen Zweiweggleichrichter entwerfen. Er hat die Schaltung nach **Bild 10.6** ausgewählt. Die Operationsverstärker OP1 und OP2 sind auf Grund der hohen Leerlaufverstärkung V als ideal zu betrachten. Folgende Bauteile bzw. Bauteilewerte sind gegeben:

$R_1 = R_2 = R_3 = R = 10\ \text{k}\Omega$; $U_\text{E} = \hat{u}_\text{E} \sin 2\pi 50\ \text{Hz}$

a) Berechnen Sie den Spannungsübertragungsfaktor $V' = U_\text{A}/U_\text{E}$.
Hinweis: Zeichnen Sie für beide Polaritäten der Eingangsspannung U_E das gültige Ersatzschaltbild. Diskutieren Sie dazu das Verhalten des Operationsverstärkers OP2, und betrachten Sie dessen Eingangsdifferenzspannung U_e und auch dessen Ausgangsspannung U'_A. Welchen Einfluss hat die Schwellenspannung der Diode auf das Verhalten des Operationsverstärkers OP1?

b) Zeichnen Sie $U_\text{A} = f(U_\text{E})$, und beschreiben Sie qualitativ den Verlauf der Ausgangsspannung U_A, bezogen auf die Eingangsspannung U_E.

c) Simulieren Sie jetzt die Aufgabenteile a) und b) und, überprüfen Sie somit Ihre Berechnungen. Betrachten Sie ergänzend den Ausgangsspannungsverlauf U_A, phasenrichtig zur Eingangsspannung U_E, für die beiden vorausgegangenen Aufgabenteile a) und b).

1) Nehmen Sie dazu die zusätzlich folgende Werte an:

Versorgungsspannung OP1 und OP2: $V_+ = 15\ \text{V}$, $V_- = -15\ \text{V}$; $\hat{u}_\text{E} = 5\ \text{V}$

2) Verwenden Sie die Analyse im Zeitbereich (*Transient*). Betrachten Sie dazu zwei Perioden der Eingangsspannung U_E.

10.2.2 Lösung der Beispielaufgabe zur Transienten-Analyse

a) Zunächst erfolgt eine Betrachtung der Schaltung für negative Eingangsspannung ($U_E <$ 0). Für $U_e < 0$ leitet die Diode D, da am invertierenden Eingang U_E liegt und somit die Ausgangsspannung nach Gl. (10.5) positiv wird:

$$U'_A = VU_e = V(U_+ - U_-) = -V(-U_E) = VU_E \overset{!}{=} U_S \tag{10.5}$$

Da die Diode leitet, nimmt die Ausgangsspannung U_A den Wert der Vorwärtsspannung (Schwellenspannung U_S) der Diode an. Der Operationsverstärker OP2 ist über die leitende Diode gegengekoppelt, und die Differenzspannung U_e an den beiden Eingängen wird auf Grund der hohen Verstärkung V des Operationsverstärkers OP2 näherungsweise zu:

$$U_e = -\frac{U'_A}{V} = -\frac{U_S}{V} \approx 0 \tag{10.6}$$

d. h., der Operationsverstärker OP2 legt den nicht-invertierenden Eingang von OP1 virtuell auf Masse. Die Schwellenspannung U_S der Diode spielt auf Grund der hohen Leerlaufverstärkung V des Operationsverstärkers in Bezug auf den nicht-invertierenden Eingang von OP1 keine Rolle. **Bild 10.7** zeigt das vereinfachte Ersatzschaltbild für negative Eingangsspannungen U_E. Die Schaltung in Bild 10.7 ist ein invertierender Verstärker, und es

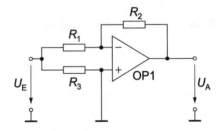

Bild 10.7 Ersatzschaltbild des idealen Zweiweggleichrichters für $U_E < 0$

gilt somit:

$$U_E < 0 , \qquad V' = \frac{U_A}{U_E} = -\frac{R_2}{R_1} = -1 \tag{10.7}$$

Für eine Eingangsspannung größer null ($U_e > 0$) ist die Diode in Sperrrichtung gepolt und leitet nicht. Der Operationsverstärker OP2 ist nicht gegengekoppelt und wirkt demnach so, als ob die Diode nicht vorhanden wäre. Da am am invertierenden Eingang des Operationsverstärkers OP2 jetzt eine positive Spannung liegt, funktioniert dieser wie ein Komparator, und dessen Ausgangsspannung geht in die negative Begrenzung. Der hohe Eingangswiderstand R_e des Operationsverstärkers ist wirksam, und es ergibt sich das Ersatzschaltbild nach **Bild 10.8**. Der Operationsverstärker nach Bild 10.8 ist mit dem Widerstand R_2 gegenge-

223

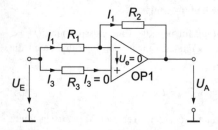

Bild 10.8 Ersatzschaltbild des idealen Zweiweggleichrichters für $U_E > 0$

koppelt, somit stellt sich an OP2 eine Differenzeingangsspannung von $U_e = 0$ V ein. Ein Spannungsumlauf ergibt:

$$U_A = -I_3 R_3 - I_1 R_2 + U_E \qquad (10.8)$$

Da der Operationsverstärker OP1 auf Grund der hohen Verstärkung V als ideal zu betrachten ist, folgt:

$$I_3 \overset{!}{=} 0$$

Damit bestimmt sich aber der Strom durch den Widerstand R_1 mit dem nachfolgenden Umlauf:

$$U_e = U_{R3} - U_{R1} = 0 \quad \longrightarrow \quad I_1 = I_3 = 0 \qquad (10.9)$$

Aus Gl. (10.8) und Gl. (10.9) ergibt sich damit die Spannung am Ausgang des Operationsverstärkers OP1 zu:

$$U_E > 0 \,, \qquad V' = \frac{U_A}{U_E} = 1 \qquad (10.10)$$

b) Gl. (10.7) und Gl. (10.10) lassen sich zusammenfassen:

$$U_A(U_E) = \begin{cases} U_A = +U_E & \text{für} \quad U_E > 0 \\ U_A = -[-U_E] = +U_E & \text{für} \quad U_E < 0 \end{cases}$$

Bild 10.9 zeigt die Kennlinie $U_A = f(U_E)$ der idealen Zweiweggleichrichterschaltung. Aus der Kennlinie in Bild 10.9 kann man erkennen, dass alle negativen Spannungszeitflächen ins Positive geklappt werden (Betragsbildner). Alle negativen und positiven Spannungszeitflächen werden dabei mit dem Faktor 1 multipliziert.

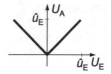

Bild 10.9   Kennlinie des idealen Zweiweggleichrichters

c) Es soll nun der ideale Zweiweggleichrichter mit dem Simulationsprogramm *PSpice DesignLab* untersucht werden.

Nach dem Aufruf von *PSpice DesignLab* muss der Schaltplan in *Schematics* erstellt werden. Alle für den Simulationsschaltplan benötigten Bauteile finden sich ebenfalls in Tabelle 11.4. Da hier eine Zeitbereichsbetrachtung durchgeführt wird, muss für die Eingangsspannung U_E eine Sinus-Spannungsquelle (*VSIN*) in den Schaltplan eingefügt und wie im Aufgabenteil c) spezifiziert werden:
Strg-G-Taste⟶ *VSIN* eingeben, *Eingabe*-Taste⟶ ❶ , ◯⟶ mit ❷ auf das Bauteil *VSIN*⟶ Wert aufrufen: *VOFF* ❷ ⟶ Wert 0 V eingeben, weitere Werte einstellen:*VAMPL=5V, FREQ=50Hz*, Eingabe beenden ⟶ **Ok** ❶ ⟶ **Ja** ❶

Beachten Sie, dass die Einheiten (V, Hz, ...) direkt ohne Leerzeichen auf die jeweiligen Bauteilwerte folgen müssen, damit diese nur als Kommentar von *PSpice DesignLab* angesehen werden. Wird ein Leerzeichen eingefügt, so erscheint eine Fehlermeldung. Nach dem Einfügen der Operationsverstärker in *Schematics*, muss an diesen nichts mehr eingestellt werden. Auch die optionalen Offset-Kompensationsanschlüsse OS1 und OS2 müssen nicht verschaltet werden. Allerdings benötigen Sie eine bipolare Gleichspannungsversorgung V_+ und V_-, die mit den universellen Quellen *VSRC* erzeugt wird. Nach Einfügen der beiden Quellen *VSRC* muss nur der Parameter *DC* auf den Wert *DC=15V* eingestellt werden. Danach kann die Eingabe für die Gleichspannungsquellen beendet werden. Wie man aus dem Schaltplan in **Bild 10.10** sehen kann, sind die Gleichspannungsquellen nicht mit Verbindungsbrücken *Wire* verbunden. Stattdessen werden die Schnittstellen-Bauteile *GLOBAL* als Anschlussklemmen verwendet, dies hilft, den Schaltplan übersichtlicher zu gestalten und Fehler zu vermeiden:
Strg-G-Taste⟶ *GLOBAL* eingeben, *Eingabe*-Taste⟶ ❶ , ◯⟶ mit ❷ auf das Bauteil *GLOBAL*⟶ Bezeichnung, z. B. *LABEL=V₊*, eingeben ⟶ **Ok** ❶

Man kann auch die Bauteilverdrahtungen *Wire* mit eigenen Bezeichnungen (*LABEL*) versehen, um nachher in *Probe* die Spannungsverläufe einfacher unterscheiden zu können:
❷ auf beliebige Verdrahtungsbrücke ⟶ Bezeichnung, z. B. *LABEL=U_A* oder *LABEL=U_E*, eingeben ⟶ **Ok** ❶

Die interessanten Punkte in der Schaltung sind zunächst die Eingangsspannung U_E und die Ausgangsspannung U_A. Diese Punkte werden in Bild 10.10 U_E und U_A genannt

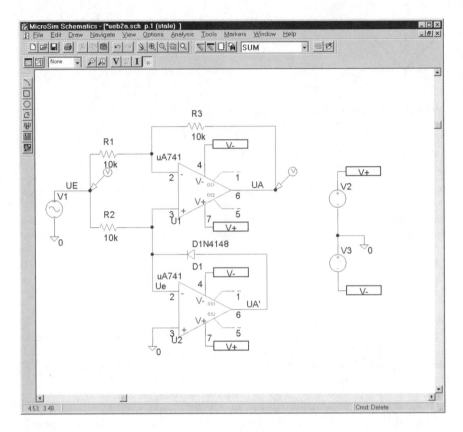

Bild 10.10 Schaltplan in *Schematics* für den idealen Zweiweggleichrichter

sowie mit Spannungsmarkern versehen. Später sollen zur Untersuchung der Funktionsweise von OP2 auch dessen Spannungen am invertierenden Eingang (entspricht U_e) und am Ausgang U'_A im Programmmodul *Probe* analysiert werden. Die Schaltplandatei *ueb2a.sch* bzw. die Netzlistendatei (ueb2a.cir) finden Sie auch auf der beiliegenden CD-ROM.

Jetzt sollen im Rahmen des zweiten Übungsbeispiels die Möglichkeiten der Analyseart *Transient* kurz besprochen werden.

Transient:

Die Berechnung *Transient* analysiert das Großsignalverhalten einer Schaltung im Zeitbereich. Nichtlineares Verhalten von Dioden, Transistoren oder von Operationsverstärkern läßt sich nur mit dieser Analyseart untersuchen.

226

Darstellung in der Netzliste (*.cir):

.tran␣<Druckschrittweite>␣<Rechenzeit>␣<Ausgabeverzug>␣<Rechenschrittweite>

Beispiele für mögliche Eingaben und deren Schreibweise in der Netzliste:
** Analysis setup **
.tran 0.1ms 40ms 0 0.1ms
.tran 0.1n 100n 0.1n 50n
.tran/OP 1n 100n 1n SKIBP

Öffnen Sie die Datei *ueb2a.cir* oder die Simulationsausgabe-Datei *ueb2a.out*, und versuchen Sie die, im Beispiel zuerst gezeigte Textzeile zu finden. Die **Tabelle 10.2** zeigt die wählbaren Optionen und erklärt diese für die Windows-Darstellung sowie für die Netzlisteneingabe in aller Kürze.

Anweisung	Option im Windows-Fenster	Option in der Netzliste	Kurzerklärung
Druckschrittweite	*Print Step*	Zahlenwert	Schrittweite, die beim Ausdruck der Ereigniskurven mit den Druckern (Bauteile *VPRINT*1 und *VPLOT*1) bzw. bei der Fourier-Transformation *.four* verwendet wird. Wird diese Option bei der Darstellung mit *Probe* verwendet, errechnet *PSpice DesignLab* die Stützwerte nach der sog. Gradientenmethode automatisch. Eine Eingabe führt zu keiner Änderung der Darstellung in *Probe*.
Rechenzeit	*Final Time*	Zahlenwert	Zeitpunkt, bis zu dem die Simulationsrechnung durchgeführt wird
Ausgabeverzug	*No-Print-Delay*	Zahlenwert	Gibt die Zeit vor, bis zu der eine Ausgabe der Simulationsergebnisse unterdrückt wird, z. B. um in *Probe* einen Einschwingvorgang nicht darzustellen. Standardmäßig beginnt die Transienten-Analyse zum Zeitpunkt $t = 0$ mit dem Ausdruck bzw. mit der Ausgabe in *Probe*.
Rechenschrittweite	*Step Ceiling*	Zahlenwert	Legt die Anzahl der verwendeten Stützpunkte zur Berechnung von Kurvenverläufen exakt fest (benutzerdefiniert)

Anweisung	Option im Windows-Fenster	Option in der Netzliste	Kurzerklärung
	Detailed Bias Pt.	/OP (Schalter ein)	Arbeitspunktberechnung von allen Quellen und Knoten wird vor einer Simulation durchgeführt. Die Liste der Ergebnisse wird in die Simulationsablauf-Datei *.out geschrieben.
	Skip initial transient solution	SKIBP (Schalter ein)	Anfangsbedingungen *IC* von Bauteilen werden für die Simulation ignoriert

Tabelle 10.2 Erklärung der wichtigsten Einstellungen bei der Analyseart *AC Sweep*

Um Rechenzeit zu sparen, sollte die Rechenschrittweite minimal etwa 1/1000-tel der Gesamtrechenzeit sein. Zeitgleich zu einer Transienten-Analyse läßt sich auch eine Fourier-Transformation durchführen. Allerdings ist es komfortabler, diese direkt im Programm *Probe* durchzuführen:
Programm *Probe* aufrufen—→ **Trace ❶** —→ **Fourier ❶** —→ Die Spektren aller aktuellen Kurvenverläufe werden berechnet und dargestellt

So gelangen Sie zum Eingabefeld der Analyseart *Transient*:
Analysis ❶ —→ **Setup ❶**—→ *Transient* ❷

Es soll nun die Wahl der Parameter für das Übungsbeispiel erfolgen: Die Option *Final Time* wird auf die Zeit von 40 ms gesetzt. Dies entspricht zwei Perioden der Eingangsspannung U_E. Da die automatische Berechnung der Stützwerte mit *Print Step* eine sehr grobe Auflösung bietet, soll eine feinere Berechnung der Stützwerte alle 0,01 ms erfolgen (einstellbar mit der Option *Step Ceiling*). **Bild 10.11** zeigt zusammenfassend alle vorgenommenen Einstellungen für das Übungsbeispiel.

Anschließend kann die Simulation mit der *F11*-Taste gestartet werden, und man erhält **Bild 10.12**. Wie erwartet, wird die negative Halbschwingung der Eingangsspannung am Ausgang ins Positive geklappt. Auch die im Schaltplan *Schematics* gewählten Bezeichnungen der Knoten finden sich in der Kurvenlegende am unteren Diagrammrand wieder.

Im Folgenden soll nun $U_A = f(U_E)$ dargestellt werden. Dazu muss man statt der Zeit t die Eingangsspannung U_E als Abszissenvariable verwenden:
Plot ❶ —→ **X Axis Stettings ❶** —→ **Axis Variable ❶** —→ V(UE) anwählen **❶** —→ **Ok ❶** —→ **Ok ❶**

Es erscheint analog zu Bild 10.9 das in **Bild 10.13** abgebildete Diagramm. Schließlich soll noch die Funktion des Operationsverstärkers OP2 an Hand der Spannungsverläufe des

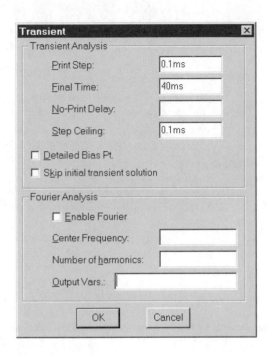

Bild 10.11 Einstellungen, um den idealen Zweiweggleichrichter aus der Aufgabenstellung im Zeitbereich zu simulieren

invertierenden Eingangs ($U_e = U_-$) am Ausgang U_A' mit Hilfe der Schaltungssimulation näher betrachtet werden. Für negative Eingangsspannugen gelten Gl. (10.5) und Gl. (10.6), d. h., die Ausgangsspannung geht auf den Wert der Schwellenspannung U_S der Diode, während die Spannung U_e am invertierenden Eingang des Operationsverstärkers OP2 zu null wird.

Man erkennt mit Hilfe der Cursoren aus **Bild 10.14**, dass die Schwellenspannung der Diode D1N4148 etwa 0,57 V beträgt, während die Spannung am invertierenden Eingang einen Wert von 16 μV annimmt, was um etwa sechs Größenordnungen kleiner als die Ausgangsspannung der Gesamtschaltung und somit vernachlässigbar ist.

Für positive Eingangsspannungen arbeitet die Schaltung als hochohmiger Komparator. Die Spannung am invertierenden Eingang folgt demnach dem Eingangsspannungsverlauf U_E. Die Ausgangsspannung U_A' von OP2 geht aber auf den größtmöglichen negativen Spannungswert zurück, hier $-14, 61$ V, der am Ausgang des Operationsverstärker verfügbar ist und unterhalb des Werts der Versorgungsspannung von $V_- = -15$ V liegen muss. Fasst man alle Erkenntnisse aus Bild 10.14 zusammen, so kann man erkennen, dass der Operationsverstärker OP2 als spannungsgesteuerter Schalter arbeitet, der für postive Spannungen hochohmig und für negative Spannungen niederohmig wird.

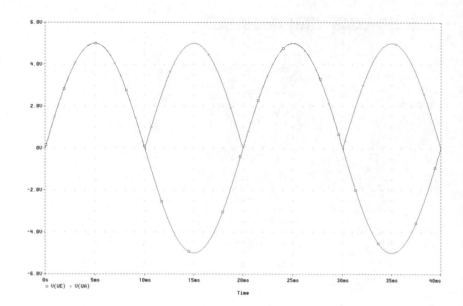

Bild 10.12 Spannungsverläufe der Eingangsspannung U_E und der Ausgangsspannung U_A des idealen Zweiweggleichrichters

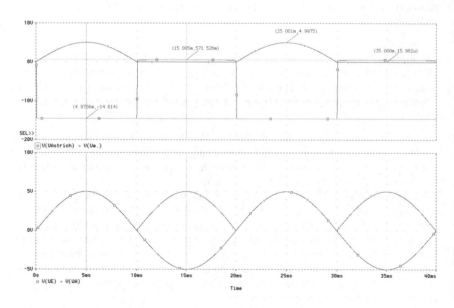

Bild 10.14 Spannungsverläufe an OP1 und OP2 des idealen Zweiweggleichrichters

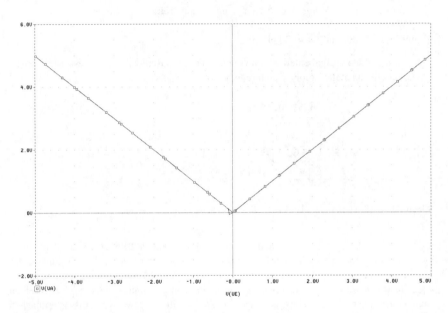

Bild 10.13 Ausgangsspannungsverlauf U_A über der Eingangsspannung U_E des idealen Zweiweggleichrichters

10.3 Parameter-Analyse (*Parametric*)

10.3.1 Beispielaufgabe zur Parameter-Analyse

Gegeben sind ein Oszilloskop und ein Multi-Funktionsgenerator. Der Multi-Funktionsgenerator kann wahlweise sinusförmige sowie impulsförmige Ausgangsspannungen (U_A) erzeugen. Die Geräte besitzen die folgenden Daten:

Sinusgenerator:
$R_i = 50\ \Omega$, $U_0 = \hat{U}_0 \sin \omega t = 10\ \text{V} \sin 2\pi f t$ mit $0\ \text{Hz} < f < 1\ \text{GHz}$
Impulsgenerator:
$R_i = 50\ \Omega$, $U_0 = 10\ \text{V}$ unipolar, Anstiegs- und Abfallzeit: $T_a = 100\ \text{ps}$
Oszilloskop:
$\underline{Z}_e$ mit $R_e = 1\ \text{M}\Omega$ und $C_e = 30\ \text{pF}$

Gehen Sie bei den Aufgabenteilen von einem „idealen" Oszilloskop aus, dessen Eingangsverstärker eine unendlich große Bandbreite besitzt.

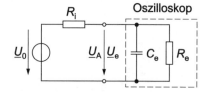

Bild 10.15   Direkter Anschluss eines Oszilloskops an einen Sinusgenerator

a) Das Oszilloskop wird nun zunächst ohne Tastkopf, wie in **Bild 10.15**, an den Multi-Funktionsgenerator angeschlossen. Berechnen Sie die Grenzfrequenz f_c der am Eingang des Oszilloskops anliegenden Messspannung U_e ($= U_A$), wenn der Sinusgenerator einen Innenwiderstand von $R_i = 50\ \Omega$ aufweist, bzw. wenn ein anderer Sinusgenerator mit den selben Kennwerten, aber einem Innenwiderstand von $R_i = 150\ \Omega$, verwendet wird. Vereinfachen Sie zur Berechnung der Grenzfrequenz f_c die gegebene Schaltung und begründen Sie diese Vereinfachung. Bilden Sie anschließend die Schaltung auf dem Rechner nach, und simulieren Sie diese, um Ihre Rechenergebnisse zu bestätigen. Verwenden Sie dazu unter anderem die Parameter-Analyse.

b) Zur Messung von hochfrequenten Signalen soll nun ein Tastkopf mit einem Teilerverhältnis von $\underline{a} = 10 : 1$ entworfen werden, der zu einer Messung anschließend an das Oszilloskop angeschlossen werden soll. Dimensionieren Sie die beiden zusätzlich benötigten Bauelemente R_T und C_T, so dass zusammen mit der Eingangsimpedanz $\underline{Z}_e$ des Oszilloskops ein frequenzunabhängiger Teiler entsteht. Anschließend soll die Anstiegszeit T_a der Spannung U_E am Eingang des Tastkopfs bestimmt werden. Schließen Sie dazu den Tastkopf an den Impulsgenerator an, und zeichnen Sie dazu das vollständige Ersatzschaltbild. Für die Berechnung der Anstiegszeit sind die ohmschen Komponenten des Teilers zu vernachlässigen, da diese für hohe Frequenzen durch die Teilerkapazitäten C_T und C_e kurzgeschlossen werden. Zeichnen Sie das vereinfachte Ersatzschaltbild. Stellen Sie an Hand des gegebenen Beispiels den Zusammenhang zwischen der Anstiegszeit T_a und Grenzfrequenz f_c für Übertragungssysteme, die in erster Näherung Tiefpassverhalten der erster Ordnung aufweisen, dar. Berechnen Sie anschließend die Anstiegszeit T_a am Tastkopf-Eingang und bestimmen Sie daraus die resultierende Grenzfrequenz f_c am Eingang U_e des Oszilloskops. Weisen Sie die Gültigkeit der Vereinfachung aus Aufgabenteil a) sowie den Zusammenhang von Anstiegszeit und Grenzfrequenz, nach, indem Sie eine geeignete Simulation durchführen.

c) Der Eingangswiderstand R_e des Oszilloskops schwankt innerhalb der nachfolgend angegebenen Widerstandwerte:

$$R_e = 1\,\text{M}\Omega \pm 0,11\,\text{M}\Omega$$

Der Impulsgenerator liefert nun eine symmetrische unipolare Rechteckspannung mit einer Periodendauer von $T = 400\,\text{ns}$. Welches Schirmbild zeigt das Oszilloskop für die verschiedenen Widerstandswerte an? Berechnen Sie charakteristische Werte der sich ergebenden Bildschirmanzeige, und stellen Sie die drei möglichen Kurvenverläufe mit Hilfe einer Schaltungssimulation dar.

10.3.2 Lösung der Beispielaufgabe zur Parameter-Analyse

a) Zunächst läßt sich die Grenzfrequenz f_c der Anordnung nach Bild 10.15 wie folgt angeben:

$$\frac{U_A}{U_0} = \frac{U_e}{U_0} = \frac{\frac{R_e}{1 + j\omega R_e C_e}}{R_i + \frac{R_e}{1 + j\omega R_e C_e}} = \frac{R_e}{R_e + R_i\,(1 + j\omega R_e C_e)}$$

$$= \frac{1}{1 + R_i\left(\frac{1}{R_e} + j\omega C_e\right)} \tag{10.11}$$

Für hohe Frequenzen, bzw. bei diesem Beispiel schon ab mehreren hundert Kilohertz, gilt:

$$\frac{1}{\omega C_e} \ll R_e \quad \text{oder} \quad \frac{1}{R_e} \ll \omega C_e \tag{10.12}$$

Gl. (10.12), bedeutet, dass mit steigender Frequenz die Eingangskapazität C_e des Oszilloskops, den Eingangswiderstand R_e des Oszilloskops kurzschliesst. Da die Betrachtung nach Gl. (10.12) bereits für Frequenzen über 1 MHz sehr gut erfüllt ist, läßt sich zur Berechnung der Grenzfrequenz f_c Gl. (10.11) schließlich vereinfachen:

$$\left.\frac{U_A}{U_0}\right|_{f_c} = \left.\frac{U_e}{U_0}\right|_{f_c} = \left.\frac{1}{1 + j\omega R_i C_e}\right|_{f_c} \tag{10.13}$$

Gl. (10.11) ist aber die eines Tiefpasses erster Ordnung, und es ergibt sich damit das vereinfachte Ersatzschaltbild für hohe Frequenzen nach **Bild 10.16**.

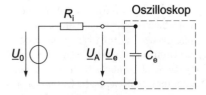

Bild 10.16 Vereinfachtes Ersatzschaltbild für Sinus-Spannungsgenerator und Oszilloskop-Eingang für hohe Frequenzen zur Ermittlung der Grenzfrequenz f_c eines am Oszilloskop-Eingang U_e anliegenden Messsignals

Aus Gl. (10.13) erkennt man, dass die Grenzfrequenz f_c am Eingang U_e des Oszilloskops allein vom Innenwiderstand R_i der Sinus-Spannungsquelle und der Eingangskapazität C_e des Oszilloskops bestimmt wird. Die Grenzfrequenzen f_c für die verschiedenen Innenwiderstände R_i der Sinus-Spannungsquelle ergeben sich mit Gl. (10.2) zu:

$$f_c\big|_{R_i = 50\,\Omega} = \frac{1}{2\pi R_i C_e} = 106,1\,\text{MHz} \tag{10.14}$$

$$f_c\big|_{R_i = 150\,\Omega} = \frac{1}{2\pi R_i C_e} = 35,4\,\text{MHz} \tag{10.15}$$

Jetzt sollen im Rahmen dieses Übungsbeispiels die Eigenschaften der Parameter-Analyse *Parametric* kurz besprochen werden. Anschließend sollen die Teilaufgaben des Beispiels mit *PSpice DesignLab* simuliert werden.

Parametric:

Mit dieser Option ist es möglich, einen Bauteilparameter (Widerstandswert, Spannungswerte, Temperaturen, ...) während einer Simulation zu variieren. Dies ist hilfreich bei der Optimierung von Bauteilewerten oder um zu prüfen, wie sich die Änderung eines Paramterwerte auf die gesamte Schaltung auswirkt.

Parametric ist in dem bisher behandelten Sinn keine eigene Analyseart. Vielmehr ist es als eine Ergänzung zu den Analysearten zu betrachten. Trotzdem soll die Terminologie „Parameter-Analyse" weitergeführt werden, da sich die Analysearten und ihre Ergänzungen innerhalb eines Windows-Menüs befinden. Im Programmmodul *Schematics* benötigt man zunächst das Bauteil *parameters*, welches während einer Simulation eine Bauteilvariable an die .*STEP*-Anweisung übergibt. Diese ändert dann die Bauteilewerte in der gewünschten Art für die aktuelle Analyse, deshalb nennt man die .*STEP*-Anweisung auch eine „Schaltfunktion". Für jede durch die .*STEP*-Anweisung festgelegte Parametervariable mit der dazu gehörigen Schaltfunktion (Variationstyp) wird eine Standard-Analyse wie *AC Sweep*, *DC Sweep* oder *Transient* durchgeführt. Die prinzipielle Darstellung in der Netzliste (∗.*cir*) ist Folgende:

.PARAM␣<Parametertyp>=<Standardwert>

Es gibt grundsätzlich zwei verschiedene .*STEP*-Anweisungen: die Schaltfunktion in Form einer Werteliste oder die Schaltfunktion in der Form, dass eine schrittweise Variation eines Parameters zwischen Anfangs- und Endwert erfolgt:

.STEP␣<Paramtertyp>LIST␣<Wert(e)>
.STEP␣<Variationstyp>␣<Paramtertyp>␣<Anfangswert>␣<Endwert>␣<Schrittweite>

Für Quellen ist bei der zweiten .*STEP*-Anweisung der Variationstyp optional, wie in Beispiel 2 gezeigt wird. Beispiele für mögliche Eingaben und deren Schreibweise in der Netzliste (*.cir*) oder in der Simulationsablauf-Datei (*.out*) an Hand der Beispielaufgabe:

**** CIRCUIT DESCRIPTION
.PARAM Ri=50

** Analysis setup **
.ac DEC 101 1Meg 1000Meg
.STEP PARAM Ri LIST + 50, 150

Beispiel 2: Nachfolgend eine Spannungsquelle, bei der die Spannung vom Anfangswert 10 V bis zum Spannungsendwert von 20 V in Schritten von 0,5 V erhöht wird:

** Analysis setup **
.STEP V1 10V 20V 0.5V

Beispiel 3: Variation der Temperatur in einer Werteliste (drei Werte) für eine Frequenzanalyse:

** Analysis setup **
.ac DEC 101 1Meg 1000Meg
.STEP TEMP LIST + 10, 20, 30

Öffnen Sie mit einem beliebigen Texteditor (Wordpad, Winword, Editor) die Datei *ueb3.out* von der beiliegenden CD-ROM und versuchen Sie, die im ersten Beispiel gezeigte Textzeile zu finden. Sie können die Datei auch aus dem Programmmodul *Schematics* heraus öffnen: *Analysis* —→ **Examine Output ❶**

Die **Tabelle 10.3** zeigt die wählbaren Optionen für die Parameter-Analyse und erklärt diese kurz. Diese sind für die Windows-Darstellung sowie für die Netzlisteneingabe kurz erläutert.

Anweisung	Option im Windows-Fenster	Option in der Netz-liste	Zusatz-option im Windows-Fenster	Zusatz-option in der Netz-liste	Kurzerklärung
Parametertyp	*Voltage Source*	Name der Quelle, z. B. V1			Die Werte einer Spannungsquelle sollen variiert werden
	Temperature	TEMP			Der Temperatureinfluß auf Teile der Schaltung soll ermittelt werden
	Current Source	Name der Quelle, z. B. I1			Die Werte einer Stromquelle sollen variiert werden
	Model Parameter	Name des Modells			Parameter eines Modells sollen variiert werden
	Global Parameter	PARAM			Bauteilewerte werden als Parametervariable übergeben
Parametertyp Option			*Name*		Der Parametervariablen ist ein Variationstyp zuzuordnen
			Model Type		Modelltyp, z. B. *D* für eine Diode
			Model Name		Name des Modells, z. B. *DIN4148* für eine Diode
			Param-meter Name	Variable	Parametername des verwendeten Modells, z. B. bei einer Diode der Bahnwiderstand *RS* oder die Duchbruchspannung *BV*
Variationstyp	*Linear*	LIN			Lineare Wertevariation
	Octave	OCT			Wertevariation in Oktaven
	Decade	DEC			Wertevariation in Dekaden
	Value List	LIST			Werteliste
Variationstyp Werte			*Start Value*	Zahlen-wert	Anfangswert der Parmtervariablen bzw. des Parameternamens
			End Value	Zahlen-wert	Endwert der Paramtervariablen bzw. des Parameternamens

Anweisung	Option im Windows-Fenster	Option in der Netz-liste	Zusatz-option im Windows-Fenster	Zusatz-option in der Netz-liste	Kurzerklärung
			Increment	Zahlen-wert	Schrittweite für die Werte der Paramtervariablen bzw. des Parameternamens
			Values	Zahlen-wert(e)	Werte, welche die Param-tervariable bzw. der Para-metername annehmen sollen (Werteliste)

Tabelle 10.3: Erläuterung der wichtigsten Einstellungen bei einer Parametervariation mit Analyseart *Parametric*

Es würde den Umfang des Buchs sprengen, wenn alle Möglichkeiten zur Variation der verschiedenen Parameter hier besprochen werden sollten. Deshalb wird der besonders häufige Fall, dass Bauteilewerte (wie in der Beispielaufgabe) variiert werden, erklärt. Im Beispiel soll der Einfluss einer Innenwiderstandsänderung R_i der Sinus-Spannungsquelle analysiert werden. Zusätzlich zu allen in Bild 10.15 und Bild 10.16 abgebildeten Bauteilen muss in *Schematics* dazu das Bauteil *parameters* (siehe auch Tabelle 11.4) eingefügt werden:
Strg-G-Taste—→ *parameters* eingeben, *Eingabe*-Taste

Anschließend wird dem Bauteilwert (*Value*) eine beliebig benennbare Variable zuge-ordnet. Dieser Variablenname muss unbedingt in geschweifte Klammern eingeschlossen werden, da der Variablenname sonst als Text aufgefaßt würde und es zu einer Fehlermeldung käme. In diesem Fall ist dies der Innenwiderstand der Sinus-Spannungsquelle, dem in der Schaltungsdatei *ueb3a.sch*, nach **Bild 10.17**, die Bauteilnamen „R1" und „R2" zugeordnet wurde. Der Bauteilwert erhält nun eine Parametervariable, die „Ri" genannt wird. Dies erfolgt durch die Eingabe:
Widerstand „R2" ❷ —→ *Value={Ri}* oder *Value={Variablenname}* eingeben—→ **Ok** ❶

Zum Bauteil *parameters* müssen jetzt noch der Variablenname, diesmal jedoch ohne diese in eine geschweifte Klammer zu setzen, angegeben werden sowie der Standard-Bauteilwert, den das Bauteil haben soll, wenn das entsprechende Bauteil (hier der Innenwiderstand R_i) nicht mit der Parameter-Analyse variiert wird. Mit dem Bauteil *parameters* lassen sich innerhalb eines Schaltplans drei verschiedene Bauteile zur Variation parametrisieren. Im Beispiel soll die Parametrisierung für den Innenwiderstand R_i erfolgen, der die beiden Werte $R_i = 50\ \Omega$ und $R_i = 150\ \Omega$ annehmen soll:
Bauteil *parameters* ❷ —→ Parameter *Name1=* anwählen ❷ —→ *Name1=Ri* eintragen—→ Parameter *Value1=* anwählen ❷ —→ *Value1=50* Standardwert eintragen—→ **Ok** ❶

Es ergibt sich der Schaltplan nach Bild 10.17. Darüber hinaus zeigt Bild 10.17 nochmals die vollständige Parametrisierung der Bauteile „R1" und „R2" mit der Parametervariablen „{Ri}" in *Schematics*.

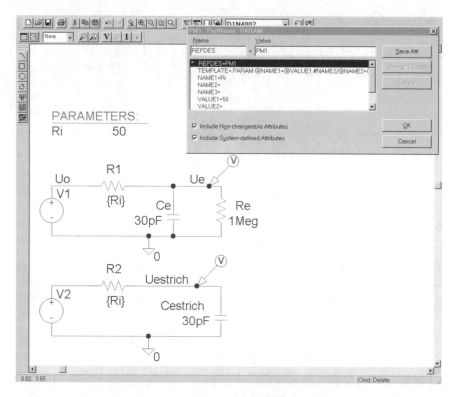

Bild 10.17 Schaltplan in *Schematics* für die Eingangsbeschaltung eines Oszilloskops und Parametervariation des Quelleninnenwiderstands R_i, hier als „R1" und „R2" bezeichnet

Da im Programmmodul *Probe* die Anordnung nach Bild 10.15 sowie das vereinfachte Ersatzschaltbild nach Bild 10.16 in einem Diagramm analysiert bzw. verglichen werden soll, wurden beide Schaltungen in einen Schaltplan gezeichnet. Zur Unterscheidung der beiden Signale am Eingang des Oszilloskops wurde der wahre Wert der Eingangsspannung des Oszilloskops in *Schematics* mit „Ue" gekennzeichnet, der Spannungswert „Uestrich" stellt den Signalverlauf der vereinfachten Schaltung dar. Es muss nun noch ein Frequenzbereich von 0 Hz (bzw. sehr kleine Frequenzen) bis 1 GHz überstrichen werden (Daten des Sinusgenerators). Allerdings kann man aus Gründen der Rechenzeit und der besseren Ergebnisdarstellung eine Anfangsfrequenz von 1 MHz für die Analyseart *AC Sweep* wählen. Sehen Sie dazu auch den Abschnitt 10.1.1. Als nächstes muss man das Dialogfeld *Parametric* auswählen, um die Parametrisierung mit den richtigen Werten, hier eine Liste (siehe auch Tabelle 10.3), für den Simulationslauf „einzuschalten":

Analysis ❶ —→ Setup ❶—→ *Parametric* ❷

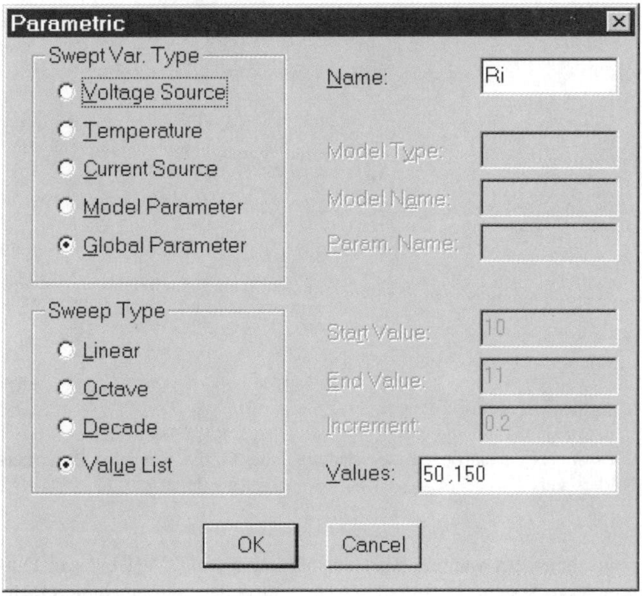

Bild 10.18   Einstellungen für die Parameter-Analyse

Bild 10.18 zeigt die für die Beispielaufgabe vorgenommenen Einstellungen im Dialogfeld *Parametric*. Der Innenwiderstand R_i der Spannungsquellen wird als globaler Parameter definiert, d. h., er wirkt auf alle Variablen mit dem Namen *Name=Ri*, die innerhalb eines Schaltplans in *Schematics* festgelegt wurden. Selbstverständlich darf jeder Variablenname nur einmal einem Bauteiltyp (hier die beiden Widerstände „R1" und „R2") zugeordnet werden. Bei der Eingabe von Wertelisten ist unbedingt darauf zu achten, dass ein Trennkomma zwischen den einzelnen Wertangaben steht.

Nach einem Simulationslauf ergibt sich der Frequenzgang nach **Bild 10.19** für eine Variation des Innenwiderstands R_i. Man erkennt deutlich, dass der Generator mit dem höheren Innenwiderstand von $R_i = 150\ \Omega$ eine wesentlich niedrigere Grenzfrequenz f_c am Eingang des Oszilloskops zulässt und dass die Grenzfrequenzen f_c der Eingangsspannungen am Oszilloskop mit den in den Gl. (10.14) und Gl. (10.15) ermittelten Werten von $f_c = 35,4$ MHz bzw. bei $f_c = 106,1$ MHz genau übereinstimmen.

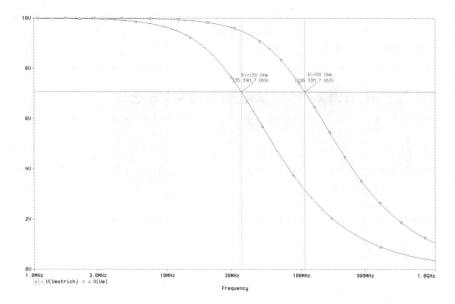

Bild 10.19 Schaltplan in *Schematics* für die Eingangsbeschaltung eines Oszilloskops und Parametervariation des Quelleninnenwiderstands R_i

Auch ein Unterschied zwischen dem wahren Wert der Messspannung „V(Ue)" (im Diagrammtextfeld) im Vergleich zm Spannungsverlauf „V(Uestrich)" des vereinfachten Schaltbilds des Tiefpasses nach Bild 10.19 ist selbst bei näherem Betrachten der Kurvenverläufe praktisch (nur ein Vergleich der Cursor-Werte kann hier weiterhelfen) nicht auszumachen. Die vorgenommene Vereinfachung, den Eingangswiderstand R_e des Oszilloskops für die Berechnung der Grenzfrequenz (hohe Frequenzen) nicht zu berücksichtigen, wird damit bestätigt.

b) Der Tastkopf muss so ausgelegt werden, dass dieser bei dem vorgegebenen Teilerverhältnis von $\underline{a} = 10 : 1$ frequenzunabhängig ist. Es ist dann genau frequenzunabhängig, wenn für alle Frequenzen zwischen $\omega \to 0$ und $\omega \to \infty$ das selbe (reelle) Teilerverhältnis existiert:

$$\lim_{\omega \to 0} \underline{a} \overset{!}{=} \lim_{\omega \to \infty} \underline{a}$$

Für niedrige Frequenzen $\omega \to 0$ ergibt sich ein rein ohmscher Teiler und für hohe Frequenzen $\omega \to \infty$ wird das Teilerverhältnis rein kapazitiv:

$$\lim_{\omega \to 0} \underline{a} = 1 + \frac{R_T}{R_e} = \underline{a} = a = \frac{10}{1} = \lim_{\omega \to \infty} \underline{a} = 1 + \frac{C_e}{C_T} \tag{10.16}$$

240

Mit Hilfe von Gl. (10.16) lassen sich die Bauelemente R_T und C_T richtig dimensionieren:

$$R_T = R_e\,(a - 1) = 9\,\mathrm{M\Omega} \tag{10.17}$$

$$C_T = \frac{C_e}{a - 1} = 3{,}33\,\mathrm{pF} \tag{10.18}$$

Schließt man den Impulsgenerator über den Tastkopf an das Oszilloskop an und vernächlässigt den ohmschen Anteil des Tastkopfs, so ergibt sich **Bild 10.20**. Da man möglichst kleine Anstiegszeiten am Tastkopf erreichen will, muss man den Funktionsgenerator mit einem Innenwiderstand von $R_i = 50\,\Omega$ für die Messung verwenden.

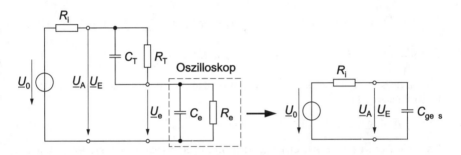

Bild 10.20   Vollständiges und vereinfachtes Ersatzschaltbild von Impulsgenerator ($R_i = 50\,\Omega$), Tastkopf und Oszilloskop-Eingang für hohe Frequenzen

Die Ersatzkapazität C_ges berechnet sich zu:

$$C_\mathrm{ges} = \frac{1}{\frac{1}{C_T} + \frac{1}{C_e}} = 3\,\mathrm{pF}$$

Die Berechnung der Anstiegszeit T_a des Messsignals am Eingang U_E des Tastkopfs kann nun an Hand des vereinfachten Ersatzschaltbilds (Bild 10.20) und an Hand der Definition der Anstiegszeit erfolgen. Bei einem positiven Spannungssprung (Sprungfunktion $\sigma(t)$) definiert sich die Anstiegszeit aus der Zeit, in der die Messspannung oder auch die Antwortfunktion nach einer Anregung mit der Einheits-Sprungfunktion, von 10 % auf 90 % des Spannungsendwerts, hier 10 V, ansteigt (**Bild 10.21**). Die Spannung am Tastkopf-Eingang hat für eine ansteigende Flanke der Einheits-Sprungsfunktion nachfolgenden zeitlichen Spannungsverlauf:

$$\frac{u_E(t)}{U_0} = \left(1 - \mathrm{e}^{-t/\tau}\right)\;;\qquad \tau = R_i C_\mathrm{ges}$$

Nach Bild 10.21 findet der Spannungsanstieg von 10 % auf 90 % des Spannungsendwerts zwischen den Zeiten t_1 bzw. t_2 statt:

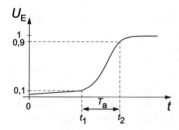

Bild 10.21 Definition der Anstiegszeit T_a bei einem beliebigen Spannungssprung

$$0,1 = \left(1 - e^{-t_1/\left(R_i C_{ges}\right)}\right) \longrightarrow \qquad t_1 = R_i C_{ges} \ln \frac{1}{0,9} = \tau \ln 1,11 \qquad (10.19)$$

$$0,9 = \left(1 - e^{-t_2/\left(R_i C_{ges}\right)}\right) \longrightarrow \qquad t_2 = R_i C_{ges} \ln \frac{1}{0,1} = \tau \ln 10 \qquad (10.20)$$

Die Anstiegszeit ergibt sich somit aus Gl. (10.19) und Gl. (10.20) und unter Anwendung der Logarithmierregeln zu:

$$T_a = t_2 - t_1 = R_i C_{ges} \ln 9 = 2,2\tau = \mathbf{330\ ps} \qquad (10.21)$$

Die Grenzfrequenz der Ersatzschaltung nach Bild 10.20 berechnet sich aus dem Betrag der Spannungsübertragungsfunktion:

$$\left| \frac{U_E}{U_0} \right|_{f_c} = \left| \frac{1}{1 + j\omega R_i C_{ges}} \right|_{f_c} = \left| \frac{1}{1 + 2\pi f_c \tau} \right| = \frac{1}{\sqrt{1 + \left(2\pi f_c \tau\right)^2}} \overset{!}{=} \frac{1}{\sqrt{2}}$$

und bestimmt sich damit zu:

$$f_c = \frac{1}{2\pi\tau} = \mathbf{1,06\ GHz} \qquad (10.22)$$

Setzt man Gl. (10.22) in Gl. (10.21) ein, so erhält man den Zusammenhang der Antwortfunktion und Frequenzgang. Dieser gilt allerdings nur für Schaltungen, die in guter Näherung Tiefpassverhalten erster Ordnung haben:

$$T_a = 2,2\tau = \frac{2,2}{2\pi f_c} = \frac{\mathbf{0,35}}{\mathbf{f_c}} \qquad (10.23)$$

Bild 10.22 zeigt den Aufbau des Schaltplans im Programmmodul *Schematics*. Auf der CD-ROM ist dieser unter dem Dateinamen *ueb3b.sch* zu finden. Wiederum wurden beide Schaltungen nach Bild 10.20 zur Simulation aufgebaut, um zu prüfen, wie sich die gemachten Vereinfachungen auf die Simulationsresultate auswirken. Die Eingangsspannung am Eingang des Tastkopfs wurde dazu für die vereinfachte Schaltung „UEstrich" genannt.

Da im Folgenden der Frequenzgang und der zeitliche Spannungsverlauf von U_E im Programmmodul *Probe* dargestellt werden sollen, müssen die Impulsquellen „V1" und „V2"

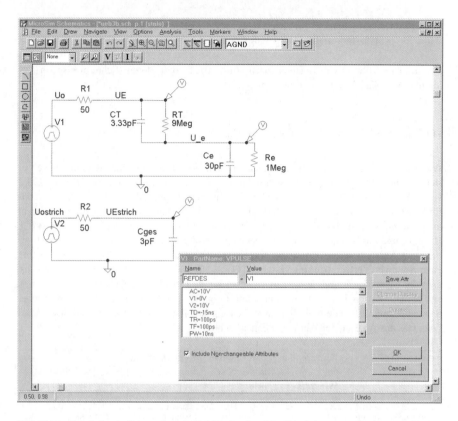

Bild 10.22 Schaltplan in *Schematics* mit 10:1-Tastkopf und der Beschaltung zur Bestimmung der Anstiegszeit T_a der Spannung U_E am Tastkopf-Eingang

für beide Simulations-Analysearten *AC Sweep* und *Transient* spezifiziert werden. Es ist möglich, beide Analysearten während eines Simulationslaufs mit *PSpice* zu aktivieren. Beim Aufruf des Programmmoduls *Probe* wird dann der Benutzer gefragt, welche von beiden Analysearten dargestellt werden soll. Für die Betrachtung von U_E im Frequenzbereich wurden daher die Impulsquellen „V1" und „V2" mit dem Parameter $AC=10V$ zu einer sinusförmigen Spannungsquelle „umfunktioniert". Anschließend kann man die Einstellungen für die Transienten-Analyse vornehmen.

Für die zeitliche Darstellung von U_E wurden die Impulsparameter in *Schematics* nach Bild 10.22 auf die Angaben des Impulsgenerators der Aufgabenstellung angepasst und sollen nachfolgend kurz erläutert werden:

243

PULSE␣<Anfangsspannung>␣<Endspannung>␣<Zeitverzug>␣<Anstiegszeit>
␣<Abfallzeit>␣<Pulsbreite>␣<Pulsperiode>

Die Eingabe für unser Beispiel nach Bild 10.22 und deren Schreibweise in der Simulationsablauf-Datei (*.out) lautet wie folgt:

* Schematics Netlist *
+PULSE 0V 10V -15ns 100ps 100ps 10ns 20ns

Wie man mit Hilfe von **Tabelle 10.4** aus dem obigen Beispiel entnehmen kann, handelt es sich um einen unipolaren Impuls, der mit einer Anstiegs- bzw. Abfallzeit von $TR=TF=100ps$ von $V1=0V$ auf $V2=10V$ ansteigt. Die Pulsfolge ist symmetrisch, da die Pulsbreite $PW=10ns$ für $V2=10V$ genau so lang ist wie die Pulsbreite für die Spannung $V1=0V$. Es soll noch darauf hingewiesen werden, dass der Spannungssprung am Eingang des Tastkopfs sehr steil ist (Gl. (10.21)), und daher wurde für die Transienten-Analyse eine hohe Zeitauflösung von 10 ps bei einer Simulationszeit von 10 ns eingestellt. Weiterhin wurde die Impulsspannung mit einer negativen Zeitverzögerung gestartet TD$= -15ns$, d. h., der Simulator geht davon aus, dass der Spannungsimpuls um 15 ns früher beginnt. Tatsächlich aber wird die Simulation erst ab dem Zeitpunkt $t = 0$ begonnen, und es ergibt sich damit ein zeitlich verschobener Spannungsimpuls, bei dem die steigende Flanke genau in der Mitte des Simulationzeitraums liegt, was das Ablesen der Werte deutlich erleichtert.

Anweisung	Bauteiloption im Windows-Fenster	Bauteiloption in der Netz-liste	Kurzerklärung
Anfangsspannung	*V1*	Zahlenwert	Spannungswert zum Zeitpunkt $t = 0$ oder $t = TD$. Darf ein positiver oder auch negativer Wert sein.
Endspannung	*V2*	Zahlenwert	Spannungswert zum Zeitpunkt $t = TR$ oder $t = TD + TR$. Darf ein positiver oder auch negativer Wert sein.
Zeitverzug (Delaytime)	*TD*	Zahlenwert	Zeitverzug nach Beginn der Simulation, bis die Impulsquelle von *Anfangsspannung* nach *Endspannung* wechselt. Darf auch negative Werte annehmen.
Anstiegszeit (Risetime)	*TR*	Zahlenwert	Anstiegszeit von *Anfangsspannung* auf den Wert von *Endspannung*. Bleibt für die Zeit *Pulsbreite* auf *Anfangsspannung*.
Abfallzeit (Falltime)	*TF*	Zahlenwert	Abfallzeit von *Endspannung* auf den An-gegebenen Wert von *Anfangsspannung*. Bleibt bis zur Zeit $t = Periodendauer$ auf *Anfangsspannung*.

Anweisung	Bauteiloption im Windows-Fenster	Bauteiloption in der Netz-liste	Kurzerklärung
Pulsbreite (Puls-Width)	*PW*	Zahlenwert	Dauer der Pulsbreite (*Endspannung* ist solange eingestellt)
Periodendauer (Period)	*PER*	Zahlenwert	Zeit, nach der sich die Pulsfolge periodisch wiederholt

Tabelle 10.4 Erläuterung der Parameter das Bauteil *vpulse*

Zunächst wurde die Anstiegszeit T_a der Spannung am Tastkopf-Eingang U_E mit Hilfe der Transienten-Analyse ermittelt. Nach einer Simulation erkennt man aus **Bild 10.23**, dass sich die Simulationsergebnisse der Sprungantwort „V(UE)" und „V(UEstrich)" am Tastkopf vom vereinfachten Ersatzschaltbild und dem vollständigen Ersatzschaltbild (Bild 10.20) praktisch nicht unterscheiden und die getroffenen Vereinfachungen (Vernachlässigung der Teilerwiderstände R_T und R_e für das Übertragungsverhalten des Tastkopfs) damit bestätigen. An dieser Stelle sei nochmal daran erinnert, dass ein Spannungssprung im Zeitbereich sich nach Fourier im Frequenzbereich aus einem Frequenzgemisch mit besonders vielen hohen Frequenzanteilen zusammensetzt (Grenzwertsatz). Weiterhin kann man mit den Cursoren aus dem Diagramm ablesen, dass die Anstiegszeit am Eingang des Tastkopfs „V(UE)" und die Anstiegszeit am Eingang des Oszilloskops „V(U_e)" exakt gleich sind. Das ist plausibel, da der Teiler ja frequenzunabhängig ausgelegt ist. Allerdings entspricht die Anstiegszeit von $T_a = 341$ ps nicht dem in Gl. (10.21) berechneten Wert. Das liegt daran, das die Gl. (10.21) zur Berechnung der Anstiegszeit der Antwortfunktion eine praktisch ideale Sprungfunktion $\sigma(t)$ voraussetzt. Da aber der verwendete Impulsgenerator eine Anstiegszeit von $T_{a1} = 80$ ps (10 % auf 90 %) hat, was in der Größenordnung der Anstiegszeit des Messsignals am Tastkopf-Eingang liegt, ist die Bedingung einer „idealen" Sprungfunktion nicht mehr gegeben. Es handelt sich nun vielmehr um eine Kettenschaltung von zwei Tiefpasssystemen (Generatoreigenanstiegszeit T_{a1}, Anstiegszeit des Gesamtsystems Impulsgenerator und Tastkopf), die näherungsweise Tiefpassverhalten besitzen. Die Anstiegszeit $T_{a\,ges}$ dieses Gesamtsystems läßt sich in guter Näherung nach [20] und [25] wie folgt berechnen:

$$T_{a\,ges} = \sqrt{(T_{a1})^2 + (T_a)^2} = \sqrt{(80\text{ ps})^2 + (330\text{ ps})^2} = 340\text{ ps}$$

was sehr gut mit den Simulationsergebnissen nach Bild 10.23 übereinstimmt. Allgemein gilt unter der Voraussetzung der Kettenschaltung von mehreren Tiefpässen erster Ordnung:

$$T_{a\,ges} = \sqrt{(T_{a1})^2 + (T_{a2})^2 + \cdots + (T_{an})^2} \tag{10.24}$$

Um die in Gl. (10.21) bestimmte Anstiegszeit zu erhalten, müssen in *Schematics* für die Impulsspannungsquelle die Simulationsparameter neu angegeben werden. Dazu muss dann

245

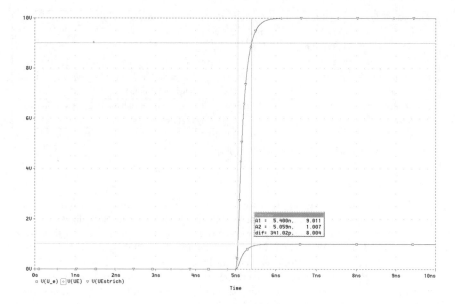

Bild 10.23 Bestimmung der Anstiegszeit T_a der Spannung U_E am Tastkopf-Eingang. Innenwiderstand der Impulsquelle: $R_i = 50\ \Omega$.

z. B. $TR=TF=10\ ps \ll T_a$ angegeben werden. Simulieren Sie dazu die Schaltung erneut mit der Transienten-Analyse und mit verfeinerten Zeitschritten von $\Delta t = 10$ ps.

Falls Sie beide Analysearten *AC Sweep* und *Transient* für einen Simulationslauf ausgewählt haben, dann können Sie jetzt direkt im Programmmodul *Probe* die Werte für die Frequenz-Analyse aufrufen:

Plot ❶ ⟶ **AC ❶** leeres Diagramm erscheint

Die drei Spannungsverläufe der beiden Schaltungen aus Bild 10.22 müssen nun im Kurvenform-Manager aufgerufen werden:

Trace ❶ ⟶ **Add ❶** ⟶ Simulationvariablen V(U_e), V(UE), V(UEstrich) nacheinander mit ❶ anwählen⟶ **Ok ❶**

Anschließend erhält man den Frequenzgang nach **Bild 10.24** am Eingang des Tastkopfs („UE" bzw. „UEstrich") bzw. direkt am Oszilloskop-Eingang („U_e"). Die Berechnung der Grenzfrequenz nach Gl. (10.22) bzw. Gl. (10.23) werden durch die Schaltungssimulation bestätigt.

c) Wenn man auf den Tastkopf eine Sprungfunktion $\sigma(t)$ gibt, so ist zunächst der kapazitive Teiler maßgebend für den Spannungsverlauf am Eingang des Oszilloskops. Da das Oszillo-

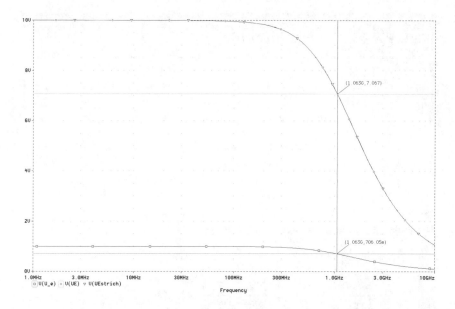

Bild 10.24 Bestimmung der Grenzfrequenz f_c am Tastkopf- bzw. am Oszillskop-Eingang. Innenwiderstand der Impulsquelle: $R_i = 50\ \Omega$.

skop laut Aufgabenstellung eine unendlich große Grenzfrequenz besitzt, wird die Eingangsspannung direkt auf dem Bildschirm dargestellt. Je länger die Sprungfunktion andauert, desto mehr wird der Spannungsverlauf vom ohmschen Anteil des Tastkopfs bestimmt. Da sich nur die Werte des ohmschen Teilers ändern, ist also eine Betrachtung der Vorgänge am Eingang des Oszilloskops für lange Zeiträume, verglichen mit der Zeitkonstante τ des Gesamtsystems zu machen: Nach dem Grenzwertsatz und den in der Aufgabenstellung gegebenen Werten folgt für den Endwert der Spannung U_e am Eingang des Oszilloskops bei der angegebenen Schwankung der Widerstände:

$$\lim_{t \to \infty}\Big|_{R_1} = \lim_{\omega \to 0} U_e = U_E \frac{R_e}{R_e + R_T} = 10\ \text{V}\, \frac{0,89\ \text{M}\Omega}{0,89\ \text{M}\Omega + 9\ \text{M}\Omega} = \mathbf{0,9\ V} \tag{10.25}$$

$$\lim_{t \to \infty}\Big|_{R_e} = \lim_{\omega \to 0} U_e = 10\ \text{V}\, \frac{1\ \text{M}\Omega}{1\ \text{M}\Omega + 9\ \text{M}\Omega} = \mathbf{1\ V} \tag{10.26}$$

$$\lim_{t \to \infty}\Big|_{R_2} = \lim_{\omega \to 0} U_e = 10\ \text{V}\, \frac{1,11\ \text{M}\Omega}{1,11\ \text{M}\Omega + 9\ \text{M}\Omega} = \mathbf{1,098\ V} \tag{10.27}$$

Der Spannungsendwert liegt für den Widerstandswert $R_2 > R_e$ bei $U_e(t = \infty) = 1,1$ V, d. h. über dem Wert, den man bei einem abgeglichenen Teilerverhältniss erwartet. Um die Schaltung zu simulieren (siehe **Bild 10.25**), muss man sich zunächst über den Simulationszeitraum für die Transienten-Analyse im Klaren sein. Bei einem positiven unipolaren Span-

247

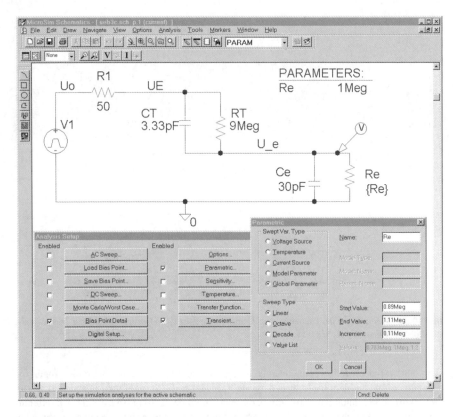

Bild 10.25 Schaltplan mit Analyseeinstellung *Parametric*, für drei verschiedene Werte des Eingangs-widerstands R_e des Oszilloskops

nungssprung am Eingang des Tastkopfs wird sich zum Zeitpunkt $t \to 0$ die Spannung von $U_e = 1$ V einstellen. Die Spannung am Eingang des Oszilloskops wird sich dann auf Grund eines Aufladevorgangs im RC-Netzwerk für $t \to \infty$ an den in Gl. (10.25) berechneten Grenzwert von $U_e = 1,1$ V exponentiell annähern:

$$u_E(t) = \lim_{t \to \infty}\Big|_{R_1} \left(1 - e^{-t/\tau}\right) ; \qquad \tau = R_{ges}C_{ges} \tag{10.28}$$

Aus einer Betrachtung der Ersatzimpedanz Z_e (alle Quellen zu Null setzen, bzw. durch Kurz-schluß nachbilden) der vollständigen Schaltung nach Bild 10.20, die vom Oszilloskop aus betrachtet wird, ergibt sich die Zeitkonstante:

$$\tau = R_{ges}C_{ges} = 0,9 \text{ M}\Omega \cdot 33 \text{ pF} = 30 \text{ μs} \tag{10.29}$$

Um den vollständigen Aufladevorgang darstellen zu können, sollte man eine Zeit von ungefähr 5 Zeitkonstanten τ betrachten. Da eine symmetrische Rechteckspannung angenommen wurde, wird die Pulsbreite der Rechteckspannung auf die Zeiten von $PW=200us$ bzw. die Periodendauer $PER=400us$ festgelegt (Tabelle 10.4). Wenn man für die Pulsquelle eine Verzögerungszeit von $TD=100us$ vorsieht, dann kann man nachher im Programmmodul *Probe* die ansteigenden und die abfallenden Flanken besser betrachten, da diese nicht mit dem Koordinatensystem des Diagramms zusammenfallen. Statt einer Werteliste wurde diesmal die Parameter-Analyse mit einer linearen und schrittweisen Variation des Eingangswiderstands R_e, wie in Bild 10.25 dargestellt, durchgeführt. Nach einer erfolgreichen Simulation der Schaltung *ueb3c.sch* (von der CD-ROM) ergibt sich **Bild 10.26**. Erst bei relativ langen Simulationszeiten werden die in den Gl. (10.25) bis Gl. (10.27) berechneten Spannungsendwerte für den nicht abgeglichenen Tastkopf erreicht. Das $1/e$-fache des Spannungsendwerts wird nach Gl. (10.28) und Gl. (10.29) exakt nach 30 µs erreicht, nach 5 Zeitkonstanten τ ist der Spannungsendwert praktisch erreicht. Interessant sind noch die Vorgänge bei der abfallenden Flanke des Eingangssignals am Oszilloskop nach Bild 10.26. Da sich die Eingangskapazität C_e des Oszilloskops auf den jeweiligen Spannungsendwert aufgeladen hat, ergibt sich durch die Stetigkeitsbedingung am Eingangskondensator ein Spannungssprung vom Endwert abzüglich des Spannungssprungwerts. Nach dem abfallenden Kriechvorgang in Bild 10.26 für einen Eingangswiderstand von $R_e = 8,89\ \text{M}\Omega$ schließt sich ein Unterschwingen an, das dann mit der Zeitkonstante τ abklingt.

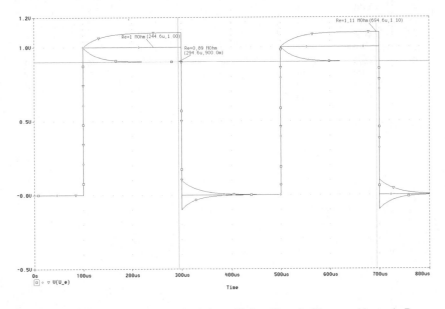

Bild 10.26 Schirmbild des Oszilloskops für drei verschiedene Werte des Eingangswiderstands R_e

249

11 Anhang

$n-1$	$P=95\,\%$ t	$P=99\,\%$ t	$P=99\,\%$ t	$n-1$	$P=95\,\%$ t	$P=99\,\%$ t	$P=99,9\,\%$ t
1	12,706	63,657	636,619	26	2,056	2,779	3,707
2	4,303	9,925	31,598	27	2,052	2,771	3,690
3	3,182	5,841	12,924	28	2,048	2,763	3,674
4	2,776	4,604	8,610	29	2,045	2,756	3,659
5	2,571	4,032	6,869	30	2,042	2,750	3,646
6	2,447	3,707	5,959	35	2,030	2,724	3,591
7	2,365	3,499	5,408	40	2,021	2,704	3,551
8	2,306	3,355	5,041	45	2,014	2,690	3,520
9	2,262	3,250	4,781	50	2,009	2,678	3,496
10	2,228	3,169	4,587	60	2,000	2,660	3,460
11	2,201	3,106	4,437	70	1,994	2,648	3,435
12	2,179	3,055	4,318	80	1,990	2,639	3,416
13	2,160	3,012	4,221	90	1,987	2,632	3,402
14	2,145	2,977	4,140	100	1,984	2,626	3,390
15	2,131	2,947	4,073	120	1,980	2,617	3,373
16	2,120	2,921	4,015	140	1,977	2,611	3,361
17	2,110	2,898	3,965	160	1,975	2,607	3,352
18	2,101	2,878	3,922	180	1,973	2,603	3,346
19	2,093	2,861	3,883	200	1,972	2,601	3,340
20	2,086	2,845	3,850	300	1,968	2,592	3,324
21	2,080	2,831	3,819	400	1,966	2,588	3,315
22	2,074	2,819	3,792	500	1,965	2,586	3,310
23	2,069	2,807	3,767	1000	1,962	2,581	3,300
24	2,064	2,797	3,745	∞	1,960	2,576	3,291
25	2,060	2,787	3,725				

Tabelle 11.1   Statistische Auswertung, t-Verteilung

t_i	erf (t_i)	t_i	erf (t_i)	t_i	erf (t_i)
0,05	0,05637	1,05	0,86244	2,05	0,99626
0,10	0,11246	1,10	0,88020	2,10	0,99702
0,15	0,16800	1,15	0,89612	2,15	0,99764
0,20	0,22270	1,20	0,91031	2,20	0,99814
0,25	0,27633	1,25	0,92290	2,2 5	0,99854
0,30	0,32863	1,30	0,93401	2,30	0,99886
0,35	0,37938	1,35	0,94376	2,35	0,99911
0,40	0,42839	1,40	0,95229	2,40	0,99931
0,45	0,47548	1,35	0,95970	2,45	0,99947
0,50	0,52050	1,50	0,96611	2,50	0,99959
0,55	0,56332	1,55	0,97162	2,55	0,99969
0,60	0,60386	1,6 0	0,97635	2,60	0,99976
0,65	0,64203	1,65	0,98038	2,65	0,99982
0,70	0,67780	1,70	0,98379	2,70	0,99987
0,75	0,71116	1,75	0,98667	2,75	0,99990
0,80	0,74210	1,80	0,98909	2,80	0,99992
0,85	0,77067	1,85	0,99111	2,85	0,99994
0,90	0,79691	1,90	0,99279	2,90	0,99996
0,95	0,82089	1,95	0,99418	2,95	0,99997
1,00	0,84270	2,00	0,99532	3,00	0,99998

Tabelle 11.2 Ausgesuchte Werte der Intgralfunktion („error function") für die t-Verteilung erf (t_i)

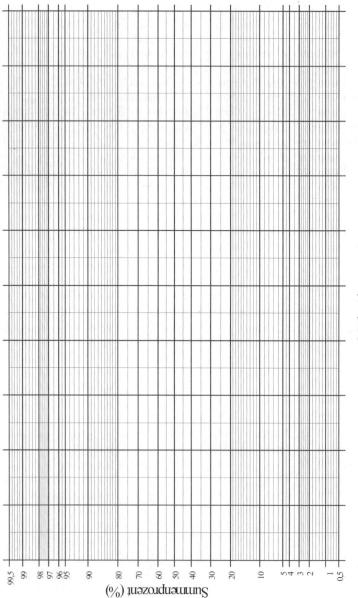

Bild 11.1 Wahrscheinlichkeitsnetz für gaußverteilte Größen

252

Datei-endung	Bedeutung der Datei	Dateien werden erzeugt durch:
*.stl	Benutzerdefinierte Kurvenform: Weist Quellen eine vom Benutzer zugeordnete Spannungs- oder Stromukurvenform zu	*Stimulus Editor*: **File ❶** ⟶ **Save ❶**
*.sch	Schaltplandatei: Enthält die Definition der Bauteil-symbole und -werte im Schaltplan	*Schematics*: **File ❶** ⟶ **Save ❶**
*.net	Netzlistendatei: Elementare Definition der zu analysierenden Schaltung (ASCII)	*Schematics*: **Analysis ❶** ⟶ **Create Netlist ❶**
*.als	Namendatei: Erzeugt Knotenbezeichnungen (ASCII)	*Schematics*: **Analysis ❶** ⟶ **Simulate ❶**
*.cir	Simulationsdaten-Datei: Eingabedatei für *PSpice* in Netzlistenform (ASCII)	*Schematics*: **Analysis ❶** ⟶ **Simulate ❶**
*.slb	Symbolbibliothek-Datei: Enthält die Symbole für die Bauteile in *Schematics*	*Symbol Editor*: **Part ❶** ⟶ **Save to Library ❶**
*.lib	Modellbibliothek-Datei Enthält die Modell- und die Untermodelldefinitionen (ASCII)	*Parts*: **File ❶** ⟶ **SaveAs Library ❶**
*.sub	Unterschaltkreisdefinition: Definition von z. B. Operations-verstärker („Innenleben") (ASCII)	*Schematics*: **Tools ❶** ⟶ **Create Subcircuit ❶**
*.out	Simulationsablauf-Datei: Auflistung der Simulations-schritte in einer ASCII-Textdatei. Gleichzeitig auch Ausgabedatei für Simulationsdaten	*PSpice*: **File ❶** ⟶ **Open ❶** ⟶ Datei *.cir auswählen ❷
*.dat	Simulationsdaten *Probe*: Binäre Simulationsergebnisdatei, die von *Probe* eingelesen wird.	*Probe*: **File ❶** ⟶ **Open ❶** ⟶ Datei *.dat auswählen ❷
*.prb	Voreinstellungen *Probe*: Datei speichert die aktuellen Einstellungen	*Probe*: **Tools ❶** ⟶ **Display Control ❶** ⟶ anwählen ❶ ⟶ **Save To ❶**
*.txt	Textdatei: Zum Editieren und zur Fehler-analyse von ASCII-Dateien (s.o)	Windows-spezifisch: Editor, Wordpad, WinWord

Tabelle 11.3 Erläuterung der verschiedenen Dateien in *PSpice DesignLab*

Bauteil-Name	Bauteil-Bezeichung Kurzbeschreibung	Bibliothek
R1 —\/\/\— 1k	*r* Idealer Widerstand	*ANALOG.slb*
L1 10uH	*l* Ideale Spule: Angabe von Anfangsbedingungen möglich	*ANALOG.slb*
C1 1n	*c* Idealer Kondensator: Angabe von Anfangsbedingungen möglich	*ANALOG.slb*
0	*agnd* Analoge Masse: Darf bei keiner Simulation fehlen, da alle Knotenspannungen und -Ströme auf diese Masse bezogen werden	*PORT.slb*
V1	*vsrc* Universelle Spannungsquelle: Läßt sich als Gleichspannungsquelle (*DC Sweep*) und als Wobbelgenerator (*AC Sweep*) verwenden	*SOURCE.slb*
V2	*vpulse* Großsignal-Impulsspannungsquelle: Alle Impulsparameter, wie Pulsdauer, -frequenz, -amplitude sowie Anstiegs- und Abfallzeiten können für eine Großsignal-Analyse (*Transient*) eingegeben werden	*SOURCE.slb*
V3	*vsin* Großsignal-Sinusspannungsquelle: Frequenz und Amplitude können für eine Großsignal-Analyse (*Transient*) eingegeben werden	*SOURCE.slb*
V4	*vpwl* Großsignal-Polynomspannungsquelle: Es kann eine beliebige Spannungsform durch Setzen von Punkten erzeugt werden, die durch einen Polygonzug verbunden werden. Geeignet für Großsignal-Analyse (*Transient*).	*SOURCE.slb*

Bauteil-Name	Bauteil-Bezeichnung Kurzbeschreibung	Bibliothek
	global Dient als Schnittstelle, um dezentral z. B. Spannungsquellen einzurichten, die dann über diese Schnittstelle andere Bauteile, wie z. B. Operationsverstärker, versorgen	*PORT.slb*
D1 D1N4148	*d1n4148* Standard-Kleinsignal-Diode: Alle Parameter können im Modell-Editor *Parts* verändert werden	*EVAL.slb*
(V)	*vmarker* Zeigt den Spannungswert eines Knotens an (bezogen auf *AGND*)	**Markers** ❶ ⟶ **Strg-M**-Taste
	vprint Spannungswert eines Knotens (bezogen auf *AGND*), wird in die Simulationsablauf-Datei **.out* als Tabelle im Textformat geschrieben	*SPECIAL.slb*
1 1 + s	*laplace* Nachbildung von Spannungs-Übertragungs-funktionen im Frequenzbereich (*AC Sweep*)	*ABM.slb*
Q2 Q2N2222	*q2n2222* Standard-Kleinsignaltransistor (NPN)	*EVAL.slb*
Q1 Q2N3906	*q2n3906* Standard-Kleinsignaltransistor (PNP)	*EVAL.slb*
T1 LOSSY	*tlossy* Verlustbehaftete Laufzeitleitung: Angabe der Leitungsparameter wie Wellenwiderstand, Verzögerungszeit und Dämpfung	*ANALOG.slb*

Bauteil-Name	Bauteil-Bezeichung Kurzbeschreibung	Bibliothek
PARAMETERS:	*parameters* Dieses Bauteil mit den entsprechenden Einstellungen im Menü *Analysis* ermöglicht eine Bauteilwert-Änderung für diskrete Werte , z. B. die Angabe von drei verschiedenen Werten für einen Kondensator	*SPECIAL.slb*
	ua741 Standard-Operationsverstärker: Anschluss der Spannungsversorgung (unipolar oder bipolar) sowie optionale Spannungsoffset-Einstellung	*EVAL.slb*

Tabelle 11.4: Tabellierung der am häufigsten verwendeten Bauteile für Analog-Simulationen und in welcher Bibliothek diese zu finden sind. Bei geöffnetem *Part Browser* (**Strg-G**-Taste) braucht man nur die Bauteil-Bezeichung einzugeben und die *Eingabe*-Taste zu drücken, um das Bauteil in den Schaltplan *Schematics* zu holen.

Funktionen	Formel bzw. mathematische Funktion	Kurzbeschreibung
M(x)		Berechnet die Amplitude von x
P(x)	$\varphi = -\arctan\frac{\Re}{\Im}$	Berechnet den Phasengang in Grad
R(x), IMG(x)	$\Re$, $\Im$	Berechnet den Realteil- bzw. Imaginärteil einer komplexen Größe x
MIN(x), MAX(x)		Minimum bzw. Maximum des Realteiles von x
ABS(x), DB(x)	$|x|$	Bildet den Betrag von x und stellt diesen für DB(x) in Dezibel dar
AVG(x)	$\bar{x} = \frac{1}{T}\int\limits_0^T x\,dt$	Mittelwert von x über die Abszissenvariable (z. B. t)
RMS(x)	$x_{\text{eff}} = \sqrt{x_{1\text{eff}}^2 + \cdots + x_{n\text{eff}}^2}$	Effektivwert von x
D(x)	$\frac{d}{dt}(x)$	Ableitung von x nach der Abszissenvariablen (z. B. t)
S(x)	$\int x\,dt$	Bildet das Integral über x und nach der Abszissenvariablen (z. B. t)
SQRT(x), PWR(x,y)	$\sqrt{x}$, $|x|^y$	Berechnet die Quadratwurzel bzw. den Betrag von x hoch y
EXP(x)	e^x	Exponent
LOG(), LOG10()	$\ln x$, $\log x$	Bildet den Logarithmus Naturalis (Basis e), bzw. den Lograrithmus zur Basis 10
SIN(x), COS(x), TAN(x), ARCTAN(x)	$\sin x$, $\cos x$, $\tan x$, $\arctan x$	Berechnug der Winkelfunktionen: Sinus, Cosinus, Tangens, Tangens-Hyperbolicus. Angabe von x in Radiant
STP(x)		Sprungfunktion: 1, wenn $x > 0$, ansonsten 0
IF(b,x,y)		x, wenn $b =$ wahr ist, ansonsten y. b ist ein boolscher Vergleichsoperator.

Tabelle 11.5 Auflistung und Beschreibung der wichtigsten in *Probe* verfügbaren *Funktionen*

Operatoren	Kurzbeschreibung
Arithmetik: $+$, $-$, $*$, $/$, $($, $)$	Addition, Subtraktion, Multiplikation, Division, Klammerung von Ausdrücken
Logik: $\sim$, $\mid$, $\wedge$, $\&$	Boolsche Operatoren: NOT (NICHT), OR (ODER), XOR (exklusiv ODER), AND (UND)
Vergleichsoperatoren für IF-*Funktionen*: $==$, $!=$, $>$, $>=$, $<$, $<=$	Gleichheit prüfen, Ungleichheit prüfen, größer als, größer gleich , kleiner als, kleiner gleich

Tabelle 11.6   Alle in *Probe* gültigen Operatoren, um arithmetische Ausdrücke aus den *Funktionen* zu erzeugen

```
**** 02/28/100 14:48:37 ******** NT Evaluation PSpice (July 1997) ************

* D:\SC\PSPICE\xyz.sch


****    CIRCUIT DESCRIPTION


******************************************************************************



* Schematics Version 8.0 - July 1997
* Mon Feb 28 14:48:37 2000


** Analysis setup **
.ac DEC 101 10 100k
.OP
.STMLIB "D:\SC\PSPICE\xyz.stl"

* From [SCHEMATICS NETLIST] section of msim.ini:
.lib nom.lib

.INC "xyz.net"

**** INCLUDING xyz.net ****
* Schematics Netlist *



C_C1      0 $N_0001  1n
V_V1      $N_0002 0  AC 1
R_R1      $N_0001 $N_0002  0
------------------------------$
ERROR -- Value may not be 0

**** RESUMING xyz.cir ****
.INC "xyz.als"




**** INCLUDING xyz.als ****
* Schematics Aliases *

.ALIASES
C_C1      C1(1=0 2=$N_0001 )
V_V1      V1(+=$N_0002 -=0 )
R_R1      R1(1=$N_0001 2=$N_0002 )
.ENDALIASES


**** RESUMING xyz.cir ****
.END
```

Bild 11.2 Simulationsablauf-Datei <*xyz*>.*out* mit fehlerhaften Wert für den Widerstand $R1=0\ \Omega$

259

```
**** 02/28/100 15:11:53 ******** NT Evaluation PSpice (July 1997) ************

 * D:\SC\PSPICE\xyz.sch


 ****     CIRCUIT DESCRIPTION

******************************************************************************




* Schematics Version 8.0 - July 1997
* Mon Feb 28 15:11:53 2000



** Analysis setup **
.ac DEC 101 10 100k
.OP
.STMLIB "D:\SC\PSPICE\xyz.stl"


* From [SCHEMATICS NETLIST] section of msim.ini:
.lib nom.lib

.INC "xyz.net"

**** INCLUDING xyz.net ****
* Schematics Netlist *



C_C1        0 $N_0001  1n
R_R1        $N_0001 $N_0002  1K
V_V1        $N_0002 0  AC 0

**** RESUMING xyz.cir ****
.INC "xyz.als"




**** INCLUDING xyz.als ****
* Schematics Aliases *

.ALIASES
C_C1         C1(1=0 2=$N_0001 )
R_R1         R1(1=$N_0001 2=$N_0002 )
V_V1         V1(+=$N_0002 -=0 )
.ENDALIASES


**** RESUMING xyz.cir ****
.END

**** 02/28/100 15:11:53 ******** NT Evaluation PSpice (July 1997) ************

 * D:\SC\PSPICE\xyz.sch


 ****     SMALL SIGNAL BIAS SOLUTION       TEMPERATURE =   27.000 DEG C
```

Bild 11.3 Fortsetzung der Simulationsablauf-Datei <*xyz*>.*out*

```
*******************************************************************************


NODE  VOLTAGE   NODE  VOLTAGE    NODE  VOLTAGE    NODE  VOLTAGE


($N_0001)  0.0000          ($N_0002)  0.0000



   VOLTAGE SOURCE CURRENTS
   NAME      CURRENT

   V_V1     0.000E+00

   TOTAL POWER DISSIPATION  0.00E+00  WATTS

**** 02/28/100 15:11:53 ******** NT Evaluation PSpice (July 1997) ************

* D:\SC\PSPICE\xyz.sch


****    OPERATING POINT INFORMATION    TEMPERATURE =  27.000 DEG C


*******************************************************************************



WARNING -- No AC sources -- AC Sweep ignored

        JOB CONCLUDED

        TOTAL JOB TIME         .21
```

Bild 11.4 Simulationsablauf-Datei *<xyz>.out* mit fehlerhafter Quelle. Es wurde versäumt, den Wert *AC* der Quelle auf „1" oder „on" zu setzen.

Literatur

[1] DIN 1319: Grundbegriffe der Messtechnik.
Teil 1: Allgemeine Grundbegriffe
Teil 2: Begriffe für die Anwendung von Messgeräten.
Teil 3: Begriffe für die Messunsicherheit und für die Beurteilung von Messgeräten und Messeinrichtungen.
Teil 4: Behandlung von Unsicherheiten bei der Auswertung von Messungen.

[2] DIN 1301: Einheiten, Einheitennamen , Einheitenzeichen.

[3] VDI/VDE 2600 Metrologie.
Blatt 1: Gesamtstichwortverzeichnis.
Blatt 2: Grundbegriffe.
Blatt 3: Gerätetechnische Begriffe.
Blatt 4: Begriffe zur Beschreibung der Eigenschaften von Messeinrichtungen.

[4] *Blankenburg, K. H.* : Der korrekte Umgang mit Größen, Einheiten und Gleichungen. Rhode & Schwarz Informationen, 1998.

[5] *Blume, J.* : Statistische Methoden für Ingenieure und Naturwissenschaftler. Düsseldorf, VDI Verlag, 1980.

[6] *Duyan, H.; Hahnloser, G.; Traeger, D.* : Design Center − Pspice für Windows. Stuttgart, Teubner Studienskripten, 1994.

[7] *Hilberg, W.* : Impulse auf Leitungen. München/Wien, Oldenbourg 1981.

[8] *Hoffmann, K.* : Eine Einführung in die Technik des Messens mit Dehnungsmessstreifen. Darmstadt: Hottinger Baldwin Messtechnik, 1987.

[9] *Hoffmann, K. et. al.* : Aufgabensammlung elektronische Schaltungstechnik. Ulmen: Verlag Zimmermann-Neufang, 1990.

[10] *Hoffmann, J. et. al.* : Taschenbuch der Messtechnik. München/Wien: Fachbuchverlag Leipzig im Carl-Hanser-Verlag, 1998.

[11] *Fricke, H. W.* : Das Arbeiten mit Elektronenstrahl-Oszilloskopen, Band 1 − Arbeitsweise und Eigenschaften. Heidelberg, Hüthig, 1976.

[12] *Vogel, H.* : Gerthsen Physik. Berlin/Heidelberg, Springer, 1995.

[13] *Klein, W.; Dullenkopf, P.; Glasmachers, A.* : Elektronische Messtechnik − Messsysteme und Schaltungen. Stuttgart, Teubner, 1992.

[14] *Köstner, A.; Möschwitzer, A.* : Elektronische Schaltungen. München, Hannover, 1993.

[15] *Lerch, R.; Kaltenbacher, M.; Lindinger, F.* : Übungen zur Elektrischen Messtechnik. Berlin/Heidelberg/New York: Springer-Verlag, 1996.

[16] *Lipinski, K.*: Das Oszilloskop – Funktion und Anwendung. Berlin, VDE-VERLAG, 1976.

[17] *Meyer, G.*: Analoge und digitale Oszilloskope. Heidelberg, Hüthig, 1989.

[18] *MicroSim* : PSpice A/D Reference Manual Version 8.0. MicroSim Design Center, 1998.

[19] *Pfeiffer, W.* : Simulation von Messschaltungen – Praktische Beispiele mit PSPICE berechnen. Berlin/Heidelberg, Springer, 1994.

[20] *Pfeiffer, W.* : Elektrische Messtechnik. Berlin/Offenbach, VDE-VERLAG, 1999.

[21] *Pfeiffer, W.* : Digitale Messtechnik. Berlin/Heidelberg, Springer, 1998.

[22] *Santen, M.* : Das Design Center Arbeitsbuch – Arbeitsbuch zur Schaltungssimulation. 3. Aufl., Karlsruhe, Hoschar Fachbuchreihe, 1993.

[23] *Schrüfer, E.* : Elektrische Messtechnik – Messung elektrischer und nichtelektrischer Größen. 6. Aufl., München, Carl Hanser-Verlag, 1995.

[24] *Schwab, A. J.* : Hochspannungsmesstechnik. Berlin, Heidelberg, 2. Aufl., Springer 1981.

[25] *Seifart, M.* : Analoge Schaltungen. 4. Aufl., Berlin: Verlag Technik, 1994.

[26] *Shannon, C. E.* : The Mathematical Theory of Communication. University of Illinois Press, 1949.

[27] *Stöckl, M.; Winterling, K. H.* : Elektrische Messtechnik. Leitfaden der Elektrotechnik, 7. Aufl., Stuttgart: Teubner, 1982.

[28] *Tietze, U.; Schenk, C.*: Halbleiter-Schaltungstechnik. Berlin/Heidelberg, Springer, 1993.

[29] *Zirpel, M.* : Operationsverstärker. 4. Aufl., München: Franzis-Verlag GmbH, 1986.

Index